情绪的真相

叶显桢　胡孝龙　著

光明日报出版社

图书在版编目（CIP）数据

情绪的真相 / 叶显桢,胡孝龙著. --北京：光明日报出版社, 2025.1

ISBN 978-7-5194-7700-4

Ⅰ.①情… Ⅱ.①叶… ②胡… Ⅲ.①情绪–自我控制–通俗读物 IV.①B842.6-49

中国国家版本馆CIP数据核字(2023)第250265号

情绪的真相
QINGXU DE ZHENXIANG

著　　者：叶显桢　胡孝龙	
责任编辑：杨　娜	责任校对：杨　茹　杨　雪
封面设计：悟阅文化	责任印制：曹　诤

出版发行：光明日报出版社
地　　址：北京市西城区永安路106号, 100050
电　　话：010-63169890（咨询）, 63131930（邮购）
传　　真：010-63131930
网　　址：http://book.gmw.cn
E – mail：gmrbcbs@gmw.cn
法律顾问：北京市兰台律师事务所龚柳方律师

印　　刷：三河市华东印刷有限公司
装　　订：三河市华东印刷有限公司
本书如有破损、缺页、装订错误，请与本社联系调换，电话：010-63131930

开　　本：185mm×260mm
字　　数：390千字　　　　　　印　张：20.5
版　　次：2025年1月第1版　　印　次：2025年1月第1次印刷
书　　号：ISBN 978-7-5194-7700-4
定　　价：89.00元

版权所有　　翻印必究

目录

第一章　看见情绪　/ 001

第一节　情绪的开关掌握在自己手里　/ 002
第二节　你的认知就是你的全世界　/ 005
第三节　感觉来自真实的感受　/ 008
第四节　喜悦是无条件的快乐　/ 011
第五节　能量来自激情　/ 014
第六节　真相看不清的，都是被割的韭菜　/ 018
第七节　信念系统太卡可以重装　/ 021
第八节　别人的眼光，就是你的一面镜子　/ 024
第九节　对立就是树敌　/ 027
第十节　同频才能交心　/ 030
第十一节　孩子属于他自己　/ 034
第十二节　问题的本身不是问题　/ 038
第十三节　失去是为了更新　/ 041
第十四节　牺牲只会换来委屈　/ 044

第二章　走向多维　/　049

　　第一节　评判只会伤害自己　/　050
　　第二节　抗拒源于你过于关注别人　/　053
　　第三节　没有体验就没有生活　/　056
　　第四节　我们每天都在做游戏　/　059
　　第五节　期待是对当下不满足　/　063
　　第六节　最好的关系是顺其自然　/　066
　　第七节　抱怨不如请求　/　069
　　第八节　争对错就是论是非　/　073
　　第九节　犹豫是两个假我在打架　/　076
　　第十节　掌控会让关系越来越远　/　079
　　第十一节　头脑里只有思想没有爱　/　081
　　第十二节　有什么样的灵魂，就有什么样的身体　/　084
　　第十三节　比较是盗走快乐的小偷　/　087
　　第十四节　社恐是为了逃避伪装　/　091

第三章　洞察偏见　/　095

　　第一节　痛苦和丰盛都是自己吸引来的　/　096
　　第二节　关注什么，什么就会被放大　/　099
　　第三节　从父母的角度看见孩子的维度　/　102
　　第四节　立体地活着，才是无憾的人生　/　105
　　第五节　信任自己的答案比信任标准答案更重要　/　108
　　第六节　除了你自己，谁也保护不了你　/　111
　　第七节　释放能量需要找到出口　/　114
　　第八节　当下可以跨越时空疗愈过去　/　117
　　第九节　人格是父母的人设　/　121
　　第十节　诚信的第一条是对自己的觉知诚实　/　124
　　第十一节　快乐的行动目标让你无须坚持　/　128
　　第十二节　你可以干只赢不输的事　/　131
　　第十三节　财富是服务的回流　/　134
　　第十四节　安全感是你相信自己的感觉　/　137

第四章　觉知真爱　/ 141

第一节　享受就是真实地感受　/ 142
第二节　慢慢来是享受里的温柔　/ 145
第三节　能够简单的绝不复杂　/ 148
第四节　享受自己角色的才是主角　/ 151
第五节　没有问题需要解决，只有思想需要解决　/ 154
第六节　爱自己才懂爱世界　/ 157
第七节　活在当下的就是真我　/ 161
第八节　纯粹就是无添加和无条件的喜悦　/ 164
第九节　爱是允许和欣赏　/ 167
第十节　终极疗愈是自我疗愈　/ 170
第十一节　美的真相是活出真实的自己　/ 173
第十二节　高贵是让别人成为高手的贵人　/ 177
第十三节　允许里充满爱　/ 179
第十四节　珍惜的最佳方式是享受　/ 182

第五章　敞开自我　/ 187

第一节　宽恕是为了还给自己自在　/ 188
第二节　沟通就是相互滋养　/ 191
第三节　没有评判就是完美　/ 194
第四节　精致不是奢侈，是真心喜欢　/ 197
第五节　真正的陪伴，是陪伴感受　/ 200
第六节　尊重不是委曲求全，而是坦诚相告　/ 203
第七节　过度依赖等于失去自己　/ 206
第八节　爱情是一个人的事　/ 210
第九节　你所拥有的，都是礼物　/ 214
第十节　活着的每一天都值得庆祝　/ 218
第十一节　敞开心扉，遇见崭新的自己　/ 221
第十二节　平衡力就是驾驭力　/ 224
第十三节　花开就是为了绽放　/ 227
第十四节　真话是让别人觉得滋养的话　/ 230

第六章　立志人生　/ **235**

  第一节　热爱的才能让你激情澎湃　/ 236
  第二节　换环境就是换能量　/ 239
  第三节　心灵愿景就是你未来的精神世界　/ 242
  第四节　随时给自己按下确认键　/ 245
  第五节　你的常态就是你一生的模样　/ 248
  第六节　今天的你是过去定制，未来的你是现在预定　/ 251
  第七节　人生最大的功课，是成为爱　/ 254
  第八节　你的一切源于你的创造　/ 258
  第九节　潜能无法释放的人生是挫败的人生　/ 261
  第十节　高能量源于情绪稳定　/ 264
  第十一节　你的光，可以让别人走出黑暗　/ 268
  第十二节　不是你被感召，就是你感召别人　/ 272
  第十三节　感恩是高级别的吸引力法则　/ 275
  第十四节　链接的能力是爱的管道　/ 279

第七章　和谐统一　/ **283**

  第一节　觉醒是你意识到自己完美独特　/ 284
  第二节　只要有依赖，你就不自由　/ 288
  第三节　宁静是因为清晰　/ 293
  第四节　无数个当下，就是一生　/ 298
  第五节　要么源于丰盛，要么源于匮乏　/ 303
  第六节　慈悲是关照每一份喜悦　/ 308
  第七节　和合是人间至善　/ 313

第一章 看见情绪

看见即疗愈。

看见正负情绪各种不同的样子，揭露关系中抗拒和冲突的来源，以及各种评判和掌控带来的思想问题，还有因为得不到和失去引发的痛苦感觉。我们看到各种杂乱、痛苦和委屈的情绪，同时也展示了情绪背后的真相，并告诉我们情绪的最高境界是什么，为我们展开无限快乐的可能性。

第一节　情绪的开关掌握在自己手里

当别人披荆斩棘，策马奔腾时，你还在沉迷过去，不能自拔；
当别人金戈铁马，气吞万里时，你还在自怜自艾，懊悔不已？

情绪特点：
情绪难以掌控，经常发脾气；与别人难以相处；情绪起伏不定甚至极度低落，常常影响生活，影响身心健康。

情绪真相：
拿破仑说：能控制好自己情绪的人，比能拿下一座城池的将军更伟大。
看来古今中外，都觉得情绪的管理是非常重要而且伟大的，我们先从以下三个观点来了解一下情绪。

【情绪的妈妈是愿望，情绪的爸爸是认知】
情绪是以愿望和需要为出发点的一种心理活动。它是多种感觉、思想和行为引起的综合反应，是以符合自己愿望而引发的一种状态。
一个人如果心想事成，就会非常愉悦、开心；如果愿望没有得到满足，就会难受、生气。有人为孩子没有考上重点而夜不能寐；有人为老公既不会挣钱，又没有情调，觉得错配人生。这些负面情绪，就来自没有得到满足的愿望。每一个负面情绪的背后，都有一个没有被满足的渴望。
愿望没有得到满足为什么就会产生负面情绪呢？因为愿望是由认知决定，负面情绪的产生是因为认知出现了偏差。
一个人的认知，就是他的全世界。
小李和小张都即将面临大学毕业，小李想当一名医生，他的父母不同意，父母认为孩子应该听从大人的安排；小张想当一名教师，他的父母支持他做的决定，认为孩子长大了应该有自己的选择。小李的父母每天和孩子置气，而小张一家则其乐融融。
不一样的认知，产生不一样的情绪，从而发生不一样的行为和结果。
石油大王洛克菲勒说：即使你让我失去所有财产，要不了多久，我依然会重新成为百万富翁。这是洛克菲勒的认知，也是他的自信。他的自信可以使他勇往直前，他的认知，使他可以创造新的财富。

认知就像一个框框，每个人都待在自己的框框里，每个人都活在自己的自以为是里。决定我们是否幸福的并不是有形的物质财富，而是无形的认知。认知时刻影响着我们的情绪和选择，选择不断改变着我们的命运。改变认知，调整愿望，才能调控好情绪。

情绪管理的本质就是认知管理。

【情绪没有好坏，失控的情绪才带来伤害】

正面情绪有积极、喜悦、赞赏、爱、自信、幸福、关心、热爱和感激等；负面情绪有担心、抱怨、妒忌、恐惧、愤怒和焦虑等。负面情绪得不到释放和疏导，就会引发抑郁症、焦虑症等精神疾病，让患者忍受长期的精神折磨。研究表明90%以上的疾病和情绪有关，长期的负面情绪，是200多种慢性病的诱因。生气、悲伤、恐惧等负面情绪的纠缠破坏着每个人的免疫系统，使现代不断进步的医学也难有良策。

有人会说：负面情绪很可恶，让人生厌。不，情绪没有好坏！就像水果没有好坏，只是品种不同而已；就像花朵没有好坏，只是颜色和气味不同；就像孩子也没有好坏，只是秉性不同而已。

情绪有正负之分，但没有好坏之分，有些负面情绪的能量也是巨大的。

蔺相如怒发冲冠结果是完璧归赵，说明即使愤怒在理智的调控下也可以转换成智慧；越王勾践卧薪尝胆最终灭了吴国，这是哀兵必胜、穿越痛苦必见光明的见证。悲伤有时候会获得更多支持和关爱；嫉妒则会让人奋发图强；自卑有时让你更懂得去成长；我们透过厌恶可以看见相对应更多的喜爱，穿越了恐惧才会更懂得自我保护。

情绪没有对错，只有失控的情绪才会给人际关系和生活带来巨大的伤害。

20世纪60年代美国台球选手路易斯，在争夺世界冠军时被一只苍蝇干扰，情绪失控发挥失常，最后导致跳河自杀。

2016年，北京八达岭野生动物园，两夫妻吵架女子赌气下车，家人营救导致被老虎伤害造成一死一伤。2018年，重庆万州公交车坠江案，因乘客情绪过激抢夺司机方向盘，导致15条生命瞬间消失。2019年，上海卢浦大桥，母子车内吵架，少年愤然离车跳桥，母亲瞬间失去儿子。失控的情绪导致各种悲剧的发生。

任何事物都有两面性，一切情绪都有它的价值和意义。情绪管理，就是及时觉知情绪、转化情绪，体现情绪的价值。

【所有的情绪感受都是珍贵的】

每一种情绪，都有它存在的理由。有厌恶才会有远离，有生气才会有敏感，有恐惧才会有自我保护，有悲伤才会有支持和关爱。

小王很痛苦，总在同事完成一件工作时有想要搞破坏的冲动。我告诉他，嫉妒的情绪人人都会有，看你如何转化，化成动力就是成长，化作憎恨就有破坏。

为什么大家在对待同一件事情时，会有不同的情绪？就是因为我们的人格和认知是不同的。任何情绪都有它存在的意义，所以当情绪出现的时刻，保存一份觉知，才能清楚地觉察自己每个当下的所作所为。对情绪管理来说，所有的情绪都值得珍惜，所有的情绪感受都是珍贵的。

【历史人物的情绪解码】

孔子的愿望

一、一路艰险

公元前497年，55岁的孔子开始周游列国，向诸侯推行他的"为政以德""节用而爱人"的仁政思想。十四年的游历，曲折坎坷，艰险危难。在匡地，被匡人围困；路经蒲地，被蒲人包围；陈蔡受厄，绝粮七日。到了郑国，不被待见，被讥讽为"累累若丧家之狗"。面对这样的嘲讽，孔子欣然笑纳曰："然哉！然哉！"（对呀！对呀！）即使后来面对宋国桓魋的追杀，孔子依旧淡然："天生德于予，桓魋其如予何？"（上天把仁德给了我，桓魋又能把我怎么样？）为理想，"知其不可为而为之"，勇者不惧，这就是孔子。

二、充满感情

一个志向坚定的人一定是一个情感丰富的人。孔子无奈离开齐国的时候，米淘好了，还没来得及煮，就捧着湿米匆忙离去。道不行，"接淅而行"，毫不犹豫，决绝而去。被迫离开鲁国的时候，他却说："我们慢慢走吧。这是离开父母之邦的路啊。"一步三回头，无奈离去却又无限留恋。孔子的喜怒忧思跃然纸上，两千多年后的今天依然令人动容。"喜怒哀乐之未发，谓之中，发而皆中节谓之和。"孔子在艰难困厄中，他依旧忧思喜乐由衷而发。

三、情绪的母亲是愿望

孔子一生的愿望是推行"仁政",实现他安民利天下的理想。为了自己的愿望,他"用之则行,舍之则藏",把功名利禄视如浮云。他的愿望里只有天下苍生,只为万世太平。情绪的母亲是愿望,正由于这个愿望的伟大无私,所以孔子在任何时候喜怒哀乐发而皆中节,使他成为一个"道之所在,虽千万人吾往矣"的圣人。

【小结】

1. 情绪的开关就掌握在我们自己手里,转向消极抱怨自责,还是转向快乐喜悦丰盛,完全取决于你自己。

2. 情绪无时无刻不在推动我们的行为,想要掌握自己的命运,就要管理好情绪;情绪管理是幸福人生的奠基石。

【思考】

1. 你有哪个愿望没有实现?
2. 是什么样的认知在阻碍你?

第二节 你的认知就是你的全世界

那些从小到大认定的死理,就像一堵厚厚的墙,将我们围堵在固执中,像井底自以为是的青蛙,而飞翔在蓝天的大雁知道,它是傻瓜。

情绪特点:

对人际关系中出现的问题很苦恼:为什么我们俩总是说不到一块儿?一见面就吵架是为什么?沟通像对牛弹琴怎么回事?这就是不同频的状态。

情绪真相:

《周易》说,穷则思变,当事物发展到了最低谷,就要寻求变通,才能够享受长久的安乐与丰盛。

以下三个观点与认知分享给大家,看如何才能突破认知的局限,在关系中达到同频状态。

【改变认知就是改变世界】

一条蛇进入一家木工店，爬过锯子时被锯伤，它本能地转过身咬住锯子，又把嘴弄伤了。蛇认为受伤是因为受到锯子的攻击，它决定缠住锯子，想用整个身体使锯子窒息，于是它用尽所有的力量，但很不幸，蛇最终被自己的愚昧害死了。

一个人的认知，是由过去的见识、经历、思维、期望、评价等形成的观念。一千个观众的眼中有一千个哈姆雷特。你的认为，就是你的认知，你的认知，就是你的世界。你有什么样的认知，所看到的就是什么样的世界。

王聪总是觉得，天下熙熙皆为利来，天下攘攘皆为利往，一切都是钱财利益驱动。他总是计较利益得失，而对人冷漠，家人朋友怎么劝他都没有用，他的认知根深蒂固。

终于有一天，爱人离他而去，众叛亲离的他痛苦不堪来求助，我告诉他：人确实是唯利是图的，只是"利"的标准不同。有些人无条件地对别人好，他想要获得的利益，就是想要一种爱的互动，想要爱的感受，成为一个值得被爱的人。他想要的利益就是纯粹的高级别的快乐。王聪恍然大悟，还有一种利益是钱财之外，在钱财之上的。他豁然开朗，他开始对别人微笑，对别人好，他的世界充满了阳光。

改变认知就是改变世界。

【认知信念的改变，才是真的成长】

人的成熟从来不是性格的改变，而是认知和信念的改变。信念是什么？信念就是自己认为正确并坚信不疑的观点。通俗说就是那些从小到大认定的死理。这些信念，就像一堵厚厚的墙，将我们围堵在其中，像井底的青蛙那样自以为是。

邻居张先生，认为人生最重要的是赚钱，所以他的生活就是应酬喝酒，搞关系拉工程，以至于身体每况愈下，家人百般劝阻也无效。当他身体出现了大问题，开刀刚出院，就到民政局签字办离婚，孩子也离家出走。他这才恍然大悟，有许多东西是金钱买不回来的。

当撞了生活的南墙，当生活教会我们反思，你会猛然发现，很多事其实不是自己一直想象的那样，有些一辈子遵循的原则并没有想象得那么牢靠。这就是觉醒，你的认知会开始改变，内心也变得自由，不再把自己局限在很多框框里，现实生活中很多问题也变得应对自如。

所以，认知信念的改变，才是真正的成长。

【提升认知维度，是一生最大的功课】

哲学家叔本华说：世界上最大的监狱，是人的思维意识。一个人的认知层次，决定了他的高度。

夏虫不可语冰，在夏天生活的虫子，无法和它谈论冰雪，因为受到生活时间的限制；井蛙不可语海，井里的青蛙，无法跟它谈论大海，因为受到生活空间的限制。

真正能限制一个人的，从来不是经济上的贫穷，而是个人认知上的困顿。人与人之间最大的差别是认知水平的差异，拉开人与人之间差距的根本是思维意识。认知不同，看事物的角度就不同，维度高了，主体愿望就会改变。有高度的人，对自己要求高，懂得调控自己，所以高能量的人格局高，情绪也自然稳定，对自己的成长要求也高。认知不同，世界就会不同；格局不同，命运就会不同。

未来，你所赚的每一分钱都是你对这个世界认知的变现，你所亏的每一分钱也是因为你对这个世界认知有缺陷，你永远也赚不到你认知以外的钱。

最重要的成长，就在于认知的改变和提升。

未来世界，一定是高维度的人领导低认知的人。

【历史人物的情绪解码】

圣人的认知

一、圣人有不同

孟子把圣人分四种：圣之清者、圣之任者、圣之和者和圣之时者。

孟子认为，伯夷饿死也不食周黍，守义而死，追求绝对正确，是圣之清者。伊尹辅佐国王太甲，太甲荒淫无度，就幽禁太甲。太甲三年之后真心悔过，伊尹就还政于他，辅助太甲成为一代明君。伊尹以天下为己任，永远进取，是圣之任者。柳下惠，就是成语"坐怀不乱"的主角。他的人生三起三落，不怨恨；他的生活贫困潦倒，不忧愁。柳下惠量容天下，与君子小人都可共事，视天下无不可之人，是圣之和者。孔子则"可以速而速，可以久而久，可以处而处，可以仕而仕"（应该快就快，应该慢就慢，应该隐退就隐退，应该做官就做官），变化推移，顺时而动，无可无不可，是圣之时者。

二、人生最大的功课就是提升认知维度

伊尹永远进取，以天下为己任。孔子顺时而动，随机而发，无可无不可。在伊尹的认知里世界是我的，伊尹就是肩担大义、匡扶天下的人。在孔子的认知里世界是永远变化的，君子与时俱进，守正出新，用智慧来顺应和把握这个变化的世界。

伊尹和孔子在历史上有崇高的地位,是由他们的认知决定的。

认知不同,圣人的世界不同。是圣人的认知决定圣人不同的历史地位。

人生最大的功课是提升自己的认知维度!

【小结】

1. 认知是一切的根源,人的成长就是认知层次的提升。

2. 情绪是在认知基础上产生的,而情绪又像一面镜子映射出我们的认知。

要想改变情绪,需要从认知开始改变。

【思考】

1. 你认为自己最大的局限是什么?

2. 这个背后是什么认知在作怪?

第三节 感觉来自真实的感受

每一个灵感的出现,都有可能是一项伟大的发明,然而,直觉有时会被权威抹杀在摇篮里。

情绪特点:

有些人,觉得自己活得很假很累;日子过得没感觉,不快乐;觉得生活没有意义。这是活在假我的状态里。

情绪真相:

不快乐,就说明不是你真心想要的。

让我们一起来感受以下三个观点,带你链接真实的感觉,找到真实的自己。

【感觉是每个当下真实的感受】

感觉来自我们最真实的感受和觉悟,纯粹的感受是自己亲自体验获得的,而非被偏见、价值观和道德绑架的概念。

依、欧阳、珊,三人是好闺密,但三人性格各异。依童年不幸,所以悲观消极,总是活在过去的阴影中,她会规劝姐妹防人之心不可无;欧阳知性,凡事都和你讲道理立规则，时不时冒出一些名人名言来教育人，有时挺有说服力的；珊是个感性的女孩，总是能够第一时间感受到同伴的情绪波动，给予充分的理解。三人都找到了理想的伴侣，可是婚后几年，差距越来越大了。依的丈夫，总觉得和妻子隔着一层冷冷的玻璃，还经常有透过玻璃被监视的感觉，很压抑；欧阳夫妇都是高知，两人经常各执己见，为一个道理吵个不休；珊和丈夫之间，对相互的感受特别关注，用珊的话说就是，珍惜当下的体验感就是珍惜一生。

感觉是当下最真实的感受，是内心深处最真实的声音。偏信他人的话，过于相信权威和道理，忽视当下的感知，就会失去与对方的链接与了解。

感觉就像是内心发来的电报，是心的指引，有人感觉世界很丑陋，那是心念创造了地狱；如果感觉世界很美好，那是你的心创造了天堂。

感觉好，世界就美好，当我们换一个角度，有了美好的感觉，整个世界都会随之改变。

【感觉是灵魂给你的信号】

感觉是灵魂给你的信号，就像倒车雷达一样，"嘀嘀嘀"提示我们内心需要被关注、被觉察。即使我们面对糟糕的情况，比如，受伤、委屈，只要带着察觉去链接内心真实的感受，就会像磁共振检查，把自己内心的情绪扫描得清清楚楚。只有看清楚了，我们才可以对症下药去清理和疗愈自己。

小贝的工作压力很大，周末回家想睡到自然醒，结果中午妈妈端着红烧肉直接送进房间，想给女儿吃上热乎乎的饭菜，小贝被吵醒瞬间崩溃了，对着妈妈一通轰炸，妈妈也委屈得直掉眼泪，说下次再也不管她，让她饿死算了。妈妈下楼了，小贝的心里生起愧疚的感觉：其实妈妈是出于关心，为什么我会把情绪发泄在关心我的人身上呢？

小贝的感觉是真实的，她用感觉链接情绪，从情绪中看见自己内心隐藏的压力，看清自己的思维模式、互动模式，从而进行自我的疗愈，去修复关系的创伤。

【感觉出现问题，源于你将注意力放在他人身上】

也许你经常在别人的评价中去认识自己，不断根据他们的评价去塑造、改变自己。他们说女子要端庄，你就正襟危坐；他们告诉你男孩子要成功，于是你拼命加班赚钱。你想要遵照别人的规则来构建自己的样子，但随着时间的推移你会迷茫。100个人对你发出100种期待，你没有精力去一一满足，突然间你醒悟过来，开始问自己，自己的价值到底是什么？

这一切是因为你把注意力都放在他人身上，而没有在意自己内心真正的感觉。

你必须把注意力从他人身上收回来，看看自己喜欢什么，去聆听自己内心的情感和声音。头脑的声音都是别人灌输给你的，而内心的声音才是你自己的，根据内心的指引去做的每件事，会给你带来愉悦的感受。

张和朗都从小学钢琴，张一直注重指法和舞台表现，认为钢琴弹得漂亮很重要，他很在意老师和别人对自己的看法；而朗弹琴时更追求弹出自己的感觉，甚至尝试自己创作。最终朗成为一代钢琴艺术家，而张只能把钢琴作为自己的业余爱好。

当你把注意力回归自己时，你就能链接自己喜欢、热爱的事物。你的挚爱，只与你自己有关。

【历史人物的情绪解码】

苏东坡的感觉

一、问汝平生功业

苏东坡一生跌宕起伏，一生豁达豪迈。

二十岁的苏东坡，进士及第，名满京城，皇帝、太后都被他的才华折服，拜官晋爵，人生由此走向高光时刻。四十三岁时因乌台诗案，被捕入狱，几近丧命，人生从此跌落低谷。出狱后一路被贬，由黄州、惠州，直到蛮荒落后的儋州。

被贬黄州，是戴罪之身，养家糊口需要亲身劳作。但在风雨中，苏东坡吟诵的却是"竹杖芒鞋轻胜马，谁怕？一蓑烟雨任平生"。

再贬惠州，那是"曾见南迁几个回"的岭南之地。苏东坡却高歌"日啖荔枝三百颗，不辞长作岭南人"。后人评述"一自坡公谪南海，天下不敢小惠州"。

最后被贬儋州，那是宋代除满门抄斩外最重的刑罚。苏东坡却歌吟"我本海南民，寄生西蜀州"。苏东坡居儋州三年，开启了琼州人文之盛，让后人赞叹："东坡不幸海南幸。"

在生命最后阶段，他写下一首六言绝句：心似已灰之木，身如不系之舟。问汝平生功业，黄州惠州儋州。

二、无可救药的乐天派

林语堂说苏东坡是一个无可救药的乐天派。

在黄州，"沙湖道中遇雨，雨具先去，同行皆狼狈，余独不觉"。在他人感到狼狈的时候，苏东坡有不一样的感觉："回首向来萧瑟处，归去，也无风雨也无晴。"晴是风景，雨也是风景，不变的是当下的本心。

在惠州，瘴疠之地，在他眼里"岭南万户皆春色，会有幽人客寓公"，他满眼看到的都是好人，他要融入岭南。

在儋州，他说"我本海南民"，在天涯海角，他要做一个海南人，要在文化荒芜的琼州，盛开人文之花。

三、感觉美好，世界就美好

美好是苏东坡最自我的感觉。在沙湖道中，遇见一片景色，晴也罢，雨也罢，所见的都是风景。在瘴疠之地惠州，遇见一群人，不管高雅似鸿儒，还是平凡如白丁，人人"皆春色"。在天涯海角的儋州，遇见一个世界，无论蒙昧未化，还是民智未开，他要植根那里，开创一片人文的天地。乐天派的苏东坡体验真实、感受美好，他的世界豪迈壮丽美好。

每个人一生中都会遇见一片景色，相逢一群人，走进一个世界，要学习苏东坡，像他一样去感受、体验，获得一份最真实、最自我的感觉，体验到美好，创造出美好！

【小结】
1. 时刻关注自己的感觉，尊重自己的感觉。
2. 对他人的批评采取开放和参考的态度。
3. 让你感觉兴奋、喜悦的事，一件都不要放过。

【思考】
1. 曾经有哪件事让你感觉特别美好？
2. 如何才能让生命中的大部分都变得美好？

第四节　喜悦是无条件的快乐

放下我执，就会遇见欢喜。

情绪特点：
不开心，觉得生活条件越来越好，却开心不起来；生活没有激情，没有值得开心的事；总觉得缺少点什么。这是离本心越来越远的状态。

情绪真相：
一切不喜悦的追求和修行，都是跑偏，越追越远。
想要获得人生最真实快乐的感觉，三个观点带你走进情绪的最高境界。

【喜悦是一种无条件的快乐】
小张经常想，如果自己拥有一百万一定很快乐，后来他跟朋友合伙开的公司越来越好，他毫不犹豫地卖掉了自己的股份，成了百万富翁。他兴高采烈地去买了一辆豪车，可是坐在豪车上他感觉并没有得到内心的那种满足，而真正让他心满意足的是这些年跟朋友一起没日没夜奋斗的过程。他发现真正让他快乐的，其实是全神贯注时内心的笃定和宁静，不知不觉自己早就拥有了。

喜悦和快乐不是一个层面：快乐需要条件，喜悦不需要。喜悦是敞开和无条件地悦纳，是一种无条件的欢喜，一种发自内心的愉悦。

当天空飘着带着诗意的雨丝，微风吹过，淡淡的桂花香味迎风而起，你沉浸在大自然的美妙之中；当婴儿带着淡淡的奶香，梦里甜甜地笑着，你沉浸在初为人母的喜悦中，你体会到的是生命本质的喜悦。

喜悦，它不仅仅是一种情绪，喜悦是一种知足宁静的状态，更是一种从容淡定的修养和境界，这不需要努力去追求，只要用心感受，生活中处处都可以领略到。

生命的本身，就自带这样圆满的喜悦，倘若一个人还在寻找、追逐，还不满足，说明他没有回到本质层面。

喜悦，是一种高能量的情绪，是一种赢家的态度，它所拥有的创造力，超乎你的想象。

【喜悦只关乎现在，不关乎过去和未来】
小黑、小白出生在同一个小山村，小黑性格开朗活泼，梦想是做企业家，小白性格内向文静，他想要过宁静的生活。随着岁月流逝，他俩渐渐长大。小黑做生意压力大，情绪也大，就像那夏天的天气，阴晴不定，遇到点开心的事情便忘乎所以，一旦遭遇到挫折也容易萎靡消极。相反，小白的性格内敛，加上后天有意识地修炼，小白遇事沉稳、淡定，正所谓"宠辱不惊，闲看庭前花开花落"，遇到开心的事咀嚼品味化为内心的喜悦，遇到悲伤的事化悲痛为力量品味成长的喜悦。现在的小黑当着老板，过着看似幸福的生活，但每天活在焦虑中。小白作为一名人民教师，闲时看书作画，和爱人背包旅游，过得看似清贫却悠游自在喜悦。同一个起点，两种性格和思维，形成了两种完全不同的生命状态。

欢乐是转瞬即逝的，喜悦是永恒的、稳定的。只要你愿意，你可以时时刻刻活在喜悦的状态里，沉浸在每个当下的喜悦感受里。

【从痛苦到喜悦，只有一个念头的距离】

有人问了两个问题。第一个问题：风是什么？悲观者回答：风是海浪的帮凶，能把你埋葬在大海深处。乐观者回答：风是帆的伙伴，能把你送到胜利的彼岸。

第二个问题：春雨好不好？悲观者说：不好，春雨让野草长得更疯。乐观者说：好，春雨可以让百花开得更艳。

乐观者在每次危难中都看到了机会，而悲观的人在每个机会中都看到了危难。

【历史人物的情绪解码】

庖丁的喜悦

一、庖丁解牛

庖丁为文惠君解牛，手足肩膝所触之处哗哗有声，举刀游刃之时霍霍作响，既有节奏，又有韵律。文惠君惊叹：庖丁解牛就是一曲美妙的舞蹈。

庖丁说，他刚开始解牛所见到就是牛，三年之后就看不到全牛了，现在感官停止，只有心念与牛相遇。一般的厨师用刀割，一年换一把刀，差劲的厨师用刀砍，一个月就换一把刀，而他的刀用了十九年刀刃还好像刚刚磨好的一样。因为对他来说用刀解牛完全游刃有余。虽然这样，每当碰到筋骨交错聚结的地方，就小心翼翼提高警惕，眼睛只看一处，动作缓慢下来，轻轻慢慢动刀，"豁啦"一声，牛的骨头和肉一下子就解开了，就像泥土散落在地上一样。他提刀站立起来，为此举目四望，为此悠然自得，心满意足。

二、喜悦是一种美好的状态

庖丁解牛，特别令人欣赏的是他的专注。遇到疑难，不凭十九年的经验，不凭已有的高超技术贸然动刀行事，而是"视为止，行为迟，动刀甚微"，带着敬畏，小心翼翼，全神贯注，全情投入。庖丁解牛，最令人赞叹的是他的喜悦。难题一旦攻克，"如土委地"，他就"提刀而立，为之四顾，为之踌躇满志"，这份意满志得、踌躇满志，不是简单的快乐幸福，而是沁入心脾的欢喜愉悦。这份喜悦，是淡淡、隐隐又悠远的嘴角的一抹微笑；是静静、甜甜又绵长的心底温柔<u>丝丝涌动</u>。

这份喜悦令人心驰神往!

三、喜悦是当下,是自己

心至一处,庖丁才有三年不见全牛;心无旁骛,庖丁才能挥刀游刃有余。喜悦基于全神贯注,来自全情投入。

喜悦只关乎现在。对过去和未来,不将不迎,聚焦当下,关注的是现在。

喜悦只关乎自我。对一切外物,不即不离,心无杂念,关注的是自我。

【小结】
1. 越了解自己的感受,越容易了解真实的自己。
2. 喜悦能滋养我们一生。
3. 内在喜悦的能量能吸引更多美好来到你的生命里。

【思考】
1. 你最快乐的一件事是什么?
2. 它和喜悦有什么区别?

第五节　能量来自激情

有形物质,终将被无形规律统一。

情绪特点:
觉得自己影响力不够,情绪低落没有力量;经常掉进负能量;明明很有能力,为什么不受欢迎和喜爱呢?这是生活没有激情的表现。

情绪真相:
禅宗六祖慧能大师说:本自具足,能生万法。
如何才能获得强大的正能量呢?以下三个观点供你参考,领悟了你就会能量满满。

【能量是情绪、感情等心理力量的展现】

心理能量即心能量，是促使人们意识到自己的需求和主体性，驱使人们采取适当行为的冲动、勇气、意志力及各种特征的情绪、感情等心理力量的展现。

1979年，特蕾莎修女获得诺贝尔和平奖，她穿着一件价值一美元的旧纱丽去领奖，她说："这个荣誉，我个人不配，我是代表世界上所有穷人、病人和孤独的人来领奖的，因为我相信，你们愿意颁奖给我，是承认穷人也有尊严。"

后来，她将卖掉奖章的钱和奖金19万美元，都捐给了贫民和麻风病患者。

当她出现在颁奖典礼时，整个现场鸦雀无声，似乎连一根针掉在地上发出的声音都会让人失去灵魂洗礼的机会，所有人的心里，都升起神圣庄严的感觉，这就是天使般的特蕾莎修女强大的能量体现。

很多人认为自己怀才不遇，抱怨命运不公平，感慨自己如此用力、这么拼搏、何其努力、这么有才华，为什么没有遇到伯乐呢？为什么自己还没有发光呢？

能力很强却怀才不遇，是因为能量还不够高，所以能力无法施展，就像手机有最高科技的内存，没了电就无法启动。因此，只有当能量具足时，能力才会显化。就像一个没有爱的家庭，即使再富裕，都感觉不幸福；就像一段没有爱的感情，即使再风光，也不值得留恋；也像内心没有自信，工作再有能力，都无法淋漓尽致地施展才华。

曾经有个女孩子来找我，咨询为什么自己总是得不到领导重视，经过沟通和分析，我发现她学历虽然高，但工作成果总是不好意思在总结汇报中呈现，因为她过于谦虚和保守，导致领导对她的优秀不甚了解。女孩幡然醒悟，原来思维被自己禁锢了，能量无法呈现，当她突破了这个认知，调整了工作中的很多互动模式和绽放的状态，果然很快就获得了升职机会。

能力是技术、功能和操作力，能量是爱、信念和感召力。

【能量被卡住是因为快乐被你设置了条件】

很多人的快乐是有条件的，你问他为什么不开心，他说因为没有钱，因为没有成功，因为她妈不喜欢他，因为他女朋友不要他了。当开心快乐需要太多的条件，就会没有能量。我们的能量无法提升，那是因为自己给快乐设置了条件，无法绽放纯粹的真我，把自己限制在条件的框架里。

当我们需要依赖别人的认可才能有信心，那你就会去讨好别人，去为别人想要的结果努力，就会活成别人想要的样子。这个时候如同一个鸟儿没有了翅膀一样，就会被束缚，没有自由的感觉，做什么事情都不是出于自己的本心。当我们不需要被别人认可，不依赖别人认可，能量才会稳定。

什么原因会导致我们的能量被限制呢？原因只有一个，那就是伪装太多。伪装太多限制了激情。

有个朋友跟我述说他的烦恼，不想借钱给别人结果却借了，不想参加的活动却参加了，不想听一个朋友唠叨结果在那里忍着。他觉得自己活得好窝囊，很没劲。我告诉他，这些都是忽略了自己的感受去成全别人，总是在做自己不情愿的事当然会没有激情，所以他的能量也会越来越低，直到意志消沉。

做太多让自己感觉不好的事情，那就是伪装。其实，没有任何人值得你去忽略自己内心真实的感受去成全他。

【高能量的表现是情绪稳定】

有人问，为什么听课时感觉能量很高，但是一回到生活中，发现又没有能量了，感觉自己的能量忽高忽低，这是怎么回事？听课的时候，我们进入老师的频道，是老师的课程维度高，老师把你带入他的能量，其实你只是进入了高能量的频道而已，你自己的情绪不能掌控，你的能量就无法升高。

把这些听到的、认可的、高能量的认知落地到你的生活，用这些内容去解决你的问题，去帮助更多人排忧解难，那你的能量就会越来越高，越来越稳定，当你把这样的能力输出，把能量给出去，让很多人有获得感，你的能量就会升高，而且，每输出一次，就会升高一次，当你帮助了别人的时候，那种价值感会让能量瞬间提升。你会发现，你每一次的奉献，都会化作能量回归，成为你的力量。

情绪的修炼过程，就是意志的增强过程。我们穷其一生的修炼，就是超越情绪与偏执，达到高能量的稳定状态。

【历史人物的情绪解码】

项羽的能量

一、千古无二的项羽

公元前208年，25岁的项羽率领5万楚军，进击巨鹿30万秦军。他引军渡河，破釜沉舟，以一当十，九战秦军，呼声动天，惊吓得作壁上观的诸侯军无不人人惴恐，及其大败秦军，诸侯将领拜见项羽，"膝行而前，莫敢仰视"。

公元前205年，27岁的项羽亲率3万将士，在半日之内击溃刘邦汉军56万之众，兵锋所向，汉军闻风丧胆，刘邦主力被歼灭，依附于刘邦的诸侯纷纷背汉投楚。

公元前202年，30岁的项羽在垓下被围，四面楚歌，他悲歌慷慨："力拔山兮气盖世，时不利兮骓不逝。骓不逝兮可奈何，虞兮虞兮奈若何！"他"泣数行下，左右皆泣，莫能仰视"。在乌江面对数千的围兵，率领仅存的28骑兵，在敌阵中来回反复冲杀，如入无人之境。

二、项羽的能量所在

历史上力能扛鼎、勇冠三军的勇士很多，英勇果敢、雄才大略的统帅也很多，但是能破釜沉舟、身先士卒、以少胜多，让对手闻风丧胆、让队友膝行而前的英雄，除了项羽，千古无二；即使身处绝境，悲歌慷慨，让左右皆泣、莫能仰视、誓死追随的英雄，除了项羽，千古无二。在两军对垒、三军用命的沙场上项羽表现出一种超强的能量。正是这种超强的能量，让敌人闻风丧胆，让部下誓死追随。这种超强的能量，让项羽在战场上摧枯拉朽，所向披靡。这种超强的能量，让他仅用三年时间就毁天灭地，推翻暴秦，"何兴之暴也"。

三、坚守自己的能量场

为什么五年之后的项羽又自刎乌江？"其亡也忽焉"？

项羽是战神，他的能量场在沙场秋点兵的战场。当天下初定，项羽成为剖分天下的西楚霸王，面对的是觥筹交错下明枪暗箭的较量，需要的是运筹帷幄中决胜千里的智慧，这些却不是他的能量场。"生当作人杰，死亦为鬼雄。至今思项羽，不肯过江东。"道尽的是天下人对项羽无限的惋惜，而真正令人痛惜的是项羽在以己之短攻敌之长而不自知。如果他只做一个战神，冲杀在沙场上，历史会多么完美。

历史没有如果，只有警示：每个人必须找准自己能量的突破口，坚守自己的能量场。

【小结】

1. 积极自信的高能量会为能力的展示提供更具有魅力的气场。
2. 积极面对生活，常怀感恩之心，多多利他，能量就会提升。

【思考】

1. 你的能量体现在哪里？
2. 你是如何善用自己的能量场的？

第六节　真相看不清的，都是被割的韭菜

舍本求末的事，傻瓜才一做再做；而这个世界的很多傻瓜，都以为自己很聪明。

情绪特点：

感觉自己很迷糊，看不透别人在做什么；有这种想法的人最大的困扰是觉得自己的生活目标很模糊，不清晰自己真正要什么，不知道自己真正该追求什么。这是过于感性的原因。

情绪真相：

你所听到的，不一定是事实，那是观点。
你所看到的，不一定是真相，那是视角。
以下三个本质的思考，也许能让你从此学会洞察本质，看见真相。

【看清本质，看见真相】

电影《教父》里有句台词：花半秒钟就看透事物本质的人，和花一辈子都看不清事物本质的人，注定是截然不同的命运。

几位学生去拜访大学老师。学生们纷纷诉说着生活的不如意：工作压力大呀，生活烦恼多呀，商战不顺呀，仕途受阻呀。一时间，大家仿佛都成了上帝的弃儿。老师笑而不语，从房间里拿出各色各样的杯子，有的杯子看起来高贵典雅，有的杯子看起来简陋低廉，老师说："你们自己倒水喝吧。"等学生们手里都端了一杯水时，老师讲话了，他指着茶几上剩下的杯子，说："大家有没有发现，你们挑选的都是好看别致的杯子，而像这些塑料杯就没有人选中它。"学生们并不觉得奇怪，谁都希望手里拿着的是一只好看的杯子呀。老师说："这就是你们烦恼的根源。大家需要的是水，而不是杯子，但我们有意无意地会去选用好的杯子。如果美好生活就是水的话，那么，工作、金钱、地位这些东西就是杯子，它们只是我们用来盛起生活之水的工具。杯子的好坏，并不能影响水的质量，如果将心思花在杯子上，你哪有心情去品尝水的甘甜，这不是自寻烦恼吗？"

这就是生活的真相、生命的本质。现实生活中，谁能够一眼看穿全局，谁就能够主导全局，谁看不清本质，就是任人宰割的韭菜。

我们人类自古以来就有飞翔的梦想，在飞机发明之前，无数的人都尝试着飞翔，却没有成功。在很多人看来，飞行的本质是翅膀，于是，很多人就给自己装上翅膀，然后从高处往下跳，显然都没飞起来。直到有一天，有一个人发现了飞起来的本质，根本不是因为有翅膀，而是利用翅膀去借助气流的力量，于是，后面人们发明了飞机。

任何事情都有表象和本质的区别，大部分人只能看见事物的表象，只有看透本质的人，才能彻底地掌控整个事态。

【幸福的本质不是财富，是喜悦】

一位老师曾经问过我一个问题：儒释道三家，哪家更值得学习？当时我也回答不出来，这几年研究人的情绪心理，查看了大量的资料，也拜访了很多有权威的老师，甚至去了印度禅修，我发现所有宗教和门派度人的本质，讲的都是大同小异，透过形式和现象，底层逻辑都是慈悲为怀，都是让一个人活得自然通透，豁然开朗，都是让人脱离苦海，回归喜悦。

可是现实生活里，人们拜佛念经，依教修法，虔诚之心日月可鉴，却并不知道修炼的本质是离苦得乐的慈悲与喜悦。

据说白雪公主的故事有个续集。白雪公主和王子结婚了，王子登基成为皇帝。为了让他的白雪皇后过上更幸福的生活，皇帝想要开辟更广阔的疆土，勤奋工作，但他发现皇后不开心，于是他加倍努力，甚至几年才回皇宫一次，可是他发现他的皇后更爱哭了。终于，当皇帝又一次经年奋斗回家，他的皇后不见了，多方寻找打听，原来皇后去了森林里，在为七个小矮人做饭，看到七个小矮人吃得津津有味，皇后不由得唱起了歌，和他们翩翩起舞。原来，皇后要的幸福生活，不是宏伟的皇宫，不是辽阔的疆土，而是简单的陪伴和快乐。

想要获得房子、车子、事业和财富这些欲望背后的真相，是渴望幸福的保障，我们需要认真想一想，每个要求的背后，深藏的本质是什么？幸福，其实早就在你身边，只是长得和你想象的不一样而已。就像你想买一栋房子，背后的动机是让你的家庭更加和美，而每一天，你都在享受来自内心深处爱的满足。如果看清这一点，那么，新买的房子，大小、装修时间快慢一点，或者有个看起来有点麻烦的邻居，这些比起你沐浴的爱，又算得了什么呢？

舍本求末的事，傻瓜才一做再做，放着该享受的每个当下，而拼尽全力去追求缥缈的未来，让自己活在挣扎里，是多么不值得。上天赋予我们和谐的家，那是最伟大的荣耀和礼物。

【宁静的本质不是安静，而是清晰】

在找到清晰的目标前，你的内心一定是嘈杂、烦乱、不甘心的，而模糊的原因，一定是因为本质不清晰，是因为你沉迷在生活的形式里，活在别人的各种期待里。

想要明晰本质，就要在感受的层面，全神贯注地找到最适合自己的，让这个点越来越清晰，越来越明确，直到你坚定确认这就是你的目标、你的渴望，坚定这个目标不会再受别人的期待和欲望影响，这是你自己清晰坚定的道路，这个时候，宁静产生了。

宁静，是指清晰自己要什么不要什么，一个人越是平静内敛自省，就越有力量。

宁静的本质不是安静，是清晰；喜悦的本质不是快乐，是真实。

你就像一个自由的船长，是选择自律还是放任？是想要享受远航的乐趣，还是体验触礁的恐惧？是创造意志之下的喜悦成长，还是感受随波逐流的陨落？在人生的每个十字路口，每个人的选择都是自由的，当你坚定时，你的心就是宁静的。

【历史人物的情绪解码】

王阳明生擒宁王的真相

一、四十三天擒宁王

公元1519年，宁王朱宸濠蓄谋十年，拥兵十万，在南昌起兵造反，所到之处官军望风披靡，时任右佥都御史的王阳明在缺兵少粮的境况下，毅然起兵，仅凭临时拼凑起来的三万军队用四十三天就平定了"宁王之乱"。

这是一代"战神"王阳明在军事史上创造的传奇，创造这个奇迹的是他的"阳明心学"。其中起制胜之用的是"心学三策"。

一策是谣言惑敌。王阳明伪造官印，遍贴告示，制造朝廷派兵八万围攻南昌的谣言，欲使宁王疑惑不决，按兵不动。宁王果然中计，在家严阵以待，王阳明赢得了筹集兵马的宝贵时间。

二策是假信离间。王阳明假造宁王手下军师为朝廷内应的书信。信件被宁王截获，使他起疑心，决策时弃用谋士，宁军上下离心。

三策是免死诱敌。王阳明赶制十万免死牌，在鄱阳湖决战时，撒入湖中顺流而下。一时间，叛军士兵纷纷跳下水争抢免死牌。当叛军人心惶惶，被打得晕头转向时，王阳明又打出一面旗，大书"宁王已擒，我军毋得纵杀"，叛军的心底防线彻底崩溃,全军溃败,朱宸濠被生擒。

二、真正厉害的是杀人诛心

王阳明生擒宁王,拿捏的是宁王朱宸濠的心理,控制的是他的情绪。王阳明以谣言放大叛乱者头领疑惑不决的情绪,又以假信使其上下离心,再用免死牌动摇其军心,使宁王成了孤家寡人。最后决战时,宁王情绪溃败,对王阳明大喊:这是我们朱家的家事。军心动摇,人心崩溃,必然兵败如山倒。宁王朱宸濠十万大军,十年心血,在王阳明的拿捏中四十三天便付之东流。

三、真相:左右情绪就是左右命运

王阳明四十三天擒宁王背后的真相是心理和情绪的控制。心理和情绪被他人掌控,纵有十万大军,失败就在顷刻之间。

生命的本质是情绪,左右一个人的情绪,就能左右一个人的命运。所以生命的真相是管理情绪。管理情绪就是管理生命。管理好自己的情绪,就把命运掌握在了自己的手里。

【小结】
1.当你维度高了,看事物的本质也会更清晰、更通透。
2.让自己活在真实里,活出强大的真我,绽放自由的灵魂。

【思考】
1.目前你最想达成的人生目标是什么?
2.这个目标的本质需求是什么?

第七节　信念系统太卡可以重装

运营系统决定了公司发展,生产系统决定了厂家产能,思维系统决定了人一生的命运。

情绪特点:
知道自己负能量,但就是控制不住乱想。为什么人家都那么积极乐观,而我总是掉进消极里？天哪，我快要崩溃了。这就是掉进负面系统了。

情绪真相：
任何改变，都需要坚定的信念！
想要转变自己的消极思想，需要从了解自己的内在系统开始，以下三个观点，会让你看见方向和曙光。

【所有的问题都是信念系统的问题】
"系统"一词来源于古希腊文，意为部分组成的整体。我们的大脑是一个系统，肝胆是一个系统，肠胃是一个系统，我们的思想和信念也是一个独立的内在信念系统，所有的小系统，组合成一个人。

小系统出问题，大系统的正常运转就会出现问题。比如，视觉系统出现问题，这个人就会变成盲人，就会看不见，会影响这个人的生活。一个环节出现问题，就会影响大局。如果这个人的思想出现问题，那就说明这个人的信念系统出现了问题，这个人就容易进入各种消极状态，信念系统出问题，行为就会接着出问题。

小戴一家六口人都很胖，对饮食的需求量很大，但他们自己并没有觉得不妥，这和当下年轻人以瘦为美，老年人觉得千金难买老来瘦的理念有些相悖。出于好奇，我经常加入小戴的家庭聚会，终于拿到了第一手资料。原来，小戴的奶奶和爸爸都认为，身上长大肉，身体才强壮。所以，他们家的每一餐都很丰盛，从不将就，这就是信念的强大，不但决定自己的行为，还可能影响几代人的作风。

【正面系统引导你积极向上，负面系统引导你走向毁灭】
情绪的背后就是一个认知系统，有什么认知，就会产生什么看法。

美国知名主持人林克莱特在节目中采访一个想当飞行员的孩子："如果你的飞机在太平洋上空燃油将要耗尽了，所有引擎将要熄火你怎么办？"小男孩回答："我会让大家系好安全带坐好，然后自己带上降落伞跳下去。"所有人都笑了，嘲讽人性的本能。主持人没有急于发表意见，他静静注视着孩子，孩子继续大声说："我要去买燃油，我要回来的。"此时此刻，所有人都沉默了。

一个孩子天真的回答，颠覆了成年人的认知世界。

人的信念系统分为正反两个方向，正向系统是自我反省、自我确认、自我疗愈的过程，最终发现有些不足也一定会做到自我疗愈。负向系统是一种自我反思、自我否定、自我摧残的过程。当我们进入肯定的循环，就建立了正向系统，当我们进入否定的循环，就建立了负向系统。

当我们感受到美好的外物，说明系统正处于正向循环，美好的感觉引领我们走向更积极肯定的状态；当我们只感受到恶意虚伪，说明系统正处于负面循环，消极的感受会引领我们走向否定与崩溃。

情绪管理，就是用积极思维代替负面认知。如果我们总是否定自己，就会活在不幸中。总是肯定和嘉许自己，就会坚信自己是世界上最幸运的人。

【只有重置系统才能解决根本问题】

一个电脑刚刚出厂的时候，它是新的，使用起来会非常顺畅，但是随着使用中缓存的东西越来越多，电脑会越来越卡，我们就要时不时清理一下电脑的内存。就像一个小朋友，刚出生时他是开心、喜悦的。他的懵懵懂懂是一种空的状态。但是慢慢地长大之后，框框就越来越多，产生一些他理解不了消化不了的东西，他会越来越不开心，甚至苦恼。

当你总是有期待，对当下不满时，就需要检查信念系统，哪里感觉痛苦、感觉难过，就在哪里查原因，谁感觉难受就是谁需要检查。因为，所有的情绪，都是信念系统的问题。

当我们察觉到我们有负能量和负面信念的时候，就要意识到我们的思维有一些病毒了，或者说缓存太多，有一些堵塞要及时杀毒。我们一旦有了心结，被别人种了心锚，或被条框框死了，我们就要快点想办法去给自己的大脑松绑，不然的话我们会死机。

电脑死机怎么办？如果杀毒修复都不行，那就只能重置系统，我们的大脑也是一样。

重置系统就是让你拥有一套有治愈力的脑循环系统。

有个人问大师："我这个人很消极怎么办？"大师问他："房间里很黑怎么办？"这个人回答说："开灯啊，开窗也可以啊。"大师："是的，让光照进来，才能消灭黑暗。"

【历史人物的情绪解码】

文天祥的浩然正气

一、浩然正气

国家危难之时，文天祥罄尽家财，招兵勤王，抗元保宋，其间历经磨难，累遭失败，几次险些丧命。家毁国亡后，他的初心不变，被捕囚禁六年，有严刑威逼，有高官利诱，但他不屈不折，一身凛然正气。国虽灭但以死报国之志不改，用"人生自古谁无死，留取丹心照汗青"来写照自己的赤子之心。面对屠刀，他南面跪拜，从容就死。死后在他的衣袋中，留有这样的遗言："孔曰成仁，孟曰取义，唯其义尽，所以仁至。读圣贤书，所为何事？而今而后，庶几无愧。"他舍身报国，浑身无一个细胞不充满报国的热血，无一处筋脉不充盈爱国的气息。一身浩然正气，磨难无法改变它，时间也改变不了它！

二、大丈夫的信念系统

铸就和锤炼出文天祥浩然正气的，是充盈他心中的信念系统。这个信念系统来自历千年而形成的儒家文化，他浸淫其中化而为血脉骨肉。这个系统由他的信念、价值观和行动组成。"贫贱不能移，威武不能屈，富贵不能淫"是他的信念；"义尽仁至"是他的价值观；"舍生取义，杀身成仁"是他的行动。拥有这样的信念、价值观、行动的人我们称之为"大丈夫"。

三、浩然正气的正向系统

孟子说："吾善养吾浩然之气。"中华民族英雄辈出，他们一身浩然正气，"沛乎塞苍冥"（充满了天地和寰宇），"凛烈万古存"（正义凛然而万古长存）。养浩然正气，需要系统支撑，唯有系统的支持才能在天地中永存。中华文明，悠远广博，唯有在中华优秀文化中构建起我们的信念系统，才能培育出我们的浩然正气。

【小结】
1. 情绪的背后就是一个庞大的信念和认知系统。
2. 重置信念系统，意味着生命的转变。

【思考】
1. 你有一个一直在指引你行动的信念系统吗？试着用一段话描述出来。
2. 它对你的生命有何影响？

第八节　别人的眼光，就是你的一面镜子

别人眼里的你，都是在用你投射他自己，而你却以为，镜子里呈现的是你。

情绪特点：

特别在意别人的眼光，觉得自己很弱小；感觉自己不太受人欢迎；总是在揣摩人家会怎么看自己，有时又觉得别人也不怎么样。这是过于在意别人失去自我的状态。

情绪真相：

唐太宗说过：以铜为镜，可以正衣冠；以史为镜，可以知兴替；以人为镜，可以明得失。

如果你想要看清自己，以下三个照镜子的观点，让你瞬间照见自己。

【别人的眼光，就是你的一面镜子】

有些人总是在别人的眼光里，寻找自己的价值。别人，就像是他们的一面形象镜子，总是很想知道自己在别人心目中的形象，于是去观察、讨好、建设、揣摩。在他们的心里，每天都像坐过山车，七上八下。活在镜子里，活在别人的眼光和评判里，容易失去自己。

某日不经意穿了一套多年的旧装参加活动，没想到场面挺隆重，正在懊恼自己着装太随意朴素，却过来了几个小姐妹，求这套衣服的购买地点和方式，都说这套衣服好有品位。所以，这套衣服是不是好看没有关系，重要的是有人愿意和它有链接。

你在别人那里看到的，实际上就是你自己，只是你还没有显化出结果，一见倾心、一见如故、一见钟情、一见就心生欢喜，见到的其实都是自己内在的同频。

眼眶就是镜框，你所看到的，都是自己内心的选择，是你的灵魂、你的信念的代表，就像上面活动中的小姐妹，满场穿红着绿，奇装异服，可就是看上了我的素衣，并坚持选择它，这就是她们内心的选择，是她们内心世界的投射。

看人就像给自己照镜子，你肉眼看到的，不如说是你选择了自己想要看到的。你看到世界是阳光美好的，不如说是你内心想要阳光，你想要看到美好，所以你善于发现美好。

从外在看内在，从别人看自己，透过别人，你才能认识真正的自己。你从别人身上看到的其实就是你自己。

你从别人身上看到的好的坏的，都是自我的显化。

【当你内心丰盛时，你看什么都美好】

烈日炎炎，一望无际的沙漠里，求生者摸了摸身上仅存的半袋水，非常高兴，因为他还有半袋水。他并不因为仅剩半袋水而丧气，一颗存有希望的心，只要不放弃，就有机会。

一个正值花季的女孩躺在医院的病床上，母亲拿着病历捂嘴哭泣，墙角下的父亲出神地看着天花板。唯独少女却在沉思过后发自内心地笑了，真实地笑了，笑得很美。因为她觉得她好幸运，因为上帝没有马上要她回去，她还有一年的时间可以无牵无挂地干自己喜欢的事，可以数星星看月亮，还可以陪伴父母一起享受这一年的美好时光。

一个对生活充满热情和向往的人，看什么都会觉得美好。"心美，一切皆美。"这是林清玄书里的一句话。

内在有什么菩萨，外在就有什么庙堂；有什么样的念头，就有什么样的创造。

【越看到别人优点，越说明你内在的优秀】

古代哲学家管仲说：善气迎人，亲如兄弟；恶气迎人，害于兵戈。

真正优秀的人，善于发现别人的闪光点。优秀的人，之所以越来越优秀，正是因为他们善于发现别人的长处而学习之。而平庸的人，往往自视甚高，看不起这个，看不起那个，不屑于学习别人的优点，也不善于发现别人的长处，久而久之，固执己见，令自己的认识越来越狭隘，所以愈加平庸。

孔子说："三人行，必有我师焉。"孔子如此博学，依然认为，在别人身上，有自己可以学的东西。作为普通人，又有什么理由骄傲自负，看不起周围的人呢？一个人越是优秀，就越是虚怀若谷。这份谦虚，不是虚伪，而是因为他们对于事物看得很透彻。他们知道，对于真理，他们是难以穷尽的，只有不断地去追寻，才能避免自己思想固陋。

如果你听见一个人总是在抱怨，你就会从他身上感受到狭隘和孤僻；如果你听见有个人总是在描述他人的优秀，你就会感受到他的谦虚和好学。

懂得欣赏别人，不仅能够获得良好的人际关系，更重要的是，通过"以人为镜"，我们能够更好地发现自身的不足，不断地完善自己，令自己更加优秀。

【历史人物的情绪解码】

王阳明的镜子

一、龙场悟道

公元 1506 年，34 岁的王阳明跌落人生的最低谷。因反对宦官刘瑾，被廷杖四十，谪贬至贵州龙场当驿丞。这里苗僚杂居，言语不通；万山丛薄，瘴疠横行；了无生趣，唯死相随。到了这个"死地"，王阳明进入了人生的"死境"。绝境处，王阳明躺在自制的石棺中，日夜反思：生命无常，命运多舛，人生如何寻找自我安顿？苦思冥想中，一日顿然了悟："圣人之道，吾性自足。"这就是历史上著名的"龙场悟道"。从此王阳明有了不一样的人生，中国思想史诞生了伟大的"阳明心学"。

二、圣人处此，更有何道

我是谁？我在哪里？我将到哪里去？这不是王阳明的哲学之问，而是他的生死之问。石棺中的王阳明，百死千难地思索，冥冥暗夜里，一个声音响起："圣人处此，更有何道？"一道亮光闪现：是呀！倘若我是圣人，会怎么做？圣人处此，更有何道？有了这一艰难之问，才有心学的了悟："圣人之道，吾性自足"。这一艰难的自问，是阳明心学的全部起点，是通往圣贤之路的必经之门，更是王阳明人生命运的转折点。

圣人所做，便是我要做的！生命的绝境中，圣人就是镜子！

三、以圣人为镜

历史长河，江流滚滚，以何为镜？以铜为镜，可以正衣冠；以史为镜，可以知兴替；以人为镜，可以明得失。

生命之路漫漫，常常会有歧路；人生之途悠悠，常常会有徘徊。我们每个人都需要一面镜子来照见自己，指引自己，找到自己。终究我们需要一面镜子，我们不妨找一面最美的镜子，像王阳明，以圣人为镜。

【小结】

1. 把别人当作一面镜子，才能看到客观的自己。
2. 看清自己，理解他人的不同，安然接纳一切。

【思考】

1. 以前谁是你的镜子？为什么他会成为你的镜子？
2. 今后你将以谁为镜子？为什么？

第九节　对立就是树敌

想要健康，却还在和不健康的部分做斗争，那就是不健康。

情绪特点：

生活举步维艰，总觉得有人和自己对着干；害怕选择错误，害怕失败；总是担心不被认同，做事缩手缩脚害怕被孤立。这就是不同频的对立心态。

情绪真相：

有对立才有矛盾双方的统一与斗争，才会推动事物的运动、变化和发展。

这里分享三个观点，可以帮助你走出对立情绪的困扰。

【这个世界有很多对立的存在】

这是一个充满对立的世界。因为对立，所以迷茫，我们不知道该选择哪一边才好。任何事物的存在，都是由正反两面和对立的矛盾来支撑的。一旦矛盾被解决，这个事物要么走向发展和前进，要么走向灭亡和消失。

有的夫妻越吵越恩爱，这就说明他们的吵架是辩论和磨合，最终他们都能够找出最佳的解决方案。而有的夫妻吵架多了就离婚，原因是他们吵架是选择相互打击，最后感情都被消耗殆尽。

有矛盾才会有支撑，没有矛盾就没有发展，只要在解决矛盾的时候，能够相互穿梭立场，去感受对方，一起往正面积极的方面做出相应行动和改变，那我们就一定能获得想要的结果。

黑格尔说："存在即合理。"有白天就有黑夜，有阳刚就有阴柔，生和死，喜与悲，对立的存在就是自然规律。

你有你的理由，对方也有对方的道理，有对立的存在才能让你看到世界的不同，才能有认知的提高和成长，理解别人的固执，就像理解你的固执一样。

【最大的对立，就是迷茫】

迷茫与焦虑是相伴而生的，都是会吞噬你的怪物，它们总是欺软怕硬，你越害怕，它们就越得寸进尺。不必害怕失败，失败一百次没关系，你只需要成功一次就够了。

人生没有白走的路，它让每次失败都变得很有意义，因为所有的磨炼，都是为了让你更强大。而你在迷茫时最不该做的就是去放纵自己，沉迷容易上瘾的事物，比如，酗酒、狂欢、熬夜娱乐，更不要假装努力，随便找件看似上进的事做，以此掩盖焦虑、安慰自己，这样对自己不诚实，只会带来更多的焦虑和迷茫。

自从下岗之后，邓志找不到方向了，每天朝九晚五地生活了二十年，突然每天无所事事无聊透顶，于是借酒消愁追剧泡吧，把日子过得日夜颠倒，谁要是敢说他两句,他就和谁过不去,搞得家里怨气冲天。

有一天,女儿拿回来一段枯木,想仿照抖音,做一个多肉的自然盆景,叫爸爸帮忙。邓志一看,这个可以有,电锯铲刀泥巴,搞了一个下午,一个栩栩如生的自然盆景浑然天成,比抖音上专家做的还要精美,女儿爱不释手。晚上,女儿的抖音留言剧增,很多人都在问怎么做的,有人想收购这个作品,甚至有出价200元的。要知道,这个成本不过是才15元买了3颗多肉,其他都是捡来的废料呀。这下一发不可收了,邓志的人生从此开挂。

所以你不需要迷茫,只需要决定,我们只需要选择,即使在对立的世界,还是有很多人找到了生存和与人相处的关键。需要做的是在选择的时候能够坚定,甚至可以一步一步地去创造更多选择的机会。想要什么,就得让自己匹配它。没有什么可迷茫的,不要浪费时间,勇敢去决定,任何决定都没有对错。

【消融对立最好的办法,就是关注同频】

诺贝尔和平奖获得者特蕾莎修女是个极其智慧的人,她说:"如果你让我参加反对战争的活动,对不起我不会加入;如果你们召开呼吁和平的集会,请告知我,我一定参加。"

这是一个吸引力的秘密,这是一个能量世界的法则。如果你想反对战争,那就支持和平;如果你想反对争吵,那就坚持温和。

【历史人物的情绪解码】

充满对立的曾国藩

一、"拙愚"对"勤稳"

曾国藩曾数次冒险抗旨不遵。第一次是公元1853年,咸丰皇帝下旨,命令曾国藩率领湘军即刻增援湖北,解救被太平天国围困的武汉。之前他也接到他的老师时任湖广总督吴文镕发来的求救文书。曾国藩知道,自己这支刚训练的部队,面对数倍于己的太平军,现在赶去增援无异于以卵击石,自取灭亡,曾国藩抗旨拒绝出兵,眼睁睁看着自己的老师被太平军击败,自杀身亡。

数次抗旨不遵,曾国藩必得上书陈明缘由:一是湘军还没有形成战斗力;二是自己秉质愚笨,不懂武事,出兵必败。同时表示等到有能力抗击太平军时,一定殚精竭虑!咸丰皇帝认可了曾国藩的说辞,原谅了他抗旨不遵的行为。

曾国藩天资平平,他的自我评价是"吾生平短于才""秉质愚柔"。他坦陈自己"拙""愚",所以他行事唯"勤",唯"稳"。正是他的"拙愚""勤稳",在极其险恶的环境里,得以保全自己,保存湘军。

二、又笨又慢平天下

"兵者诡道也",战场上需要主帅运筹帷幄的谋略,但曾国藩资质平庸,他只有行"至稳之兵,至正之道"的本事,用兵讲究"兵贵神速,机不可失",少有天赋的他,只有"结硬寨,打呆仗"又笨又慢的手段。多重对立下的曾国藩,面对势如破竹的太平军,累战累败,几次陷入绝境,曾三度自杀。更艰难的是病急乱投医的咸丰皇帝不停下旨要他"湘兵神降"。但在艰难的夹缝中,他凭借"拙愚"和"勤稳",累战累败,累败累战,最后战而胜之,平定天下。

三、直面对立,坚持自己

有一种情绪叫举步维艰,曾国藩一生有无数次这样的遭遇,但他不迷茫,笨用勤来补,勤练兵,练就兵强马壮,慢用稳来补,日拱一卒,夜进一尺,结硬寨打呆仗。

对立不可怕,对立是人生的常态。面对对立,不迷失,坚定自我,不迷茫,坚持自己,最后的微笑者一定是你自己。

【小结】

1.对立,就是为了让我们有更好的选择。

2.笃定地去做自己的选择,你的人生你做主。

【思考】

1.有什么事让你很矛盾?

2.最后你选择了什么?

第十节 同频才能交心

有人说出伤感情的话,最大的可能性就是渴望被看见。

情绪特点：

感觉关系中的默契难以做到，觉得相互理解太难了；同频不容易，总感觉没有人能懂自己，想要交心是一种奢望。这是缺乏感受力的心理状态。

情绪真相：

《诗经》里说：知我者谓我心忧，不知我者谓我何求。

人生路上知己难求，遇上了，真的要好好珍惜。

关于不能相互理解的苦楚，如何去化解，以下三个观点可以帮到你。

【每个人都活在自己的频道里】

每个人都沉浸在自己的频道里，奔赴在各自的人生十字路口。有的人徘徊犹豫，有的人奋力奔跑，有的人及时回头，有的人一去不返。我们每一个人都是一种形态和过程。每个人都把生活调成自己喜欢的频道，有自己最清晰的人生规划路线。

每个人，都认真地活在自己的频道里，没有对错。各花入各眼，各行有各道，大家只是看世界的角度不同而已。

老姜两夫妻感情还不错，但只要遇到看电视，就会吵架，一个喜欢看枪战片，一个喜欢韩剧，吃完晚饭就开始抢遥控器，老姜当然抢不过老婆，就只能出去溜达。时间长了，就出现了矛盾，老婆觉得老姜有了外心，每次都半夜才回家，一定有问题，一问才知道老姜去了足浴店，一边洗脚一边看自己感兴趣的电视。后来，我建议他们家再买一台电视装在书房，这件事才得到平息。

生活是个自助餐，有人喜欢吃甜的，有人喜欢吃辣的，有人有高血压糖尿病，可能他还喜欢吃苦的。

我们无法站在自己的观点和立场上去评判别人的喜好，去指点这个世界。严加管教孩子是对的，放养孩子也是对的，什么样的环境都有好孩子被教育出来。追求完美、精益求精是对的；不追求完美、顺其自然，放过自己也是对的。

当我们了解了这一点，你就不会为了相互不理解而困扰了。

【要想别人理解你，先要理解别人对你的不理解】

不理解太正常了，因为大家根本就不在一个频道，不在一个世界观里，就像电视机里有很多个频道，农业频道、戏曲频道、新闻频道、综艺频道，各在各的频道里，怎么能做到完全理解呢？

有人说：在与人交往中，要多站在对方的角度着想，退一步海阔天空。又有人说：凭什么是我站在对方的角度着想，他为什么不能先理解我？人善被人欺，马善被人骑。所以，谁应该先理解对方呢？

以下这五个步骤，能让你看到所谓理解的全部真相，拿回属于你自己的那份力量。

（1）接纳你们相互不理解。要知道，理解是高层次的要求，很多人却把理解当作理所应当，这确实是对理解产生了一份误解。在金庸的小说中，作为灵魂伴侣的杨过与小龙女，其实也是相互不理解的。如果你认为对方理解自己是容易的，不妨问问自己，你理解对方吗？

（2）与其要求别人理解你，不如自己理解自己，爱自己。要知道，把希望放在自己身上才是根本，自己都无法做到爱自己，如何能指望别人来爱你？

（3）做到前两个步骤的前提下，开始尝试理解对方。重点来了：亲密关系中，切记每一段争吵和冲突，不是在呼唤爱，就是在表达爱，只是表达方式对方看不懂而已，所以，要学会读懂对方爱的请求，也要用对方能读懂的方式表达你的爱。

（4）未经他人苦，莫劝他人善。没有经历过他人所处的环境，就不会明白他人内心所经受的煎熬和痛苦，用你所经历的经验去教育别人是不合适的，显得高高在上，并不能感同身受，反而会加重别人的自我保护和抗拒。那我们需要如何去做呢？只要陪伴和倾听，和他的感受同频就好了。

（5）如果有人和你论对错，让他赢。因为凡事没有对错，争输赢论对错都是活在是非里，只会徒增烦恼，争赢了，也许输了好感，毕竟双赢才是最好的结果。

所以理解只是一个理想化境界，不可强求，只有观念维度的同频，才能有共情。

【绽放自己，让同频的人找到你】

你若盛开，蝴蝶自来，除了主动向有共同兴趣的人靠拢，你还可以认真做好自己，自然就会吸引到与你灵魂相似的人。

你要做的就是去展示自己，去绽放自己，用你释放和呈现的能量，清晰表达你的爱好、你的优秀和你的需求，比如，分享、演讲、表演等，你的激情一定会吸引到跟你同频的人，找到你的朋友、你的组织、你的队伍，这样才不会孤独，而不是去抱怨那些跟你不同频的人。你要找到与你同频同道的人，这才是关键。用一个专业的词来说，叫作"灵魂的阶层"。

在一次社区活动上，展示书法国画的金老师居然和跳交谊舞的江老师交上了朋友。金老师是离休干部，平常都高高在上拒人千里，这次看到江老师的交谊舞跳得出神入化，就想向她学习。原来，交谊舞也是金老师年轻时的爱好。就这样，他俩成了搭档，发展成为挚友，据说后来江老师也成了金老师画画的学生。

两个兴趣不同、价值观也不完全一致的人，又如何同频共振、彼此滋养呢？

就像金老师和江老师那样，放下自己的身段，去到对方的频道里，感受对方，温暖对方，也能敞开自己，请对方来到自己的世界，相互滋养。

【历史人物的情绪解码】

管鲍之交

一、知我者鲍子也

如果没有鲍叔牙，历史上可能就不会有管仲了。管仲是春秋时期著名的政治家，被誉为"华夏第一相"。孔子说："微管仲，吾其被发左衽矣。"（没有管仲，我们恐怕也要披散着头发，衣襟向左开了。）

年轻时管仲和鲍叔牙是一对好朋友，但管仲经常欺负鲍叔牙。和鲍叔牙一起做生意，管仲总是自己多拿一份，不过鲍叔牙认为这是因为管仲贫穷而不是贪心；管仲为鲍叔牙办事出主意，大都是馊主意，使鲍叔牙更贫困，不过鲍叔牙认为这是因为时机不利而不是管仲愚蠢；管仲和鲍叔牙三次一起打仗，三次败逃，不过鲍叔牙认为这不是管仲胆怯而是家有老母。后来他俩互为对手各为其主，管仲射伤齐桓公，被齐桓公擒获，作为胜利者的鲍叔牙反而向齐桓公推荐了管仲。于是管仲任政于齐，辅助齐桓公富国强兵，尊王攘夷，九合诸侯，使齐桓公成为春秋五霸之首。管仲感慨："生我者父母，知我者鲍子也。"这就是历史上成为美谈的"管鲍之交"。

二、看见真相，遇见理解

"管鲍之交"的可贵在于管仲在鲍叔牙面前最真实地表达和呈现自己。家中贫困，他要多拿；家有老母，他要逃命；他有大才，成为败将，宁受辱而不就死。鲍叔牙在管仲真实的呈现中看到他贫困贪心中的挣扎，狼狈逃跑中的孝敬，受辱偷生中的不甘。因为看见，所以鲍叔牙放下胜利者的高高在上，把自己的手下败将重重地托举起来，让他成为一人之下万人之上的相。管仲也报之以励精图治、民富国强、一匡天下的宏图大业，成就一番历史佳话。

呼而应之，是遇见了理解；求则予之，是看见了真相。

三、同频共振，喜悦同行

在一份关系中如果没有真诚、没有觉察、没有理解，就没有共鸣。同频才能共振，真诚遇见善良的觉察，就形成默契；默契呼应真诚就成就了美好。

"知我者谓我心忧，不知我者谓我何求。"普通平凡的我们有何忧、何求呢？人生一世最可贵的是求一份美好。真诚以待，则默契美好呼应；同频共振，则喜悦美好同行。

【小结】
1. 看见不同的对立面，才会更珍惜同频的人。
2. 真实地表达和呈现自己，才有靠近，才有喜悦同行。

【思考】
1. 你是否有一个好朋友流失呢？
2. 那是因为你们相互之间缺乏了什么？

第十一节　孩子属于他自己

孩子想超越而非复制，他相信自己能走出独特的路。

情绪特点：
孩子天马行空的，感觉越教越不听话；不知道他在想什么，很担心他的将来；孩子很倔强，难沟通。这是在从成人的角度看孩子。

情绪真相：
有人说：父母是孩子的启蒙老师，孩子是母亲的镜子。
从孩子那里，我们看见纯粹。
想要知道我们和孩子之间到底该如何相处，三个观点告诉你真相。

【我们应该做的，是把自己的位置放在孩子的前面】
很多女人觉得自己是为丈夫而活，为孩子而活，看上去似乎在勤勤恳恳地奉献自己的一生，实则内心会有牺牲感，有委屈。因为为别人活着是空壳，不是我们生命的本质意义，而一个不懂得爱惜自己的人又如何能够有力量去爱别人呢？

在我的情绪管理咨询对象里，163号是一个女性，离婚后，48岁的她积极健身，全面改善饮食和生活习惯，半年内体重从148斤降到115斤；重新找到当年的合作伙伴，重启自己热爱的事业，三年做到了一个亿的产值，硬生生活成了一个传奇。更为神奇的是她的女儿，居然成为母亲公司的形象代言人，落落大方走上舞台，走进各大宣传片，这和三年前来找我咨询的那个唯唯诺诺、躲躲闪闪的女孩完全判若两人，她说是妈妈的神奇蜕变改变了她，是妈妈的勇敢激励了她，让她看见了一个完全不同的世界。

父母应该做的是把自己的位置放在孩子的前面，先检查自己内心的渴望，让自己不断成长和成熟，让自己的内心充盈起来。爱满自溢，才有力量去爱自己的孩子，成为充满爱充满活力的父母，而不是一个满嘴唠叨、满腹抱怨的人。

爱的前提不是牺牲自己给予别人，而是丰富自己分享给别人，将饱满的能量释放给自己的孩子。当你眼里心里只有孩子而没有自己，那叫牺牲叫掌控，不是爱。

我们会在一个很有教养和礼貌的孩子身上，看见一个有涵养的妈妈，也会在一个阳光积极的孩子身上，看见一个热情洋溢的父亲的影子，正是因为懂得好好爱自己，所以才更加懂得怎样去影响孩子。

【孩子从出生那刻起，就开始体验父母的情绪】

孩子从出生的那一刻起，就开始感受父母、模仿父母。父母是原件，孩子是复印件。所以每一个父母都要先做好自己，你好，孩子自然就好。

当自己没做好，把情绪宣泄在孩子身上，只会让孩子成为出气筒，成为受苦型人格。

读初中的小戴，周末想让妈妈陪她去剪个短发，她穿好鞋子在门口等着，听到爸爸对妈妈喊："你还不快点，女儿在等你了，总是这么磨磨蹭蹭，拖拖拉拉。"小戴想，爸爸一定以为我等急了，其实没事的，妈妈在收拾垃圾呢。

刚想安慰爸爸，不料里面响起了妈妈的抱怨："你什么意思，我哪里拖拖拉拉，每次不都是我给你擦屁股，自己懒得要死，吃完就挺尸，躺在沙发上什么都不干，还好意思讲别人？你要是这么着急，你也可以陪她去呀？"一瞬间，小戴不想去剪头发了，她感觉自己就是爸爸妈妈的拖累，她冲进家里，拿起书包又冲出门，向学校奔去，背后爸妈发泄的声音，还是那么刺耳。

我们常生气，孩子就容易愤怒；常悲伤，孩子就容易无趣和沮丧。

孩子是依靠父母的情绪来感知这个世界的，有时候我们觉得自己是在爱孩子，为孩子好，却不知道，那些所谓的"爱"可能是束缚和羁绊。我们总是担心孩子这个不好那个不够，又担心孩子的将来会匮乏，可是，担心也是一种反向的愿力，会吸引你不想要的结果。

你的样子，就是孩子的榜样。你永远给不了你没有的东西，妈妈匮乏，孩子就会匮乏；妈妈强大，孩子自然就强大。

哲学家托尔斯泰说：百分之九十九的教育，都归集到榜样上，归集到父母的端庄和完善上。

【让孩子成为他自己，让我们活出自己】

欢欢很怕狗，看见狗就会全身起疙瘩，引起过敏，经过一系列的测试和沟通，发现原因来自外婆。从欢欢小时候外婆就对他说："不怕不怕，不怕狗狗，外婆会赶走它。"然后有一次，外婆用拐杖打一只流浪狗，狗狗可能是因为太害怕了，直接咬住拐杖不肯松口，吓得外婆大声呼救。从此，欢欢一看见狗就起鸡皮疙瘩。

是外婆给了欢欢一个狗狗很可怕的信念。

人生是什么？人生就是你相信的结果，你相信什么就会用心创造什么，孩子会用一生，去创造他自己的信念结果。孩子的快乐不依赖父母，孩子生下来就很快乐，是父母灌输了太多的防备性、匮乏性信念系统，让孩子变得不快乐。

爱不是约束，也不是说教，爱是让孩子成为他自己，是允许他活出自己的人生！

接纳孩子的本来面目，帮助他释放自己的特性，让他成为更好的。

小彤的梦想是做一名宠物医生，而父母觉得一个女孩子当老师最好，最安稳。于是小彤听了父母的话，当了一名老师。但是小彤并不喜欢，于是日复一日小彤不会开心地笑了，最后因为抑郁辞职了。

经过情绪管理师测试、沟通和分析，我们发现小彤和动物待在一起才会开心，于是支持让小彤去做自己喜欢的事，小彤也在自己喜欢的行业如鱼得水，逐渐自愈。

父母对孩子的爱，就是不灌输自己的信念系统，孩子需要的是一个独立的信念系统，不是复制别人的。

世界上所有的爱都指向聚合，只有一种爱是指向分离，那就是父母对子女的爱。这是英国心理学家克莱尔说的，父母真正成功的爱，就是让孩子尽早作为一个独立的个体从父母的生命中分离出去，这种分离越早，说明做父母的越成功。

天下做父母的，都必须经历这个过程，目送孩子的背影渐行渐远，不能追。

【历史人物的情绪解码】

孟子的成长

一、孟母三迁

孟子能成为"亚圣",是因为有一位了不起的母亲。

孟子早年丧父,当初他家靠近墓地,因此小时候的孟子,游戏玩耍的都是造墓埋坟、下葬哭丧一类的事。孟母见了,说:"这里不该是我带着孩子住的地方。"于是将家搬到一处集市旁,孟子又学玩起商人奸猾夸口买卖那一类的事。孟母又说:"这里也不是我该带着孩子居住的地方。"又将家搬到一个学官的旁边。这时孟子所学玩的,就是祭祀礼仪、作揖逊让、进退法度这类仪礼方面的学问了。孟母说:"这里才真正是可以让我孩子居住的地方。"于是就一直住在了这里。等到孟子长大成人,学精六艺,终于成为有名的大儒。

二、孩子是生命体

孩子是一个生命体,就像一株小树苗,有阳光就抽芽,有雨露就生长。孟母之所以不辞辛劳三次迁家,是因为她认定环境会熏陶人、影响人,她把环境看成孩子成长的阳光雨露。她没有批评,只有寻找和选择,最后找到学官这个环境,让学官的祭祀礼仪、进退作揖影响他,让学官的虔敬逊让浸润他。孟母选择的是环境,改变的是人,她想要的是孟子更好地成长。

三、孩子是独立的生命体

父母陪伴他们成长,需要的是扶一扶,让孩子自己去体验、去感受。父母见证他们成长,需要的只是引一引,让孩子自己在雨露中欢笑,在阳光中灿烂。让花成为花,烂漫芳菲;让树成为树,伟岸挺拔;让孩子成为他自己,灿烂美好。

【小结】

1.每一个孩子都是独立的。

2.孩子的人生是他自己相信的结果。

【思考】

1.你给孩子创造了一个什么样的环境呢?

2.孩子的榜样是谁?

第十二节　问题的本身不是问题

是过去所有的困扰，带你来到今天的卓越。

情绪的特点：

生活乱如麻，问题永远解决不完；似乎我本身就是一个大麻烦，麻烦一件接着一件，问题接踵而来，感觉永无止境的累。这些都是对我们的考验。

情绪真相：

罗伯特·舒勒博士说：问题的出现不是让你止步不前，而是为你指明方向。如何穿越问题对你的考验，以下三个观点会让你明白问题不再是问题。

【问题，是在提醒你该调整方向了】

当问题接踵而至时，是在提醒你，你该调整方向了：孩子叛逆，是在提醒你该调整与孩子的相处模式了；老人身体欠佳，提醒你要多花时间陪陪父母了；工作不顺利，也是在提醒你应该检查自己的工作状态了。

好友的徒弟小王是一名技术工人，最近厂里换了新机器，小王连连出错，还被厂长通报批评和休整，他很苦恼，整天喝闷酒，我建议他师傅提醒他乘这个机会出去学习进修。三个月后，小王进修回来，新生产线的技术在他手上得心应手，小王很快被破格提升为车间主任。

所有的问题，都是老天派来考验你的。每个问题都是一个礼物，要相信自己有能力来解决这个问题。命运给你一个问题，一定也给了你超越问题的能力，关键看你要面对还是要逃避。

因为问题的本身不是问题，如何面对问题才是最大的问题。

小王遇到了事业瓶颈期，感觉工作上升空间不大，跳槽也许可以升职，但也可能失业。在两难境地小王选择了跳槽，于是他成功了。也许并不是每个人都会成功，但是在遇到问题时，选择前进本身就是一种成功，是一个提升能力的机会。

【问题并不消耗你，你对问题的恐惧、担心，才是消耗你的核心】

小钱的演讲水平很不错，但是在参加演讲比赛的前一周，小钱就开始焦虑紧张,失眠,于是不得不退出比赛才缓解了焦虑。

有时候我们遇见的问题,其实并没有那么困难,往往是自己吓住了自己。问题本身并不消耗你,对问题持有的看法是关键。只要想解决就有一千个方法,不想解决就会有一万个理由。消耗我们能量的不是问题本身,而是面对问题时的恐惧和焦虑。所以说问题并不消耗你,你对问题的恐惧、担心,才是消耗你的核心。

小宋的领导希望他为一个大公司做一份调研报告,小宋觉得那是个跨国公司的项目,自己资历还不够,于是拒绝了这个任务。没过几天,小宋的师妹也求他帮忙做一个调研报告,扛不住小师妹请求,小宋用一个晚上的时间熬夜做好了。第二天小师妹传来报告被采用的好消息,当他得知这个项目就是领导当初要求他做的,他感觉很惊讶,原来一点儿都不难,他只是过于关注和放大了问题的难度,而没有信任自己的能量和细致认真的特质。

我们最不想面对的,恰恰是最需要突破的;感觉很难的问题,一定是需要成长的地方。面对,永远不会比逃避更难,害怕是因为不了解,了解了面对了才发现更简单,试着去相信无穷的能量会跨越一切难题,面对它、干掉它。

【没有考验就没有成长】

考验之所以称为考验,就是因为它是有一定难度的。如果人生没有起伏和波澜,那么只能说他的一生非常平淡,却不能称之为幸运。没有起伏没有考验就不能进步,永远停在一个位置的人生又有什么乐趣呢?而考验不是要你走投无路而是教你绝处逢生,没有解决不了的问题,只有不愿意成长的心。

生活就是在打怪升级,每一个问题的出现都是为了让我们成长,为了提升我们的能量。让我们庆祝问题的到来吧,每个问题的面对,都是生命中一个新的转折。让考验来得更猛烈些吧,不管你现在正在遭遇婚姻的破裂、伴侣和朋友的背叛,还是事业的挫折、生意的破产,都没有关系,这些都是考验,问题越大,困难越大,当你超越它之后,你就会体验到更大的快感、更高的成就感,拥有更强大的自信。

【历史人物的情绪解码】

贾谊的问题

一、天才贾谊

贾谊,西汉著名政治家、文学家。他少年得志,21岁就得到汉文帝的赏识。他才华横溢，卓识远见，他提出的一系列经邦治国之策被汉文帝采用，开创了"文景之治"。他首提"众建诸侯少其力"的削藩策被后来的汉武帝采用，奠定了汉王朝的百年基业。他被誉为大汉国策的真正奠基人。毛泽东称赞他"贾生才调世无伦"，但他在33岁最富才识的华年抑郁而亡，为后人所痛惜。

一代天才，是上天赐给汉朝最好的礼物。后人评说，贾谊是一个生错时代的天才。汉文帝赏识他，但是由于自己刚刚被大臣周勃、灌婴推举接替帝位，无法真正重用他。之后顾忌到老臣们的权势，贬他到长沙，再贬到梁国，一个天才的政治家就此远离了政治中心，以至于哀叹幽怨，自伤哀绝而亡。

二、天才的问题

这位天才的政治家，对大汉的发展洞若观火，对西汉的问题有卓绝的对策，但对自己的问题茫茫然不知所措。"屈贾谊于长沙，非无圣主"，汉文帝欣赏贾谊，但帝位未稳，需要等待时机才能委以重任。汉文帝有耐心，更需要贾谊的热情和耐心。可是这位年轻的天才，被贬长沙过湘江，触景生情，自比屈原，萦纡郁闷；到梁国，皇子不幸坠马而死，自责自伤，日夜哭泣，以至于夭绝。

苏东坡评价贾谊"才有余而识不足"，他只要耐心等待，不过十年便可一展宏图。让人痛惜，一个目光穿越一个朝代的天才，竟然没有看到自己。

三、看向自己，看清自己

看不透问题的本质，就会被问题本身纠缠。看不到问题本质的人，纠缠于问题本身，陷于情绪困扰，委屈哀怨，忧伤痛绝。看到问题本质的人，不怨天尤人，会主动承担，勇于付出，敢于牺牲。贾谊的问题，是一个天才有洞察世界的智慧，却没有看向自己，看清自己。

【小结】
1. 问题，是提醒我们要调整方向。
2. 每个问题，都会成为我们向上走的台阶。

【思考】
1. 想一想：曾经让你伤透脑筋的是什么问题？
2. 后来这个问题带给你的启发是什么？

第十三节 失去是为了更新

每一次失去，都是新陈代谢的开始。

情绪特点：
害怕分离，害怕丢失现在所拥有的；担忧未来不如意；一味付出看不见回报，很痛苦。这是典型的患得患失心理。

情绪真相：
人生本就是一个不断失去和不断拥有的过程。
想要拥有对每一个失去都欢呼的心态，请和我一起来体验以下三个认知。

【没有当初的得到，哪来现在的失去】
当你失去一样东西的时候，一定很难过，其实不必，因为失去本身就是一种得到，可能你得到的是一种自由和解脱。

我给即将离婚痛不欲生的小菲算了一笔账，首先是——罗列结婚这些年她的收获，看着那一连串的排列，她泣不成声。我问她："这段婚姻你得到了这么多，是不是很庆幸？"她点头又摇头，我知道她舍不得，于是我们又开始罗列在这段婚姻里她失去的，一条条损失跃然纸上。我问她："这么大的损失，离开是不是很庆幸？"这回她坚决地点了点头。

没有当初的得到，哪来现在的失去呢？当初在你得到之前，他本就不属于你，被你拥有这么久，这是值得感恩的。

同时我们站在一个高维度上去看，当你失去一样东西的时候，说明一个新的东西即将到来。比如说，你的手机被偷了，那么你很快就会有一个新手机；一个朋友离开了，那你会有一个新的朋友；电视机坏了，你会再买一个新的；衣服也会有新的。所以失去又有什么关系呢？

失去，是获得的开始。

【任何的离开，都是时间在帮你更换更好的】
任何东西的离开，我们都不会失去，因为这是时间觉得那个东西太老了，太旧了，配不上你了，它在帮你做更换。

你失去一个人，只是证明你们不再同频了，会有一个更同频的人来到你这里。你从来不会失去任何东西，会失去的就说明不适合你。所以不必难过。你失去一个爱的人，会有一个更爱你的人。没有得到想要的，你会得到更好的。

小刘是一名高三学生，恋爱谈得热火朝天，但是在高考的前三个月，男朋友提出了分手，小刘非常痛苦。经过情绪管理师疏导之后，她开始用学习来转移自己的注意力，最后在高考中取得了很不错的成绩。在这个案例里，虽然过程是痛苦的，但却带来了意想不到的礼物。

不必抱怨，没走到最后，谁也不知道路的尽头是成长还是惊喜。

【不失去自己，你什么都不会失去】

人生最大的痛苦，莫过于"想得到"和"怕失去"。而能量高的人，不怕失去，因为觉得自己有价值，可以吸引更高的配置。

当我们能量很低的时候，就会很怕失去，你越怕失去钱，你就越会失去钱。当我们能量高的时候，就没有那么多恐惧。当你握紧双手，里面什么都没有；当你打开双手，世界就在你手中。重要的是格局打开，提升自己的能量。

李健因为体质不好，在家休养了三年，吃了很多药物和保健品，久病成医，因此对保健食品有了自己的认识，于是代理了一个养生品牌。他第一时间通告所有亲朋好友，想得到大家的支持，让他很失望的是，只有妈妈给他面子买了三瓶，其他人要么悄无声息，要么借口家里还有很多保健品没吃完。

我建议他先不要着急，追求不如吸引，当你自己受益之后，自然就会感召大家的认同。

于是他开始健身之旅，跑步、游泳、保健养生，还报了社交礼仪课程。春节来了，所有认识他的人都惊呆了，从前病恹恹的他，如今神采飞扬。他家里库存的保健品被抢购一空，还列了一长串的订单。

当你不再死死看紧手中握着的一点，世界就会展开在你的面前。提升自己的能量很重要，当我们能量很高，就容易吸引到你所需要的来到你身边，你的能量越高，能力就越强，就会吸引更好的，所以，提升自己，才能获得更大的底气。

【历史人物的情绪解码】

楚王失弓

一、楚王失弓

《孔子家语》中记载，楚王打猎时丢失一张精美的弓，但他阻止下属去寻找弓，他说："失弓的是楚国人，得弓的也是楚国人，何必去寻找弓呢？"

这件事显示出楚王宽广的胸襟：一方面楚王不介意失去弓，愿意让另一个楚国人得弓；另一方面，他虽是君王，却不介意让一个臣民得弓，视君王与臣民都是平等的楚人。

孔子却认为楚王的心胸不够宽广，他说："失弓的是人，得弓的也是人，何必计较是不是楚国人得弓呢？"在孔子的心目中，每个人与天下的任何人一样，都是平等的人。

二、心怀天下

失去意味着损失，带来缺失感，使人懊恼郁闷。楚王失弓没有找回来，楚人得到了，楚王很平静，没有懊恼，他的平静是心怀楚国。是一国之心怀让楚王在失去的时候没有产生缺失感。楚王失弓，有人会得弓，心怀楚国的楚王会有一丝担忧，担忧得弓的不是楚人，唯有孔子没有担忧，因为他心怀天下。

三、在失去中寻找得到

有失必有得，失去和得到是一对守恒。失去会带来不幸感、痛苦感，也会产生意义感。意义感来自你的心胸，心胸有多大，意义就有多大。

人生是一个不断失去和不断拥有的过程，开阔心胸，豁达一些，平静一些，让意义感充满生命的每一个过程。

【小结】

1. 失去是帮助自己更好地看清未来的选择。
2. 遗憾和失去是人间常态，你我都不例外。

【思考】

1. 想一想，曾经你因为失去什么而痛苦？
2. 后来你因此得到了什么？

第十四节　牺牲只会换来委屈

不必质疑你的付出，你所做的每件事，都是为了成为你想成为的那个人。

情绪特点：
感觉所有的付出，就像砸了无底洞，没有回报。这样的委屈情绪也很常见，总感觉付出无法看见回报，心里很委屈，不愿意牺牲又很无奈。

情绪真相：
为热爱去付出，才是心甘情愿。
想要找到牺牲感的解药，一起感受三个对牺牲的解读。

【每一次牺牲，都会多一袋情感垃圾】

牺牲意味着伤痛，会有委屈、抱怨，甚至不公，因为付出就希望获得回报和补偿，一旦得不到就会破坏关系，让自己的心灵受到伤害。所以每一次的牺牲就是一袋情感垃圾。

牺牲太多，心就会生病。每做一次牺牲，心就会被伤一次。爱自己，就不要过度牺牲，过度的牺牲不是一种爱，而是一种无法承受的负担。

袁立是一个工作很努力的人，并不是她喜欢这份工作，而是因为这份工作是父母托关系给她求来的。她一直想换一份工作，父母说："我们这么低三下四给你找工作，如果连这份工作都保不住，你还能干什么呢？"所以袁立一直忍着，但心里很委屈。最近公司裁员，袁立的业绩又不是很好，于是她出现了失眠、无缘无故哭泣的症状，整日闷闷不乐，父母很内疚，不知道怎么办。当情绪管理指导师为她做了分析解惑，他们才意识到，强加的爱，反倒成了一种枷锁。

父母过于牺牲不会成就孩子；孩子如果委曲求全，内心也一定不快乐。

牺牲并不是一件多么伟大的事情，因为牺牲只会带来更多的牺牲，为孩子牺牲也只会教会孩子去牺牲，往复循环，仅此而已。父母过度地牺牲自我，把希望寄托在下一代身上，对子女来说，有时可能会成为一种不能承受之重。

每一位母亲都想给孩子最多最好的爱，但并不意味着有了孩子就要牺牲自己，好妈妈绝对不会用爱孩子的名义牺牲自己的梦想和事业，而是应该借助孩子的能量更好地完善自我。

停止一味奉献，拒绝过度牺牲，学会爱自己，只有爱自己的人才能更好地爱他人，爱满自溢，给孩子做最好的榜样。

【牺牲的爱，就是掌控的爱】

小虎的妈妈在生他之前，是一家跨国公司的高管，为了支持丈夫和教育儿子，她忍痛离职，放弃打拼了十五年的事业，安心做全职太太。到了小虎的叛逆期，妈妈就特别爱哭，她觉得自己做了这么大的牺牲，如今却得不到孩子尊重，感觉自己太冤了，加上小虎爸爸工作特别忙，妈妈就更失落了。所以每次妈妈对小虎有要求，就开口讲过去的牺牲，小虎听了感觉头都要炸了，特别想逃离。

用自我牺牲的方式去爱孩子，这也不是什么伟大的事情，你牺牲了过多的时间、过多的精力，你把你的全部身心放在了孩子身上，这并不是爱，也不是心甘情愿的付出，而是打着爱的旗号索取，这是一种隐形的要求。

纪伯伦在《先知的灵光》中说道：孩子是借你们而来，却不是从你们而来；他们虽和你们同在，却不从属你们。你们可以给他们爱，却不可以给他们思想；你们可以荫庇他们的身体，却不能荫庇他们的灵魂。孩子也会有自己的选择和人生之路要走，他们有自己的自由和思想。那些企图控制孩子，希望以牺牲自我为条件换取孩子成功的父母，很有可能在牺牲自己的同时，会牺牲掉孩子的自由。而那些给孩子自由成长空间，同时不放弃自己的追求努力为自己奋斗的父母，则会给孩子树立一个好榜样，使得孩子更健康更快乐地成长。

如果牺牲的目的是为了让别人亏欠你，为你感动，带着这种牺牲感，你就会想要不断的回报，得不到就会委屈和懊恼。

很多人在感情中通过牺牲来证明自己的爱，想通过牺牲来掌控这段感情，掌控爱。可是，这一切都是自以为是罢了，爱或者不爱，都出自另外一个人他内心最真实的感受，靠你无谓的自我牺牲，是改变不了的。顶多是让对方感动一下罢了，可是这又能怎么样呢？依然改变不了不爱的事实。盲目的自我牺牲并不是爱，而是一种负担，因为牺牲的爱，就是掌控的爱，你的牺牲不是在维护你的感情，而是想让对方对你更好，得不到就会有怨恨。

【让付出和奉献成为快乐和成长】

我们不需要靠牺牲来证明自己，好好爱自己，享受每一次付出的爱，而不是用委曲求全去换取回报。当我们发自内心地为热爱的人、热爱的事无条件付出，那就是真正的快乐，每一次的付出，都是为了成全自己，想要活出自己喜欢的样子。

郎朗也好，丁俊晖也好，他们在成为大咖、成为世界冠军之前，每天都要练习很多小时，牺牲了童年的玩耍时光，牺牲了少年的浪漫情怀。丁俊晖在父亲倒下的日子里，还在斯诺克台球桌前拼命地练习，相信他们的过去一定是很痛苦的，也会拷问自己的灵魂是不是值得牺牲这么多。但是呢，现在决定过去，现在他们成了国际钢琴师，成了世界冠军，过去一切的痛苦烟消云散，相信他们的父母也会觉得这一切的奉献都是值得的，当牺牲成为奉献，一切的委屈烟消云散。

以上三个观点，是否帮你清理了一些委屈思维呢？其实，快乐和痛苦都能让人觉醒和成长。

【历史人物的情绪解码】

豫让的牺牲

一、斩衣三跃

豫让是春秋时著名的刺客。他的主人智伯为赵襄子所杀，豫让为复仇，便多次行刺赵襄子。他用"漆身为厉，吞炭为哑"（用漆涂满全身使自己面目全非，吞炭使自己的声音改变）毁容的方式掩盖自己的身份，最后暗伏桥下谋刺赵襄子未遂被捕。豫让临死时，求得赵襄子的衣服，拔剑击斩其衣，"斩衣三跃"以示为主复仇，最后伏剑自杀，留下了"士为知己者死"的典故。司马迁在《史记》里为他立传，称他"名垂后世"。

二、有期待的牺牲

当年智伯对豫让是"待之以国士"，智伯死后豫让决意以"国士报之"。所以豫让的行刺决绝而艰难。决绝是他抱必死之心多次刺杀；艰难是他为复仇而漆身吞炭、残身苦形。在豫让的心里决绝的刺杀是"众人之报"，只有艰难而决绝的刺杀才是"国士之报"。他为自己的复仇设置了标准，这个标准里最重要的不是成功，而是过程的难度。最后刺杀果然没有成功，所以死之前有所求，求得"斩衣三跃"，以至报仇之意。豫让的牺牲是有期待的，期待的不是复仇的成功与否，而是过程的艰难。这样的期待不是情感的流动，而是标准的设置，这样的牺牲既无奈又不甘。

三、付出爱

牺牲往往有期待，期待就会有不甘，有委屈。牺牲者主动地付出，收获的却是遗憾，因为牺牲的付出中少有情感的流动，少有爱的参与。只有情感的流动，在爱与被爱中，所有的付出才会有回馈有价值，才是值得的。

【小结】
1. 牺牲意味着伤痛，要停止违背意愿的牺牲感。
2. 关注你付出时所收获的快乐与成长。

【思考】
1. 哪件事让你有委屈感？
2. 那是因为你想获得什么？

第二章 走向多维

全世界都认为菠菜可以补铁,百年后人们才发现,是因为学者沃尔夫把菠菜含铁量的小数点,往右错点了一个点位。这个误会,让吃菠菜的大力水手,成了一个笑话。所以,权威和经验,只是用来参考的。

现在开始向内看,好奇情绪背后那个多维的世界。这个阶段是质疑的,对以往的观念和教育开始审视,并以体验的方式去允许自己暂时放下固有思维,观察生命背后多维立体的思想系统。

第一节　评判只会伤害自己

你引以为傲的特质，不会被所有人喜欢，所以其他人的特质你不喜欢也很正常。

情绪特点：
经常评判自己，认为自己很失败；有这种思维的人喜欢说我不行，我做不好，我真没用，没有人会喜欢我这样的人，所以情绪特别容易低落。

情绪真相：
诗人鲁米说：有一片田野，它位于是非对错的界域之外。

如何去到诗人鲁米说的那个没有是非没有评判的美好世界里呢？以下三个认知，让你瞬间觉醒。

【所有评判，伤害的都是自己】

你的评价是对别人的主观判断，实际上对别人是毫无意义的，尤其是当你在背后评判别人的时候，别人又听不到，当你很气愤地去评价某人某事的时候，伤害到的往往是你自己，因为只有你心里在生气在难过。

这个世界，没有任何人、事、物可以伤害你，除了你自己。评判别人是一种能量的丧失，当你不断评判时，你释放出去的是一条能量的大河，你将力量给了那些你所评判的人和情境，是你在放大它们的存在，让世界更加关注它们，而你，却忘了展示自己的优秀。

其实你在评判别人时也是在评判自己，你在贬低别人时同时也在贬低自己。

小宋喜欢在背后诋毁婆婆，说起婆婆的各种不是就咬牙切齿，终于有一天，同事忍不住了："你总是在背后说婆婆的错，你就不怕我们误会你是个嚼舌根的人吗？"

你看，不断的评判造成她的内忧外患。

也有些人他不评判别人而评判自己，这也很让人受苦。

每一个人在这个世界上，都有很多人误会你，他们会评判你，用有色的眼光来看你，觉得你这些方面不够好，那些方面不够好，假如你自己还评判自己，那岂不是压力更大？

假如你不评判自己，别人的评判对你来说就是无效的。

小李的上司对小李的要求特别多，包括穿的衣服、戴的首饰、表情和说话的方式等。终于有一天小李忍无可忍递上了辞职信，上司很惊讶，问小李为什么，小李说："您总是批判我这里不好，那里不好，但我自己没觉得有哪里是违反公司原则的，所以为了避免不必要的矛盾，我选择辞职，去找一个匹配我欣赏我的工作岗位。"

我们的存在是希望被欣赏和鼓励，而不需要被评判。

【信任自己的感觉，而非他人的评判】

别人说弯弯这人有点懒，她说："你搞错了，你看的是表面现象，其实我工作起来是拼命三娘呢。"有人说秀秀小气，秀秀说："我这么大方的人，你居然说我小气，你根本不懂我。"

当你自己不认同别人的评判，别人对你的评判都只是误解而已，根本伤不到你，他人的评判之所以伤到你，是因为你也承认自己有问题，所以评判才有效。

小芳的妹妹从小就活泼可爱，相对而言小芳更内向，所以从小小芳就被家人拿来衬托妹妹的大方，她妈妈也逢人就夸小女儿机灵，"总是没有妹妹长得好"这个观念在小芳心里扎根，她认为自己是一个很难看的人，又不可爱。小芳的爱人信誓旦旦告诉她，觉得小芳才是这个世界最耐看又懂事的女人，她依然很自卑。

所以说，想要不让别人的评判伤害自己，就要先从心里消除对自己的评判。

当你放下对自己的评判和攻击，停止去自责、内疚、懊悔，才开始真正享受生命；你只有知道了自己的独特，给予自己最好的爱，才可能好好爱别人，做最好的自己才能看见最好的别人。

【感激开始，评判就结束】

一个人只要学会欣赏自己，你的一切就都是财富；当你感恩他人对你的好时，你也就不会用批判的眼光来看待别人了。因为你重视自己的富足，自然也就会欣赏他人的丰盛。所以说，学会感恩，评判也就烟消云散。

我们都会去羡慕那些能量高的人，那些没有卡点、恐惧、困惑的人，实际上，所谓能量高的人，他不是没有恐惧、卡点和困惑，只是他不去评判别人，而是去关注他人的优点，同时关注自己的优点和优势，他们的眼里，都是美好。

【历史人物的情绪解码】

乐毅的评判

一、交绝不出恶声

乐毅，战国后期杰出的军事家。公元前284年，他统率五国联军攻打当时强大的齐国，连下70余城，为燕昭王报了强齐伐燕之仇，创造了中国古代战争史上以弱胜强的著名战例。后来他被继位的燕惠王猜忌，投奔赵国。燕惠王担心乐毅利用赵国攻打燕国，就派人责备他，于是乐毅写下著名的《报燕惠王书》，驳斥燕惠王的不实之词，表达自己忠于先王的赤诚之心和不得已离开燕国的心迹，最后不卑不亢提出"君子交绝不出恶声，忠臣去国不洁其名"（君子和朋友断绝交往，也绝不说对方坏话，忠臣含冤离开本国，也不为自己表白）。燕惠王意识到自己的问题，重新信任乐毅。之后乐毅成为燕、赵两国的客卿，成为燕、赵两国交好的使者。

二、善始而善终

面对燕惠王的指责，乐毅有自己的评判。在燕国时他励精图治，强国伐齐，为报燕昭王知遇之恩，是为"忠"也。被燕惠王猜忌，不想陷入夫差和伍子胥的悲剧，逃离燕国是为保全自己，也为保全燕惠王之名，不能尽忠而为"恕"也。评判要有自己的原则，所以乐毅虽然远离燕国，对于燕惠王的责备，他"交绝不出恶声"。这是一个君子的评判，有这样的评判，才有燕惠王的悔悟和重新信任。"交绝不出恶声"，赢得乐毅善作善成、善始善终的一生。

三、一以贯之

评判是带有强烈主观色彩的判定，必然形成很多差异。如何让我们的评判更趋客观理性呢？乐毅给出的答案是"交绝不出恶声"，面对任何情况，抱定自己的原则，悦纳自己，成全自己，同时推己及人，不出恶声，保全他人。

坚持自己，做真实的自我，这样就能做到"猝然临之而不惊，无故加之而不怒"，此大丈夫也！

【小结】

1.评判只是别人的看法和价值观。按照自己的节奏做事，不需要为了取悦别人而改变自己的本真，更不需要在他人的评价里找寻自己的存在感。

2.别人的评判会伤到你，是因为你心里相信别人的评判。要信任自己的感觉，而非他人的评判。

【思考】
1. 你对什么样的评判最生气?
2. 为什么?

第二节　抗拒源于你过于关注别人

害怕受伤的人,才会去制造防火墙。

情绪特点:
很执拗,总是一根筋,对自己不喜欢的莫名抗拒。心里有个声音会说:凭什么?他不让我好过,我也不会让他好过。抵触,看不顺眼,产生对抗又不知道如何消融,总是觉得凭什么要我体谅他?谁体谅我呀?

情绪真相:
夫唯不争,故天下莫能与之争。——老子
你有不抗不争的心态,才会有无人能敌的胸怀和气度。
三个观点,让你靠近老子说的这个境界。

【抗拒的背后,是无法接纳别人与你不同】
　　王芳看不惯小李,因为小李总是将别人不要的一些甜点、没吃过的盒饭装进自己的包里,王芳非常不能理解这种做法,觉得很小家子气。后来她发现原来小李从小生活在非常贫困的单亲家庭,小的时候能吃饱饭就是一件很满足的事情了,所以养成了节俭的习惯,王芳开始理解小李。
　　每个人的背景不同,频道也就不同,你无法请求别人和你一样。有不同就会有分歧,学会从他人的角度看待问题,一切评判和抗拒就会消失。
　　"影子真讨厌!"猫和老鼠都这样想,"我们一定要摆脱它。"
　　然而,无论走到哪里,它们发现,只要一出现阳光,就会看到令它们抓狂的影子。
　　不过,它们最后终于都找到了各自的解决办法。猫的方法是,永远闭着眼睛。老鼠的办法则是,永远待在其他东西的阴影里。

一个抗拒，带来的是更大的困惑。

小宋不能承认父亲去世的事实，于是他每天想念父亲，总是将父亲的东西放在身边，不让自己忘记和放下，自己不能释怀，于是她越来越伤心，直到严重失眠导致抑郁住院，才回过神来正视当下，面对现实。

抗拒的背后是对生命的不接纳。不接纳自己的伤痛，你永远也没办法成长；不接纳他人的不同，你就无法感受到生命缤纷。

没有什么是永恒不变的，要承认一切都在不断变化的事实。

小赵的丈夫出轨了，负气离婚后，小赵每天都会想起此事，内心极度不甘心，一直活在痛苦中。直到小宋出现，他温暖的关爱转移了小赵的关注和抗拒点，有一天她发现，前夫对自己来说已经不重要了。

在感情中，真正的放下是不再排斥关于他的一切，他的好坏再也影响不了你的情绪，就算他的身边有了其他人，你也无所谓。所以说，只有不去抗拒，才算真正放下。

【他人的负面只有在你对他评价和抗拒时才会影响你】

遇到不喜欢的人、事、物，是评头论足还是愤愤不平？这样做只会拉低你的能量和心情，影响你的思考和判断。如何绕开陷阱不被影响呢？

小美是个工作认真、心地善良的人，在单位是最受欢迎的开心果。可是也有个特殊情况，她只要说起自己的妯娌，就会面红耳赤，越说越来气，同事们都了解她这个弱点，赶紧岔开话题，转移她的注意力。

一旦你开始评判他人，你的内心就聚焦在你认为的污点中，你会迷失在负能量里；如果你总是看见别人的好，你就会沉浸在美好中。

高手为他人找理由，低手为自己找借口。所以，宁愿给别人找个理由开脱，也不去虚构让你痛苦的剧情。

【每个人都在不同频道里想做最好的自己】

有一个歌唱家，在湖边的木屋练习，外面几只呱呱大叫的牛蛙吵得很凶。他想办法充耳不闻，无奈牛蛙吵得他心烦意乱，只好推开窗户，大吼一声："闭嘴！没看到我正在练歌吗？"

说也奇怪，他吼了一声后，牛蛙立刻就不叫了。然而，另一个意念却在他心底浮起："说不定，牛蛙的叫声跟我的歌声能够合拍呢。"

他决定顺从这个意念，于是走出木屋来到湖边，让自己的吟唱和牛蛙的叫声融合在大自然中，他的助手录下了这神奇的和声，后来这段录音居然成了歌唱家最热卖的作品。

很多人以自我为中心，总是觉得是别人在干扰自己。其实人家只是在做自己的事情，并没有时间和精力去影响你、拉扯你，反倒是你总是把注意力放到别人的身上，才会觉得别人在和你作对。

【历史人物的情绪解码】

拒绝的智慧

一、一再拒绝

张良是帮助刘邦建立汉王朝的三杰之一。刘邦说："运筹帷幄之中，决胜千里之外，是张良的功劳。"在封赏时他让张良自己从齐地选择三万户，被张良拒绝。张良说："当初我在下邳起事，与主上会合在留县（今江苏省沛县），这是上天把我交给陛下。陛下采用我的计谋，幸而经常生效，我愿受封留县就足够了，不敢承受三万户。"刘邦一再厚赏，张良一再拒绝，最后封张良为留侯。

二、放下

齐国自古就有渔盐之利，比较富庶，为什么张良不要这个富庶之地，而自愿选择了一个既穷又小的留县呢？一再拒绝的背后是一个智者智慧的选择。舍弃厚封，选择贫瘠之地，是表明不居功、不争功。选择留县，表明自己难舍患难之情。自古兔死狗烹，鸟尽弓藏，情势易也。刘邦从主上变成皇上了，张良用自己的一再拒绝表明在新王朝体系中的定位：不争。他用一再拒绝厚封告诉刘邦，自己不自私，不膨胀，怀旧忠诚。

三、流动

抗拒是对流动的一种拒绝，它会带来阻塞甚至隔绝。唯有张良的这次抗拒是一种更好的流动。这次抗拒承接了对方的情感，又反馈了自己的更多情感。这次抗拒还表达了自己现在和未来的情感：感激而不自私，忠诚而不膨胀。这样的抗拒是一个充满智慧的表达，是一次奇妙无比的流动。

【小结】

1.每个人的教育背景不同，家庭环境不同，导致每个人处在不同频道里，做着不同的事，你抗拒他的行为是因为你太关注，你无法理解别人和你的不同。

2. 放下关注、放下抗拒，才能有余暇关注属于自己的优秀，做更好的自己。

【思考】
1. 哪件事让你内心特别抗拒？
2. 它给你们的关系带来了什么？

第三节　没有体验就没有生活

不经历就等于限制生命的丰盛。

情绪特点：
曾经的伤痛经历难以忘怀，更不想面对不愿意面对的人；不想回忆往日受到的伤害，想起那段经历，想起那些事那些人，就莫名的伤感，遇到类似的场景就歇斯底里，活在过去的伤痛里无法自拔；活在过去的伤痛里无法自拔。

情绪真相：
生命本身，就是一个体验爱与恨、喜与悲、苦与乐、生与死的过程，想要去驾驭一切伤痛的体验，三个观点颠覆你的痛苦。

【人生就是生命的体验过程】
离真知最近的，是体验。

有人告诉你80℃的水很烫，37℃的水和人体温度更接近，你虽然认同这是权威数字，但你并不知道是什么感觉，你喝了一口37℃的水，再喝一口80℃的水，于是什么都明白了。这个时候你才可以对人说：37℃的水，刚好适合我，我喜欢。

别人认同的但自己没有体验过的数据，意味着只是知道而没有觉知。如果你好奇未知世界，想要感受到概念和规范以外真实的美，那就要360度多维立体地去体验和经历。就像我们需要认真去体验自己各种念头和情绪的流动以及变化；就像每一趟新的旅行，你会用一双婴儿的眼睛去看世界，去看不同的城市和山川，旅行让你以另外一种身份开始一种新的生活，进行新的尝试，让你发现在不同环境中每一个不同的自己。

读万卷书，行万里路。一切都只是为了体验而已。世事无常、悲欢离合，也都是体验。

有人问我："你有什么后悔的事情吗？"我想不出有什么后悔的事情，很多觉得懊恼的事，转念一想反而感觉庆幸能够有那样的新鲜体验。遇到一件事，发生一段不愉快，认识一个人，很多改变，都是从不同的际遇开始的，只要看到每份体验带来的成长，我们就永远不会后悔。

【增加和平的体验，才能让你的生命进化更快】

当你每天千篇一律生活的时候，你的能量就很难增高。

每一次体验都是积累，每一份体验都是礼物，每增加一个体验，你的内心就会变得更加强大。

而烦恼和痛苦，也是珍贵的体验。

烦恼的体验让你知道自己不想要什么；痛苦的体验让你想要突破自己，成长自己。

小江因为一次销售纠纷被停职，她非常懊恼，我建议她去旅游，一个月后，她找到了新工作，并给我留言，说这是一次非常奇妙的经历，她感恩离职，让她有了更好的遇见。

所以，没有体验就会被限制，有新的体验才有新的发展。

不要墨守成规，怀才不遇是因为持才而傲，高能量是因为始终用开放的心迎接每个发生。

活着就要体验新知，活在陈旧里，就等于停止生命。

小浩最近换了一个领导，上班完成业绩，下班还要拎包开车，陪着他一起应酬喝酒。痛苦之余，小浩提出了辞职，领导这才发现原来小浩不喜欢这样的工作状态，于是给他换了新岗位。

时刻警惕，不要沉浸在不快乐的体验中无法摆脱。当你感受到你的情感和工作很糟糕；你的人际关系很糟糕的时候，你要告诉自己，这不是我想要的体验，赶紧调整，去创建真正可以给自己带来满足和愉悦的体验。那才是真正适合你的体验，那就是真我的体验。

女儿说起初中的一次感冒发烧，说那次嗓子疼得冒烟，也就是那次，她在爸爸焦急的眼神和无微不至的陪伴中，感受到爸爸对她的无言的疼爱。

寻找真我之旅，就是感觉"被爱"的强大体验，它让你无论面对怎样的挑战和压力，都可以很快康复。

【接纳不同的体验，才是真正的享受】

当代文学家周国平说：人生有两大快乐，一是没有得到你心爱的东西，于是可以去寻求和创造；另一是得到了你心爱的东西，于是你可以去品味和体验。

真心爱过的，用心连接过的、体验过的，才是真切地拥有过。

有人觉得吃饭浪费时间，快点快点，自己还有很多事要做；有的人觉得，吃饭就是充饥，人是铁饭是钢，要吃饱；而有的人吃饭是看着饭菜色香味俱全，尝一口美味，喝一口舒心，吃一口香喷喷，满怀感恩心里美滋滋：我怎么这么幸福，能够享受如此美味佳肴？

看，同样吃个饭体验感都如此不同。

一切体验，一切经验，都来自你的想法和看法。让美好成为习惯，要从每个念头开始修炼。

小然不喜欢妈妈，因为她从小住奶奶家，心里一直怨恨妈妈不管她，直到参加工作以后，有一次妈妈病了小然去照顾，近距离接触妈妈，看到每天那么多人找妈妈解决问题，才了解到她的难处和不容易。看到妈妈两鬓斑白，小然不由得在心底生出了疼惜。

是的，当我们接纳你感觉不舒服的、不愿意体验的但必须要接受的，你会逆转思维，体验到完全不同的世界，当你产生这样的认知信念时，你就像时时刻刻在和万事万物谈恋爱，你开始进入真正的享受。

【历史人物的情绪解码】

主父偃的体验

一、一飞冲天

主父偃，富有智谋，是西汉汉武帝时的大臣。他的人生分成两个阶段，前四十年游历多地，命途多舛，处处受挫，加之性格刁刻，人人讨厌，尝尽世态炎凉。后八年得汉武帝赏识，一飞冲天而一岁四迁，飞黄腾达，又擅权弄政，处处树敌，倒行逆施，最后被族灭。

当他大权在握时有人劝谏他不要太豪横。他说，"丈夫生不五鼎食，死即五鼎烹耳"。

二、不同的体验

主父偃经历了"结发游学四十余年。身不得遂，亲不以为子，昆弟不收，宾客弃我"的苦难,最后能得汉武帝赏识而一岁四迁,妥妥一个励志人生的典范。这本是他苦尽甘来、大展才华的高光时刻,可惜他四十年的经历只品尝到处处受挫的艰难、人人嫌弃的屈辱,留下"厄日久矣"的体验。这样的情绪体验痛苦而深刻,有机会就要宣泄。他凭借汉武帝的信任,揭人隐私,内外树敌,收受贿赂,断绝情谊,用倒行暴施来宣泄人生四十多年的困厄屈辱。他生命的后半段就是"生五鼎食,死五鼎烹"的体验。主父偃固着在屈辱的体验上,他的人生苍白而血腥,浪费了苦难体验带来的滋养。

三、体验滋养生命

人是一切生命体验的总和,每一份体验都有它的滋养,充分体验的人生才是丰盈的。读万卷书,体验的是历史古远的感受;行万里路,体验的是自然的神奇美妙;阅无数人,体验的是生活中的酸甜苦辣。最紧要的是与自己对话,体验生命中的苦与怨、忧与乐,更体验生命中的亲与爱。开放自己的感官,感受不同的体验,不固着,不绝对,接纳而开放,体验而流动。

把体验化为生命的动力,才能成就人生的美好。

【小结】

1. 人生如戏,这场戏要想演得漂亮,演得快乐,须得我们真切地去体验剧情,用心去感受每一个发生。

2. 重点是要驾驭自己的体验,能够及时从不快乐中抽离出来,演好自己的人生大戏。

【思考】

1. 你所经历的最痛苦的体验是什么?
2. 思考它带给你最大的启发和影响。

第四节 我们每天都在做游戏

你就是那个最大的橡皮泥,想要捏什么形状,你说了算。

情绪特点：

不接受新生事物，不适应变化太大的生活，喜欢一成不变有规律。为什么总是变来变去不确定呢？为什么不按照标准走？感觉每个人都很虚幻不踏实。这样的情绪很烦躁。

情绪真相：

人生如戏全靠演技，我们每个人都是演员，只不过有的人顺从自己，有的人取悦观众。

以下三个观点，让你玩转人生不执着。

【我们每天都在改变游戏规则和方法】

小的时候，玩具坏掉了你会哭，长大就不会了，因为你知道那是玩具。

同样地，世间的所有价值，比如，名声、称赞、批评、关注、快乐、得到，所有的这些就像玩具一样。

当我们的智慧和慈悲成熟后，它们全部是游戏。

我们的生活就像做游戏一样，每天改变玩法、改变规则，我们自由切换频道。

带谁一起玩？跟谁一起玩？游戏给我们什么启发？在一场一场变化的游戏中，体验快乐人生的真理。

如果你觉得你的婚姻让你消耗和痛苦，你可以结束。如果你觉得你的工作太难熬，那你可以重新去找一份工作。遇到伤害，要勇敢结束，有人说我不能，为什么你不能？为什么别人就有那样的勇气呢？

游戏是可以改变规则的，关键看是谁在制定，要把握主动权。

【要学会配戏、入戏、出戏、演戏和看戏】

人生如戏，比喻可谓恰当！人生大舞台，以自己的一声啼哭开幕，以别人的哭声而谢幕。人生如戏，全靠演技，没有剧本，全靠自己发挥。

人生如戏，没有彩排，每一场都是现场直播，我们能够把握好每次演出，便是最好的珍惜。

我们能感悟到自己的人生是一场大戏不算太难，但很少有人会想到，不止自己的人生是戏，他人的人生也是他自己的一场大戏。

所以我们不仅要好好入戏，过好自己的一生，也要懂得看别人演戏，给别人配戏。更要懂得如何逃离别人的戏码，做自己人生的主人公。

当你发现陷入关系的权力斗争时，要知道你只是他人剧本里的一个配角，除了体验对方的感受去配戏，你还要懂得跳出他的剧情，置身事外，让他演他的戏，你跳你的舞。

曾有一位演员，接演了几个剧本，全身心投入，好评如潮。但因一度深陷角色不能自拔，在演戏中也随着角色的人生起伏而悲欢，结果患上了抑郁症，痛苦不堪。师傅忠告他："你只是在演戏，要看得破，都是假的，要放得下，走出来，演完后就不要再入戏啦。"从此他便能理智地对待所演的角色，时时提醒自己只是在演戏而已。但他从此再也融不进角色了，事业再次陷入困境。师傅又劝他："不仅要放得下，更要拿得起。啥都能放下，所以啥都勇于去拿。"从此，各种角色被他演绎得淋漓尽致，事业和生活之境界达到行云流水，无滞无碍，终成一代名角。

每当新的游戏开始的时候，你要认真地玩上一次，游戏失败也积累了经验，下次再把它玩赢。

当我们每天早上醒来的时候，新一天的游戏开始了，我们要下意识地给自己换一种玩法，不要穿昨天的衣服，不要吃昨天一样的饭菜，不要品同样的水果。也没必要去看那些你看不顺眼的人。我们要提醒自己每天换个玩法，那么也要允许别人换他的玩法，他的玩法是为了让他自己开心，你的玩法是为了让你开心，别人不是为了来影响你的，大家只不过都在玩自己喜欢的游戏而已。

【请欢迎周围一切的改变，它就是为了让你更快乐】

既然是玩游戏，那就要有以快乐为目标的游戏态度。如果赢才能快乐，那就主动地去赢这场游戏，要去占上风，不管是经营家庭还是经营事业、经营爱情、经营亲子关系。每一场游戏，都要更主动、更积极，这样才会发自内心更快乐。

我们周围所有的改变，都是为了自己身心更愉悦，从内心出发，满足自己的需求。敞开怀抱迎接这些改变，生命将变得更加充实而温暖。

小默是个害怕改变的人，他把自己每天的计划做得严丝合缝，任何改变计划的事情他都拒绝。他把生活过得单调刻板，像是装在了套子里，表面看起来好像接触不到外面的病菌和危险，但也失去了快乐的人生体验感。如果有一天他可以从自己的套子里解脱出来，做出改变，一定会明白人生这场游戏有多么好玩。

【历史人物的情绪解码】

周公的游戏

一、大功大德周公旦

孔子一生最崇拜的圣人就是周公。周公名姬旦，西周早期政治家，被称为"元圣"。

周公曾先后辅助周武王灭商、周成王治国。武王死后，成王继位。成王年幼，由他摄政当国。周公平定三监之乱后，大行封建，营建成周（洛邑），制礼作乐，七年之后还政成王。他在巩固与发展周朝统治上起了关键作用，对中国历史的发展产生了深远影响。

贾谊评价周公曰："文王有大德而功未就，武王有大功而治未成，周公集大德大功大治于一身。孔子之前，黄帝之后，于中国有大关系者，周公一人而已。"

二、差点翻转的周公

但这样伟大的周公差点被翻转。

武王去世时，继位的成王只有十三岁，当时周朝刚刚灭殷，政权还没有稳定，一些反对势力蠢蠢欲动，图谋反叛，形势岌岌可危，周公毅然决定由他代理成王，摄行政管理国家所有事务。当即流言四起，大臣不解，成王猜忌，兄弟反叛，真可谓众口汹汹，险象环生，但周公力排众议，殚精竭虑，平定叛乱，大治周朝，七年之后还政已经成年的成王，北向称臣。周公用七年时间设计了一场大戏。身在戏中的成王心生怨恨，七年之后翻检府库策文，见到周公当年的祝文，才知道周公的远虑和忠贞，成王幡然悔悟，悔恨而泣，从楚地迎回周公。

三、做好人生这场大戏

人生是一场大戏，每个人都身在戏中。只不过戏中的我们或像成王一样心有怨恨而后知后觉，或像周公一样先知先觉历经沧桑而功成身退。后知后觉并不可怕，终有幡然悔悟的时机，只怕身在戏中而无知无觉，不知不觉中成为悲剧者。人生这场大戏，要学周公，自己的游戏自己设计，借假修真，不惧人言，不畏艰险；自己的人生自己规划，先知先觉，以终为始，永远守住初心，让人生走向一个自己想要的结果。

【小结】

1.人生如大戏,这场戏要想演得漂亮,演得快乐,需得我们真切地去体验,用心去感受才好。

2.把人生看成一场游戏,并且认真地去体验这场游戏,宽厚待人,处事变通,转换心态,学会享受这个过程和乐趣,人生才能一帆风顺。

【思考】

在你的人生大戏里,你觉得哪个角色你演得最满意?

第五节 期待是对当下不满足

你的视线,被很多"没得到"吸引了,你瞧不上"得到的",于是你得到一份礼物叫焦虑。

情绪特点:

对未来焦虑,担心不能获得自己想要的。孩子以后没有出息怎么办?老公生活习惯不好身体越来越糟糕怎么办?总是对未来没有信心。

情绪真相:

活在期待里,就是活在焦虑中。

如何消除期待带来的焦虑,以下三个观点供你参考。

【越期待越焦虑】

有期待,就会有伤害,所有我们期待的,都是还没有来到的,都是关于别人的。

你会发现,这个世界不会按照你想要的样子去转变,别人也不会按照你的设计去成长,所以很多时候期待往往都是通过自己难以实现的。比如,你期待孩子考个高分,结果他没有;你期待他很听话,结果他叛逆。期待的世界里,你永远都是有恐惧和焦虑的,你期待老公温情待你,结果他永远大男子主义,你期待另一半一心一意,结果他还玩出轨。所以你期待什么,什么就会给你担忧,总是担心不能实现。

当你认为你的当下不快乐，感觉不够好的时候，你才会去期待未来；当你对当下不满意的时候，你才会去期待更好的，所以期待其实也是一种评判。

生日到了，你很期待得到一束浪漫的鲜花，结果什么也没有发生。这种事情在生活里经常有，世界不会按照你期待的样子去推进。期待只是你个人的理想设计，与他人无关。

不就是想要一束花吗，那就一起去买一束花，一起做一桌菜，享受美味和陪伴。

作家博尔赫斯说过：过度的希望，自然而然产生了极度的恐惧和失望。

有个朋友考驾驶证，因为文化水平不高，所以很用功，每天背功课到半夜，躺下去满脑子都是实线、虚线和罚款，早晨起来全身虚汗，脑子里却空空的什么也没有了。

一边期待一边害怕，这是很多人都会经历的事情。适当的焦虑是正常的，一旦焦虑超过了极限值，很大可能会让你期待的事适得其反。

我告诉他，一切顺其自然吧，大不了再考一次，于是他约了几个朋友聚会大醉了一场，睡了一天一夜，醒来却发现，那些背过的都想起来了，考试顺利通过。

所以，真的没必要去过分期待一件事，一切顺其自然就是最好的。

【期待其实是对当下的不满意】

期待的背后，意味着你觉得当下并不圆满。

你说孩子成绩好自己就舒心了，这时候说明你对孩子的成绩不够满意。

你说老公要是多挣点钱家就幸福了，这说明你觉得钱还是太少了。

你说自己要是皮肤再白一点就显得年轻了，这说明你对自己的皮肤不满意。

有期待就会有伤害。

活在期待里，就是活在对未来的憧憬里，而没有活在现在，你活在对当下的抱怨里，这样的情绪对他人和自己，都是一种无形的伤害。

期待，是最容易把你绑死的圈套，因为世间法则有所求就会有限制。监狱要关押犯人，那么，就要有狱警24小时值班看守。

我有个朋友给孩子制定了学习和作息时间表，并严格要求孩子按照表格执行，于是，她自己也必须严格按照时间表去现场督促孩子，就这样，她和孩子在这个时段都失去了支配时间的自由。

当你放下期待，你的问题就会消失，你会放下掌控和咄咄逼人，而当你放下，所有问题就如过眼云烟。

【期待完美的他人，不如提升智慧的自己】

放下期望和等待，目标推进才能消除焦虑。

对别人的不可控，往往是焦虑的根源，而改变和提升自己，是每个当下最有把握的事。你的渴望你自己最清晰，你的计划和步骤也完全掌握在你自己手里，你就是自己的船长，想要去哪里，怎么走，都是你自己说了算。成为更好的自己，才是最可控最有把握的事情。

放下无谓的期待，直面渴望，树立目标，一步步实现消除焦虑。

不能实现的，不要执着，重新树立一个自己可实现的目标。

【历史人物的情绪解码】

诸葛亮的期待

一、长使英雄泪满襟

诸葛亮是中国传统文化忠诚与智慧的代表。他一生为蜀汉"鞠躬尽瘁，死而后已"。诸葛亮年轻时躬耕陇亩，隐居隆中，自比管仲、乐毅。等到刘备三顾茅庐，他隆中献策，赤壁运筹，使蜀汉三分天下有其一。刘禅继位，他殚精竭虑，七擒孟获，六出祁山，抱憾而终。杜甫的"三顾频烦天下计，两朝开济老臣心。出师未捷身先死，长使英雄泪满襟"，成为咏颂诸葛亮的绝唱。

二、人生有期待

诸葛亮一生有两个期待：一是隐居隆中时，期待像管仲、乐毅那样有一展才华、成就事业的舞台；二是三分天下后，期待匡扶道义、一统天下，复兴刘汉的伟业。隐居隆中期待的是贵人的出现；六出祁山期待的是汉室的兴复。正是有了期待，诸葛亮从隐居隆中的"卧龙"成为激扬三国的"设计师"；正是有了期待，诸葛亮成为千百年中国人心目中忠贞和智慧的化身。

三、完美的期待给自己

诸葛亮自号卧龙，自比管仲、乐毅，是对自己的一种期待。正是对自己有这份期待，他躬耕陇亩十年而淡然，学问志向众人不解而安然，殚精竭虑六出祁山而决然。他把完美的期待给了自己，成就了历史上忠诚和智慧完美的结合。

期待给自己，每一次付出都有一份甘甜，每一个靠近梦想的当下都是一份享受。

【小结】

1. 期待越高，失望也就越大，学会放下对他人的期待，放下不满，链接自己的心愿。

2. 享受每一个努力靠近梦想的当下，只要方向对了，一步一个脚印，顺其自然，就会到达。

【思考】

1. 你最大的期待是什么？

2. 想一想它背后的本质，是想满足什么？

第六节　最好的关系是顺其自然

良好的亲密关系，那里储存着最真实的你。

情绪特点：

亲密关系很紧张，觉得真心为别人付出，也总想别人能够领情。于是总会问：为什么我倾尽所有，却养了一只白眼狼？想要别人相应的回报，得不到就会由怨生恨。

情绪真相：

没有关系需要处理，只有思想需要解决。

如何才能让各种关系更加融洽呢？三个观点告诉你。

【当你和自己和谐相处，好关系自然而来】

小娟成绩优异，长相甜美，毕业后工作也对口，一切都那么顺畅。可是小娟不这样认为，总是觉得自己各方面都不够好，她每天都在不断努力调整自己，完全看不到真正优秀的自己。她和自己的关系充满了强迫，充满了压制，充满了评判。这种关系投射在外界，形成了压迫性的竞争，大家都觉得，和小娟在一起很压抑，因为她太认真了。在这样内忧外患的关系中，小娟丝毫感觉不到快乐。

和自己的关系，就是你和世界的关系。当我们与自己和谐相处，不再对内苛责时，世界是美好的，所有的关系也是和谐的。

有些人注定是你生命里的伤痛，而有些人只是一个喷嚏而已。高质量的关系，是两个独立的灵魂互相默契，由衷地尊重和欣赏。所以，不必刻意经营，不用迎合讨好，与自己和谐相处，顺其自然，好的关系自然而然就会来找你。

【所有的关系都是来成就你的】

有一位富商，对从前的同事耿耿于怀，因为那位同事是他的职位竞争对手，用不正当的方法迫使他退出竞争，导致这位富商负气离职，下海经商。看得出来，当他述说这件事时咬牙切齿，内心恨意难平，他说这几年每天都要对自己说无数遍，要争气，要报仇雪恨。我耐心听完他的倾诉，告诉他一句话："你要感谢你的恩人，没有他，就没有你的今天。"

你生命中的每个人，都是来考验你成就你的，每个人成全你的方式不一样而已。

有位朋友诉说和领导关系不好，导致自己的职场非常不顺。经过咨询和梳理，我发现这位朋友对自己很封闭，很害怕领导的批评和要求，所以基本不和领导有交流，导致和领导之间产生隔阂。当她放下对自己的评判并认可自己，她开始接纳来自领导的指导和建议，一切都顺利起来。

当你的内在开始意识到，每一段关系都是一个促使你成熟的功课，实际上都是让你成长的礼物，你会对所有的关系产生无限的感恩。

不要去责怪生命中的任何人，有些人给我们快乐，有些人给我们经验，最差的也给了我们教训。

每一个在你生命里出现的人，都不会无缘无故地出现，你所遇到的压力和挫折，也都是自我修行最好的机缘，而掌控只会让关系越来越远。

【为相互的快乐服务，才是最好的关系】

特蕾莎修女经常会给人们提出一些意想不到的建议和忠告。有一次，一群美国人来到加尔各答拜访她，他们当中的大多数人是从事教育工作的。在访问的过程中，他们请修女就如何与自己的家人相处提一些建议。

"对你的妻子微笑，"她对他们说，"对你的丈夫微笑。"听了特蕾莎修女的回答，这群美国人感到非常惊讶，因为，他们怎么也没有想到这个一直困扰着他们的难题竟会被眼前这位一直独身的修女用两句话就化解了。

保持微笑的背后，是对关系另一方深深的嘉许和欣赏。让对方觉得你很优秀，并不能加深关系的亲密，让对方知道他在你心目中很优秀，这才是良好关系的开始。

第二章　走向多维

有一次做沙龙，两位女士的分享很典型，A女士诉说丈夫回家很少说话，每次只要说起他单位的矛盾和压力，她都会帮助丈夫分析缘由，权衡利弊，找到丈夫的不足加以解剖，想要他以后能够不断改进，避免重蹈覆辙，可是好心被当作驴肝肺，丈夫越来越不喜欢和她聊天。

B女士呢，丈夫很黏人，每天回家像给妻子播报新闻，一五一十一条都不落下，而这位女士，总能够在丈夫的各种诉说里，找到对丈夫的崇拜之处，并及时加以赞叹。丈夫一边做家务，一边滔滔不绝，而B女士，只是坐在沙发上一边津津有味吃着零食，一边时不时地夸一句。

所以，爱是相互的，快乐也是相互的，愉悦别人的时候，也快乐了自己。

美好的亲密关系，就是相互做一面镜子，为对方呈现最美的样子。这是一个人无法完成的事，你的好需要靠对方反映出来，这就是美好的关系。

一起来完成两个人才能完成的事，心灵相通，配合默契，你嘉许我的美，我欣赏你的好，在相互的滋养中，激情绽放。

【历史人物的情绪解码】

刘秀的关系

一、隐忍负重

刘秀是东汉开国皇帝，被誉为"位面之子"，上天为什么独独垂青于他？

公元23年刘秀在昆阳大战中取得大捷，却迎来他人生中最沉重的打击，他的长兄大司马刘縯因为功高震主为绿林军的更始帝刘玄所杀。刘秀九岁丧父，刘縯是刘秀父亲般的存在。刘縯之死，刘秀哀痛异常，但是为了不受更始帝的猜忌，急忙返回宛城，向更始帝谢罪，不为刘縯服丧，对刘縯舂陵军的部将不私下接触，不表昆阳之功。刘秀强忍悲伤，谦恭隐忍，终于赢得更始帝信任，拜为破虏大将军、武信侯。之后刘秀利用出巡河北的机会，不断巩固壮大在河北的力量，得以和绿林军彻底决裂，最后完成统一大业。

二、和自己的关系才是一切

刘縯之死，刘秀面临的问题就是各种关系的处理。刘秀的实力不足以对抗绿林军，他必须韬光养晦，隐忍负重。因此他与自己的大哥刘縯进行切割，与刘家的嫡系部队舂陵军进行切割，完全臣服更始帝。表面上抛弃切断与长兄刘縯的关系，主动建立并强化和绿林军、更始帝的关系，实际上是自我身份和自我关系的确立：刘秀是胸有大志、匡扶天下的人，要委曲求全，要韬光养晦。

所以当刘秀遇到人生最大考验的时候，他反而看清了自己。

三、关系的意义在于滋养

关系的意义在于滋养。刘縯之死，是亲情关系的丧失，每一种关系的牺牲都有它的意义和滋养。关系凝集着情绪，不走出情绪的迷雾，牺牲的意义就无法呈现。而这一切都必须以自我关系确立为核心。在所有关系中自我的关系是核心，是一切关系的基础。刘縯之死的意义在于让刘秀看清了自己，让他更谨慎、更坚定。自己是一切的根源，看清了自己也就看清了一切。

【小结】
1. 关系的法则，永远是敬人者人恒敬之，悦人者人恒悦之。
2. 好的关系是自然而然、水到渠成的，是相互滋养、相互成全，彼此不累。

【思考】
1. 哪段关系让你很累？
2. 是因为想得到什么结果？

第七节　抱怨不如请求

为了不让别人误解你，请不要用高深的逆向思维，直接提要求就好了。

情绪特点：

怨天尤人，总觉得自己是受害者；满腹委屈无从说起，觉得就算说了也没用，没人会听，怨自己命苦。

情绪真相：

抱怨别人，其实是在折磨自己。

如何才能做到凡事不抱怨呢？以下三个观点可以让你瞬间转念。

【抱怨是满腹委屈无处诉，是最低级别的呐喊】

抱怨，是以一种委屈的语气，用一些消极的言辞表达对他人或环境的不满。失败了，抱怨老天无眼；失恋了，抱怨对方无情；失业了，抱怨无人赏识；没钱了，抱怨生活太艰辛；患病了，抱怨命运多舛。

我们经常会听到这样的声音："天天加班，是不是有病啊。""烦死了，我男朋友对我真是一点都不好。""都是因为他，我才会变成现在这个样子。"

抱怨是最低级别的呐喊，也是最差的一种恳求方式。

每一个抱怨的背后，都是一个请求，只不过，这样的方式是很多人都不喜欢甚至排斥的。

抱怨是因为受了委屈，或者没有得到自己认为应得的公平待遇，然后又没有及时得到宣泄，最后就会满腹牢骚，如果没有及时释放，就会压抑在心里，形成心理疾病。

相信很多人看过祥林嫂的故事。祥林嫂是个可怜的女人，两任丈夫都因病而死，儿子又惨死狼口。她向别人讲述她的遭遇。刚开始人们同情她、接济她，可是她没完没了地讲，慢慢地被乡里人厌恶，甚至看到她就远远地躲开她。再后来，连东家也厌恶她，将她赶出去流落街头，就此结束了她贫困艰难的一生。

抱怨就像一片乌云，蒙蔽了自己眼前所有的美好，让自己不知不觉中陷入更深的情绪泥潭之中，最后让自己真的成为最大的受害者。

一味地抱怨只会让别人瞧不起。放弃抱怨，用实力证明自己，调整情绪，用理智去解决问题才是正道。

【发出抱怨不如发出请求】

怨妇是怎么来的？

就像专家是怎么来的一样的道理，台上一分钟台下十年功，十年如一日练习，就会成为专家。你每天练习生气，那就会成为生气专家；你每天练习抱怨，很快你就会成为怨妇。每件事你都能够看到值得抱怨的一面，你就是抱怨专家。

西班牙有一句谚语："如果常常流泪，就看不见星光。"

抱怨容易让人错失生活中的美好，爱抱怨的人，大都过得不太好。

小丽和秀秀的结婚纪念日是同一天，看着秀秀朋友圈晒的恩爱，又是玫瑰又是聚会，再看看自己老公，就像没事人一样，支配自己干这个做那个，等到晚上也完全没有一点儿庆祝的意思，小丽抱起被子，把老公赶到客厅睡沙发，一个星期都没理他。当她老公明白是怎么回事，已经是一个月之后，那天小丽回家，看到满屋子的红玫瑰，还有烛光晚餐，老公端着红酒对小丽说："老婆，你有什么需要，要直接告诉我,不要让我猜,我比较粗心,你要帮助我做到更好。"

表达情绪,不用情绪表达。

很多已婚女性有过类似的交流,谈起自己的付出,她们大多滔滔不绝,抱怨老公是甩手掌柜,抱怨孩子让她操碎了心,抱怨公婆对她的不公平,甚至抱怨父母的偏心等!最后还会补充一句:"费力不讨好。"

她们一边抱怨着,委屈着,一边又马不停蹄地付出着,就像停不下来的陀螺。而自己为之付出全部的人,却好像并不领情,有时候自己还被误解为无理取闹、莫名其妙,其实这些都是吃了不懂得表达的亏。

中国传统思想里讲究内敛、谦虚,不要给别人带来麻烦,要做到懂事谦让,所以很多人都不太敢直接请求自己想要的。

但是一个人想要获得幸福,首先要学会的就是表达自己的需求,大方地说我想要。当我们不断表达自己的感受和需要的时候,恰恰是我们心理成长走向和谐的第一步,更是我们开始学会爱自己的一种能力。

【抱着怨气,不如抱着热爱】

有句话说得很有道理:"生活的模样,取决于你凝视它的目光。"

人生有各种可能性,可能会在山顶,也有可能会在谷底,但无论身处何地,有希望的人生,才是充满光明的。当你的生活中充斥着种种磨难、种种失望、种种挫折时,请千万不要让抱怨占据生活,更不要轻易在人生考验中低头认输。

与其唉声叹气,不如怀揣热爱,积极发现周围的美好,用爱去替换抱怨。命运公平地给了每个人历练的机会,所以不要再抱怨怀才不遇,也不要感叹时运不济。

人生就是这样,与其抱怨,不如热爱。保持一颗积极进取的心,怀揣热爱,奔山赴海,以最好的姿态,成就最美的未来。

【历史人物的情绪解码】

项羽的抱怨

一、上怨天,下尤人

"生当作人杰,死亦为鬼雄",千古无二的项羽千百年来何以让人无限痛惜?让人感慨的是他"兴何其暴也",令人痛惜的是他"亡何其忽焉"。项羽之亡,历史上有很多探讨,今天我们换个角度来分析一下这个问题:情绪管理。

刘邦彭城大败,全军覆灭,他抛子弃女,舍命狂奔,逃命要紧,只为留得一命在，日后再重振。项羽则相反，垓下之围四面楚歌，绝境之中，与美人对泣，与战马诀别，"骓不逝兮可奈何，虞兮虞兮奈若何"。上怨天"天亡我，非用兵之罪也"，下尤人"怨王侯叛己"。同样面临失败，项羽放任自己抱怨的情绪，怨天尤人。在夺命奔逃中，刘邦如果有抱怨的话，抱怨的一定是父母少给生了两条腿。不同的情绪管理，导致他们不同的命运。

二、抱怨的宿命

抱怨是对自己的一种折磨。危难中怨天尤人，拥抱的是痛彻心扉的委屈、悔恨交加的不舍，抛弃的是自我拯救的勇气和行动。抱怨会淹没奋进的动力，悔恨会吞噬决胜的勇气，即使有"力拔山兮气盖世"的英勇，终落得四面楚歌中自刎乌江的结局。英雄项羽逃不脱因抱怨而陨落的宿命。

三、只要热爱在

刘邦拼了命在逃，没有时间去怨。全军覆灭下，他只有一个信念：只要他这个汉王在，汉军就在。因此彭城惨败后，他痛定思痛，采纳张良的计谋，争取盟友，从长计议，多面出击。所以楚汉相争，刘邦一败再败，却累败累战。抱着怨气，不如抱着热爱。只要热爱在，一切都会因它而来。

【小结】

1. 在不如意的情况发生时，放下抱怨，"面对"就是最好的解药。问题，会因"面对"而无所遁形，能量会因"面对"而勇敢生发，喜悦会因"面对"而代替恐惧。

2. 清晰表达，是你走向如愿的台阶，当宇宙清晰收到你的请求时，你的愿望就会成真。

【思考】

1. 你最亲密的人最容易抱怨的是什么？
2. 如果换个请求的方式，你认为是请求什么？

第八节　争对错就是论是非

你的反面，就是对方的正面；对方的后面，就是你的前面。

情绪特点：
经常为对错烦恼。明明我有道理，为什么说他是对的？为什么死不认错？对错都不分，这还有天理吗？容易陷入对错是非里。

情绪真相：
对错是非只是立场和角度不同而已。
想要远离是是非非，一起来感受三个观点。

【每个人都活跃在自己的频道里】
　　孔子的学生子贡，和一个"绿衣人"辩论。子贡说，一年有四季。"绿衣人"说，一年只有三季。他们争论不休，僵持不下，于是找老师孔子评理，孔子最后判定"绿衣人"赢。究其原因，因为"绿衣人"是一只蚱蜢，它的一生只能经历三季，而子贡却没有看清这一点，还在和它争论对错。去跟一个不懂得这个道理的人讲道理，就是很没有道理的事情。
　　人们判断事物的好坏，都来自自己的认知，所以每个人都活在自己的认知频道里。同一件事情，不同的人会有不同的结论。人们往往通过自己的经历来对事情下结论、做预测。
　　不同的人对世界的理解完全不一样，有些人认为十分重大的事情，在有些人看来很轻微；有些人认为很遥远的地方，在有些人看来，也不过就是几小时的路程。
　　每一个人都是在坐井观天，只不过每一个人所面对的井口大小不一样罢了，每个人都活在自己的认知里，活在自己的频道里。

【活在对错里，就是活在是非里】
　　很多事物与对错无关，我们每个人都有不一样的生活背景，有不一样的生活价值观，我们要允许别人跟我们不一样，也允许自己跟别人不一样。

一个城里小伙子穿带洞的裤子是时尚,被乡下大爷看见,说他怎么穿个破裤子出门。

但凡与人争执,必然咄咄逼人。好像只有口舌上争赢了,才不会丢面子,才能获得他人的敬重。但其实,世上之事并非只有两面,也并非事事都要争个对错输赢。

林语堂说:"不争乃大争。不争,则天下人与之不争。"一味地争论对错,最终或许你能够赢得道理,但是你失去的友谊和情谊千金难换。真正智慧的人,关注点从来都不在对错,而是如何能够更妥善地解决问题。

从前听一个职业经理人说过一句话很有哲理,他说当他面对老板的挑剔时秉承的态度宗旨是承认错误,坚决不改!

跟老板争对错,那么是想让老板赢呢,还是让自己赢呢?做老板的,会固执地认为自己是对的,你又何必固执地去改变他的想法呢,让他对又何妨,毕竟执行的还是自己,毕竟双赢才是最终的赢家。

【他是对的,你也是对的】

如果有人非要跟你论对错的话,记住让他赢。没有对错,角度不同,承认别人对,不代表自己是错的。他对,你也可以是对的。

小王觉得现在的工作不适合他,很压抑,想向领导提出离职。朋友却劝他说:"这份工作薪水不错,员工福利待遇很好,如果是我的话,绝对不会辞职。"小王觉得对方说的有道理,开始怀疑自己,这样做是对的吗?他的内心很纠结,又觉得自己真的想辞掉这份工作。

其实朋友说的有道理,小王也有自己的道理,都没有错。朋友是对的,小王也是对的。事情本就没有对错之分,最重要的是当下自己的真实感受。

如果别人有和你不同的看法,请允许别人有不同的观点。告诉自己,别人是对的,你也是对的。世上没有一模一样的人,也没有一模一样的看法,只是站在不同的角度看世界而已。

很多事情不是只有一个答案,不要害怕自己的看法和别人不同,或许他是对的,但你的看法也是对的。

【历史人物的情绪解码】

谁对谁错

一、君子之争

王安石和司马光是至交好友。他们都不喜奢靡,不好声色,朴素无华,清正廉洁。为学则勤奋,为官则清廉,是当时德才兼备的为官楷模。面对北宋王朝积贫积弱的现状,他们都有宏伟的治国理想,但在治国理政上,两人有不同的看法。司马光维护祖制,王安石强调变法;司马光赞同"藏富于民",王安石重视"富国强兵";司马光主张"节流",王安石主张"开源"。

一个是变法的积极推动者,一个是极力反对者,两人针锋相对,寸土不让,至交变政敌。他们都有很强的个性,固执己见,变法之争从朝廷上争到乡野中,从身居高位争到病卧床榻。

二、党争的悲剧

王安石和司马光都是谦谦君子,君子相争,不诋毁,不造谣,但是你来我往,要争个我对你错,谁也无法说服谁,谁也无法改变谁。他们是才高一世的文坛领袖,有很强的号召力和影响力,以至于个人的君子之争变成新旧"党争"。君子之争,争的是对与错、是与非;新旧党争,就变成派别之争,利益之争,最后变成生死之争。争斗从针锋相对,变成冲锋陷阵;从寸土不让变成赶尽杀绝。变革在新旧党之间反复轮回,局势不断恶化,最终走向不可挽回,为宋朝的衰落和灭亡埋下隐患。争对错让一场伟大的变革成为悲剧。痛惜!

三、你是对的

"我是对的"是我们自恋的天性,为维护我们的自恋,我们会想尽一切办法去证明:我是对的,你就是错的。对错之争使我们陷入情绪的绝对化,产生认知偏执,进而使我们狭隘、固执,无法流动,不能开放。否则以王安石和司马光的学识才华,完全可以看见对方政见上的优点,以他们的见识智慧完全可以化解你死我活的困局。不妨先停下争执,说一句:"你是对的!"只是轻轻一句话,无关学问才华,只关乎情绪情商。它是高情商的体现,是智慧的情绪管理,它让情绪流动起来。只要情绪流动起来,一切美好都会慢慢成长起来。

【小结】
1.不必纠结谁对谁错，没必要以输赢论人生，我们要成为思想上的智者、心态上的强者。
2.用积极的行动去扛起责任，努力去改变可以改变的，接受不能改变的一切，活出豁达与通透。

【思考】
1.你是否有亲密关系中多年悬而未决的对错之争？
2.如果说一句"你说的也很有道理"，会产生什么结果？

第九节　犹豫是两个假我在打架

不想负百分百责任才会纠结，不知道自己喜不喜欢才会选择综合征。

情绪特点：
纠结犹豫，常常不知道怎么决定，左右为难选择综合征。我要不要辞去现在的工作？是不是我当初选择错了？已经做了决定，却发现困难重重怎么办？我要不要去见自己想见的人？难以做出决策，决定了又容易后悔，终日郁郁寡欢，摇摆不定损耗元气。

情绪真相：
行动是治愈恐惧的良药，而犹豫拖延将不断滋生恐惧。
对于选择困难，以下三点可以帮助你克服。

【犹豫的时候是两个假我在打架】
真我是善良纯粹的，是宁静智慧的回音。而假我是一切痛苦的根本原因，戴着假面具与谎言包装，无论是对自己或是对别人都是一种伤害。当你犹豫的时候，假我出现了。说明这并不是你发自内心的真实的情感，而是被掺杂了一些比较、欲望，是权衡利弊之后的艰难选择。

你在商场里看见一件衣服，你第一眼就觉得简直是为自己设计的，非买不可，这便是真我的一种流露。当你又看见一件衣服，样式还可以，颜色也还行，说不上太喜欢，可是商城打折的优惠很诱惑人。但这不是发自内心的喜欢，买它是因为价格便宜，这就是假我在作祟。

所有真我的选择都是毫不犹豫的。

犹豫往往是因为矛盾，并且两种力量互相抗衡不相上下，当你犹豫的时候，停下来，看一看，是哪里出现了问题。

小王一直在犹豫到底要不要和小李结婚。小王说不上来哪里不对劲，就是觉得小李对自己不够上心，于是一直下不定决心，后来才发现原来小李一直有自己喜欢的人，只是家里不同意。所以说，犹豫总有犹豫的理由，直觉有时候是最真实的感觉。

【宁可不做决定，也不要做一个糟糕的决定】

犹豫是因为找不到感觉，说明是假我在掌控你，所以我们一定要去相信自己的感觉，去链接自己的感觉，去确认一下自己内心真实的想法，而不是被假我蒙蔽，做出一个后悔的决定。

小李和小王都是应届毕业生，同时面临就业的问题。这时一个公司给他们提供了岗位，而这个岗位都不是小李和小王想要的。于是小李果断地选择了拒绝，去寻找自己喜欢的岗位。小王犹豫之后最终接受了岗位，但他工作得并不开心，最终不得不辞职，又浪费了一些时间。

世上的很多事情都没有完全正确的答案，你内心的真感觉，就是最好的答案。

【选择之前要谨慎，选择之后要笃定】

犹豫是非常消耗能量的，可能结果还没有出来，就把自己消耗得心力交瘁了，所以不要活在犹豫里，那样你会夹在犹豫的缝隙中喘不过气来，完全忽略了真实的自己。犹豫来源于对未来的恐惧和对自我的否定，你害怕自己能力不够，害怕无法掌控事件。

曾经有人咨询我，结婚对象一个有钱一个长得帅，该嫁给谁？我明确告诉她：嫁给有钱的，婚后用钱包装他；嫁给帅的，婚后和他一起努力挣很多钱。怎么决定都是对的，关键以后不要后悔，要去为自己的选择负责。

信任真实的自己，做自己的英雄，给自己一锤定音。

【历史人物的情绪解码】

赵武灵王的犹豫

一、废长立幼

战国时一代枭雄赵武灵王,有远见卓识,在赵国推行胡服骑射,开疆拓土,国力强盛。雄才大略的赵武灵王却在立太子时犯下大错,竟废长立幼,并在自己盛年时自号"主父",将王位禅让给幼子何。而当看到长子章因此受委屈时又后悔了,想分而治之。结果还在犹豫不决时,长子章发动叛乱,自己被幼子何乘机围困在宫中活活饿死。一代枭雄落得悲惨的结局。

二、犹豫的悲剧

赵武灵王因为宠幸吴娃,便废黜公子章,改立吴娃生的公子何为太子。废长立幼是帝位传承的大忌,它是以人为重,决策时是情感取向。嫡长子继承制是封建王朝维系社会稳定的一项制度性的保障,它以国为重,决策时是价值取向。赵武灵王没有一个坚定的判断,决策时在情感和价值之间游移,悲剧就在游移中发生。

三、对选择负责

犹豫和纠结是因为没有管理好自己的情绪,自己被情绪左右。既然为情所困在所难免,就接纳那份情绪,正视它,看清它,进而做出自己的判断,选择之前谨慎,选择之后笃定,对自己的选择负责,坚守它,不游移。

【小结】

1. 犹豫是内心不坚定、不信任自己的代名词。
2. 当你犹豫时,抛开事物,去问自己的心,去与自己链接,坚信自己可以对自己的选择负责。

【思考】

选择困难时,你是倾向情感爱好,还是理性价值?

第十节　掌控会让关系越来越远

失去控制，无伤大雅，是真实呈现的一次大好机会。

情绪特点：
得不到主动权就生气，当别人不按照自己的意愿做事就会心生烦恼。觉得他们怎么都不听我的，我都是为他们好呀，怎么就不能理解我的苦心呢？按我说的肯定没错，他们怎么就是不听呢？气死我了。有这种情绪的人对自己很自信，希望自己的建议能够带给别人帮助，结果经常被打击。

情绪真相：
罗马作家普罗图斯说：能主宰自己灵魂的人，将永远被称为征服者的征服者。三个观点，让你避免因掌控和驾驭别人，经常为意见不合而生气。

【掌控是因为缺乏安全感】

这个世界上，不确定的事情太多，因为没有安全感，所以我们想要掌控的东西也很多。我们想要得到，并且想要它永远属于自己时，就会想要掌控。每个人都有自己的想法和意志，当你产生了掌控，你就失去了人与人之间最基本的尊重。

你对什么有控制，什么就会伤害你，你对什么有控制，什么就会有抗拒，有抗拒就有伤害，所以掌控会让关系越来越远。

有一次我在课堂上问大家："如果可以一键给孩子定制完美的人生，你会按下这个按钮吗？"结果居然有一半人回答"会"，还有一些在怀疑我挖坑，也就是说，真正举手确定不会的，只有三分之一。我问大家："你们有没有想过孩子愿不愿意被你设计人生？"

所有人都想按照自己的方式生活，没有人愿意被掌控、被改变。你为对方做的精心安排可能都是你想要的，却不是他内心渴望的。要允许每个人有自己的选择权，有自己的思想，有自己的体验感。要允许身边每个人与我们不同，就像春夏秋冬各有千秋。

你可以掌握自己的行为、体重、目标，但你永远不要控制他人。允许里，充满爱。

【你能掌控的只有自己】

牛不喝水怎么能让牛低头呢？你只顾着自己的想法，却忘记了对方也是一个有想法的人，没有人愿意被掌控。

管着丈夫，夫妻的极致亲密关系没有了；驾驭着孩子，亲子关系不见了。掌控他人是一种很微妙的负面心理状态。你可以改变自己去吸引和遇见你想要遇见的人，而不是去改变别人让他变成你想要的那个人。

小李说他想让老婆做全职太太，每天在家，不要去社交，做一个"称职"的妻子，可是他老婆不同意，要有自己的生活，所以他们总是争吵，他认为他们的夫妻关系可能出现了一些问题。其实这就是小李的问题，企图去掌控别人，到头来只能是徒增烦恼。

一个人的精力是有限的，如果你去掌控别人，那么对自己的关注就少了，唯有能掌控自己的人，才能最终掌控世界。

【学会关注自己，才是最完美的掌控】

越自卑的人，越想强势，越谦虚的人，越有力量。

小江是一个缺乏安全感的人，每天查老公的手机，看老公的行程，因为害怕老公离开她，可是这样的生活让她心力交瘁。终于有一天，情绪管理师让她明白了一个道理，如果自己足够优秀，又怎么会害怕丈夫的离开呢？于是她开始关注自己的气质、身材和谈吐，增加社交机会，提升社交能力，丈夫反而越来越关注她。

其实每一个人都是彼此的镜子。你看待世界的方式，就是世界看待你的方式。我们真正应该关注的是自己，掌握了自己的情绪，掌握了自己的努力方向，也就真正掌握了自己的命运。

【历史人物的情绪解码】

吕不韦的掌控

一、奇货可居

吕不韦是一个商人，但他有眼光，有智谋。秦公子异人在赵国当人质，因为是庶出的，生活窘困，处境艰难，无人理会，只有吕不韦认为"奇货可居"，开始了历史上最令人惊叹的"以人易货"的一场大戏。他散尽千金，让异人结交各诸侯国的权贵，为他赢得声望。同时又厚金接近华阳夫人，让无子嗣的华阳夫人认异人为儿子，并使之成为太子。同时把自己的小妾赵姬送给异人做夫人，生下后来的秦始皇嬴政。最后异人成功继位成为秦庄襄王，吕不韦被封为相国，被秦始皇尊为"仲父"。

吕不韦从商人到相国，演绎了一个传奇的人生。

二、天才的掌控师

吕不韦用三招完全掌控了异人。一是让异人"认钱"，用五百金让异人结交诸侯宾客遍天下，用金钱来掌控他。二是让异人"认母"，以千金结交华阳夫人，让异人成为太子，用权位来掌控他。三是让异人"认妾"，以美色赢得异人的信任，用美色来掌控他。所以异人顿首曰："请得分秦国与君共之。""认钱"是影响掌控异人之心，"认母"是影响掌控异人的前途，"认妾"是影响掌控异人及秦国的未来。似乎一切都在他的谋划中，一切都在他的掌控中。

三、唯一能掌控的是自己

成为太后的赵姬和长大后的秦始皇都逐渐成为吕不韦无法掌控的人。最后吕不韦因为嫪毐谋逆罪的牵连被贬赐死。

对别人的控制设计得再完美，也有掌控不了的时候。真正能掌控的不是别人，是自己。把目光转向自己，关注自己，聆听自己，关注自己的内心世界，掌控自己的情绪，就是最完美的掌控。

【小结】

1. 很多人想通过掌控别人、观望别人的行为来让自己安心，这将适得其反。
2. 把眼光放回到自己的身上，因为你唯一能确定的、唯一能掌控的，只有你自己。

【思考】

想一想是否有过失控的经验，结果是否出乎意料？

第十一节　头脑里只有思想没有爱

你需要为爱做某些事，而不只是责任和义务。

情绪特点：

压力山大，感觉压力大到头要爆炸了；睡不着，爱做梦，第二天没精打采还胡思乱想。

情绪真相：

人生只有三天，活在昨天的人迷惑，活在明天的人等待，活在今天的人最踏实。

想要简单踏实过好每一天，以下三个观点可以帮到你。

【没精打采是因为头脑想太多】

我们平常用的笔记本电脑，只要是待机状态，即使你不使用，也在快速消耗电，人也一样需要休息。很多人以为，只要睡觉，就是休息了，其实不然，如果你睡觉时大脑的运作没停顿，没完没了地做梦，那么，你的休息只是假休息，你的睡眠质量会很差，自然而然地，你第二天就会无精打采。

节省精力最好的方式就是停止胡思乱想。对于那些还没发生的事，你不用提前担忧，因为毕竟那些事情还没有到来。

小李以前是一个特别多虑的人，每天晚上上床，都舍不得睡觉，而是先躺在被子上面，跷着二郎腿，想东想西，结果想得难以入眠。这些思考和忧虑并不能解决什么实质的问题，反而加重了他的思想负担，消耗了他的精力。意识到这个问题后，小李慢慢地不再执着于思想，他开始顺其自然，睡眠质量好了，每天的精神状态也好了很多。

轻松是指身体、心理完全放松，心情愉悦。而轻松来自思想上没有压力，当一个人感觉轻松的时候，就说明心里绷紧的那根弦松弛下来了，比如，爬个山，钓个鱼，或者打场游戏，这样你的内心就会慢慢平静下来。

【不游离在过去和未来，活在当下】

小王和妻子没认识多久就结婚了，结婚以后慢慢发现彼此身上的缺点，小王总是想，现在的妻子还不如自己的前任，至少前任不会在一些事情上和自己较劲。为此，小王很苦恼。

台湾作家林清玄说："昨天的我，是我的前世，明天的我，就是今天的来生，我们的前世已经来不及参加了，让他去吧！我们希望有什么样的来生，就把握今天吧。"

一个人在不同的时期会有不同的际遇，若是带着过去活着，将永远感受不到眼前的美好。

【想再多，不如做好每件小事】

总是翻来覆去思考并不能解决问题，还不如先放下这些困扰，做好眼前的事，这个时候，你的注意力也就转移了。一件一件的事情仔细认真地去做，你就没有那么多的时间和心思去想那些杂念，慢慢地我们心里的困扰也就被冲淡了。

小张是一位家庭主妇，她最近对儿子的学习很操心，她总想着孩子专注力不够，将来没出息找不到工作怎么办？想着想着就很痛苦。后来她的情绪管理师建议她：学会专注于当下，专注于做好眼前的事就行了。通过一段时间的训练，果然她没有那么焦虑了。

所以，想再多也没有意义，不如先做好眼前的事。

【历史人物的情绪解码】

李斯的叹息

一、李斯三叹

李斯一生有三叹。

第一叹是李斯年轻时在郡中当小官，看见厕中老鼠吃脏东西，常被吓得四处逃窜，而粮仓里的老鼠吃着堆积如山的粮食，不受惊扰，优哉游哉。他觉得人和老鼠一样，是由所处环境优劣决定的，李斯发出"仓鼠之叹"，立志要做粮仓里的老鼠。之后他通过不遗余力的钻营和攀附，终于位居秦帝国丞相之职，权倾朝野，炙手可热。

第二叹是有一次李斯看到自己门庭若市，宾客盈门，带着几分醉意感叹："今位居人臣之上，富贵至极，物极则衰，吾未知所税驾也！"（事物发展到了极盛的时候就会衰败，我不知道自己将来安身之处啊！）

第三叹是后面他被赵高打入大狱，并祸及子孙与宗族，腰斩咸阳市，而夷三族。临刑前，李斯面对儿子，老泪纵横，发出最后一次感叹："吾欲与若复牵黄犬，俱出上蔡东门逐狡兔，岂可得乎？"

二、头脑决定身体

细思李斯的一生，他会观察，有头脑，善思考。"仓鼠之叹"是李斯一生命运的起点，一叹仓鼠与厕鼠之别，有思考有行动，从而改变命运。二叹物禁大盛，盛极而衰。他身处高位，但头脑清醒，又留恋权势，有思考，无行动。二叹叹得清醒，又叹得迷茫。头脑被身体绑架，思想被欲望捆绑，是三叹悲剧之源。三叹为绝命而叹，万千感慨，悔恨交加。

三、真正需要解决的是头脑中的思想

思想可以解放你，就像李斯的"仓鼠之叹"，看到努力的方向，萌发行动的动力，进而改变自己。

思想也能困住你，就像李斯的"物禁大盛之叹"，头脑被欲望绑架了，清醒敌不过欲望，头脑就和欲望一起绑架你，让你动弹不得，无法行动。

一个人真正要解决的是自己头脑中的思想。让你的头脑自由，让思想解放你，努力行动，改变自己。

【小结】
1. 头脑承载的是我们的思想，想太多，就是一场自导自演的灾难。
2. 没有人可以控制你，没有事可以难倒你，只有被头脑和思想控制，你才是不自由的。
3. 其实没有问题需要解决，需要解决的只是你的思想而已。

【思考】
1. 你在哪些方面用脑多于用心，哪些方面用心多于用脑？
2. 它们的区别是什么？

第十二节　有什么样的灵魂，就有什么样的身体

当你开始关心身体，就意味着开始爱惜自己。

情绪特点：
身体疲倦，缺乏活力；老是感冒，免疫力差；懒洋洋的做什么都没感觉，提不起劲。

情绪真相：

思想开朗，情绪愉悦，是健康的根本。

想要激情洋溢，身体棒棒的，以下三个观点很关键。

【灵魂经由你的身体感受世界，那才是真实的你】

身体是用来承载灵魂的工具，身体像是一座房子，灵魂是这座房子的主人；身体像是一座庙，灵魂就是这座庙里的菩萨；我们也可以说身体是一件衣服，一件最贵的衣服，而你的灵魂，才是真正的你。

我们在电影里看到一些植物人，身体还活着，但是脑死亡了，这个灵魂已经丢失了。

很多内心有了卡点的人，都是身体跟灵魂开始不合一，身体开始背叛灵魂，你的灵魂，跟不上你前进的脚步，你的心就会越来越累。没有了主人的房子会越来越破败，终有一天会倒塌。失去精神滋养的身体，终将不复鲜活。

小红与男友在分手之际，男友对她说，希望她以后可以把自己的需求放在前面，因为在关系中，她常常把男友的需求、朋友的需求、家人的需求放在前面，总是想着别人的需求，却忽略了自己的需求。这样讨好别人，委屈自己，最后换来的却是自我身心的疲惫，以及关系中的不堪重负。

所以说，爱身体，要先懂得重视自己的需求，照顾好自己的感觉。

【身体的不适源于内在信念造成情绪体的淤堵】

你身体出现不适与疾病，往往是你内在信念和心结的反馈。你内在积压的悲伤、愤怒等负面情绪越多，你的身体就越容易生病。疾病一般起始于情绪体，它在物质体里表现为有某些淤塞物，通常是心智体上的一些信念造成了情绪的淤塞，最后会表现为疾病。

小雪生了孩子后，婆婆来家帮忙带孩子，但是两代人住一起，观念有很多冲突，为此发生了不少矛盾。小雪本来月子里就没有休息好，加上总是生闷气，总觉得呼吸难受，去医院检查，结果发现得了甲亢。

身体就像我们和灵魂的话务员，会给我们发来电报。当灵魂感觉不是很好的时候，心就会告诉你他不舒服，于是身体就头痛、胸闷、失眠、恶心、发烧，这是身体告诉你的信号。意思是你需要休息了。

比如，眼睛很干涩，这就是身体打来的电报，告诉你眼睛过度使用了。所有身体的疾病来到之前，身体都会给你很多信号，你的身体会显化出毛病来提醒你。如果你不及时管理，就会有更厉害的身体反应来提醒你，告诉你要停下来，要休息，要慢一点，你要改变生活方式。你要好好爱自己。就像一辆车一样，要经常洗，经常打蜡，经常洗澡、按摩，该滋养的滋养，该调整的调整，这就是爱身体。

所以说身体发来的电报一定要接，身体会给你信号，给你灵感，你要学会去感受它，去和身体对话，去关注它，这其实也是关注自己的感受和情绪，然后呢，一切的答案会经由身体传递给你。

【内在有什么样的灵魂，外在就有什么样的身体】

身体其实是我们与内在的交流工具，它不只是供我们居住的躯壳，它拥有一套聪明的运行机制，可以帮助我们表达内在，了解自身的问题。而你的每一种不适与疾病，都指向你内在的信念与情绪。

情绪就是最真实的你，你只是经由这个身体感受这个世界。身体不会制造问题，一切的问题都是情绪制造的，一切的问题都来源于内在信念造成的情绪困扰。

爱身体，就要先照顾好自己的感受，照顾好自己的情绪。

【历史人物的情绪解码】

身体的力量

一、秦武王和司马迁

公元前307年，秦武王与力士孟说比赛举"龙文赤鼎"，结果大鼎脱手，砸断胫骨，当晚痛绝而亡，时年23岁。

公元前98年，司马迁为投降匈奴的李陵辩护，下狱被判死刑。汉律，死刑可以改施宫刑。因为写到一半的《史记》，在无比艰难的抉择中，47岁的司马迁选择活下去，改施宫刑。

二、身体的力量

之所以把两个人放在一起，是因为他们两个人都遭受了身体之痛。一个因痛而"死"，秦武王胫骨断折，痛绝而亡；一个因痛而"生"，司马迁遭极辱之痛，为一部《史记》忍辱偷生。

胫骨断折疼痛无法转移，无法替代，身高体壮，孔武年轻，贵为秦王，也必定一人面对，独自承痛，最后一夜秦武王年轻高贵的身体只能用来承载疼痛。司马迁身受宫刑是痛极且辱极，是身心双重的重击，他肠一日九回，汗发背沾衣，只能隐忍苟活。一篇《报任安书》，通篇写尽他一个字：辱！通篇凸显他一个字：痛！司马迁之后十数年以残缺羸弱的身体承载着痛和辱,更承载着"究天人之际,通古今之变,成一家之言"的使命。

秦武王年轻强健之躯无法承载一夜之痛,司马迁老弱病残之躯却承载了历史千年之重。

三、聆听身体的声音

内在的灵魂决定外在的身体。司马迁面对死和生的选择,他是用隐忍苟活面对生,用"成一家之言"面对死,让残缺的躯体迸发出历经千年而依旧汹涌的力量。身体是安顿灵魂的地方,如果有无数的选择,就选择对身体最好的那个;如果毫无选择,就让身体迸发出洪荒之力,去承载生命的厚重。

聆听身体的声音,心之所在,身之所安;感受身体的力量,让身体和心灵融为一体。

【小结】

1.我们并不是天生的工作狂,然而我们总是有一种恐惧,担心一旦停下来,就会被社会淘汰,于是我们就用健康做代价,换来一次又一次的所谓的安全感。

2.让我们慢下来,带上自己的灵魂一起放飞,听听风的声音,鸟的声音,身体的声音,爱的声音。

【思考】

1.感受一下,身体曾经给你最强烈的一次信号是什么?

2.它给你的启发是什么?

第十三节　比较是盗走快乐的小偷

和别人不一样才酷;别人和你不一样,才显示你独特。

情绪特点:

总觉得人家都比我过得好;经常羡慕嫉妒别人,感到自卑;总感觉人家都看不起我,曾经的那些失误让自己这辈子都抬不起头。

情绪真相：
优越感来自将自己的优势发挥到极致。
想要不自卑，以下三个观点供你参考。

【比较是盗走快乐的小偷】

很多很多的不开心，都是比较产生的。

小时候，家长爱拿我们跟别人家的孩子比，小小的我们表示很无奈。长大后，自己也变得总是不由自主地喜欢拿自己的生活跟别人比，这一比，也就比出了烦恼，比出了焦虑，越对比越发现自己的渺小，一边比较，一边担心自己稍不留神就会被同龄人抛弃。

不知从什么时候起，比较已经无时无刻不在我们的生活中上演。如果你把自己的生活主动地去跟别人比较，你就会掉进评判的怪圈，使自己时常处在焦虑之中。点开朋友圈，映入眼帘的都是各种高格调的生活写照。你不自觉地收了收脸上的笑容，勉强保持着表面的平静，内心早已兵荒马乱，天翻地覆了。你越看越焦虑，越想心里越慌。扑面而来的压力和焦虑把自己淹没了！

你很努力工作，却发现别人总是能够获得更好的成就，你就会怀疑自己的能力，就会产生焦虑和烦恼的情绪。

比较，是产生压力和痛苦的根源，没有比较就不会有恐惧和担忧。比较让我们失去体验的快乐，而攀比就是快乐的天敌。

我很喜欢说一句话：不比不比，相信自己！

苹果和葡萄没有可比性，兰花和牡丹更是各有千秋。以前没有和你一样的人，以后也不会有和你一样的人，和别人不一样，其实是一件很牛的事，那么，别人和你不一样，也是常态。没有谁可以取代我们独一无二的存在。

只看到别人的优势和自己的弱势，忽略了别人的弱势和自己的优势，从而在心里将自己与别人进行了一场不公平的比较，这是最惨烈的一种对比现象。用自己的弱势去对比别人的优势，便总显得自己能力低下、力量薄弱，进而将自己归类为"低等自我"一类，将别人归类为"高等自我"一类，这样比较后得出的结论，让你深陷自卑无法自拔，从而失去了现实中每个新鲜节奏的体验感。

将眼前的每件事都独立看待，不做过多的牵扯和对比，会使你更能够享受其中。要在每一个当下的体验中，去感受爱，享受能量的流动。

【物各有性，人各有志，要比就和自己的过去比】

相信自己，是世间独一无二的存在。

也许你觉得花儿是大地的宠儿，在哪里都会被喜爱，而对一片整齐的草皮来说，再鲜艳欲滴的花枝也会被园丁毫不犹豫地铲除；也许农民很讨厌杂草丛生，而对草原的牧民来说，草儿越茂盛，羊儿就越肥。

无论你长成什么样子，都会有人喜欢你；无论你拥有什么样的个性，都会有你的用武之地。

海明威在《真实的高贵》一书里写道：真正的高贵不是优于别人，而是优于过去的自己。

今天比昨天进步，那就是最好的状态，比从前的自己进步，那就是对岁月最大的褒奖。不要拿自己和别人比较，因为起点不同、基础不同、环境不同、际遇也不一样，值得比较的是自己的过去，每天进步一点点，不断超越自己。

【能力高到天上的人，姿态却可以低到尘埃里】

比来比去，你一定还是会发现，同样的环境、同样的场景、同样的事情，就是有些人患得患失，有些人云淡风轻。相比之下，优秀的人，总是懂得降维，将姿态低到尘埃里，这和谦卑还真有很大程度的不同。

电视剧《天道》的男主人公丁元英，就是一个凡事永远云淡风轻的人物，作为一个私募基金的创始人，他活得非常智慧，生活中各种烦恼的事，在他这里都不是事儿。有一次他在楼下小摊，付了钱吃完早餐刚想离开，摊主拉住他说："你怎么走了呢，钱还没付呢？"他犹豫了一下，掏出钱又付了一次，走了。他就是以这样"向下兼容"的心态，应对生活各种的琐碎。

有些人愿意放低姿态去营造和谐，就像丁元英，被摊主叫住再付一次钱，他没有争辩，没有拒绝，转头就忘记了这件事，换一个人，也许就会增加一次争吵和拉扯，影响了一天的好心情。

而很多像丁元英这样的人，他们就这样悄无声息地将生活中可能产生的一个个烦恼，消失在即将的可能里，其中的区别，何其之大，而烦恼多的人，并不知道这个秘密。

当一个人的思维格局够高时，心胸就会很开阔，当你能够包容一切时，也就没有什么情绪可以影响到你了。

当你的能力高到天上，姿态却能够低到尘埃里，一切烦恼都将远离你。

【历史人物的情绪解码】

韩信的比较

一、羞与樊哙为伍

韩信封为楚王后,被人告发谋反,降为淮阴侯。有一天韩信经过他曾经的部下樊哙的府邸,樊哙跪拜相迎,恭敬称王,对韩信很是尊重,韩信离开时却说:"生乃与哙等为伍。"感慨自己原来统领千军万马,现在居然和原来屠狗的樊哙、吹奏乐器的周勃、贩布的灌婴等为伍。由此"日夜怨望,居常鞅鞅"。后与陈豨勾连,串通谋反,被萧何设计为吕后所斩。

二、聚焦他人,比较生发怨恨

西汉建立,韩信居功至伟,封为楚王,实至名归,所以韩信衣锦还乡,意气风发,荣耀故里。后被降为淮阴侯,计较与原来手下部将樊哙等同列,发出很多感慨,生出很多怨望。韩信聚焦他人,心生计较、不服、不满,乃至"日夜怨望"。韩信一生成也萧何败也萧何,以悲剧收场,祸根在比较中早已埋下。

当年韩信落魄乡里,受屠中少年胯下之辱,当时韩信也有比较,比较的乃是自己,是胸有大志要成大事的自己。韩信聚焦自己,故不怨望,不发怒,平静忍辱,成为楚王后还任命屠中少年为楚中尉,一时成为美谈。

三、着眼未来,比较激发自信

人生处处有比较。韩信受胯下之辱时,是青春少年,有理想大志,他聚焦的是自己,比较的是当下,着眼的是自己的未来。韩信分封为王,功成名就,心高气傲,被贬为侯,心生委屈不满,聚焦的是他人,比较的是过去,着眼的是自己的现在。一个着眼未来的人,可以把比较生发出来的一腔怒火转化为坦坦然然的平静、底气十足的微笑。一个只有过去看不见未来的人,比较出的一丝丝不满都会成长为无法遏制的怨恨和不管不顾的宣泄冲动。

计较自己,计较未来,这样的比较充满生命力。

【小结】

从烦恼到快乐,从过去到未来,从外在到精神,从能力到维度,当所有的比较都放在自己身上,你会看到很多个明显不同的自己,也会拥有更好的自己,这样的比较,是意义深远的。

【思考】
1. 试想，哪些比较会推动你前进？
2. 哪些比较会让你消沉哀怨？

第十四节　社恐是为了逃避伪装

不要让拒绝社交成为逃避的理由，做独一无二的自己，在人群中依然可以。

情绪特点：
不想应酬，因为不想假装热情；觉得应酬太累、很烦，又很浪费时间；更不想让自己成为焦点，感觉像被看猴。

情绪真相：
余秋雨说：人生不要光做加法。在人际交往上，经常减肥、排毒，才能轻轻松松地走以后的路。

如果你想要摆脱社交恐惧带来的困扰，三个观点可以帮助你。

【社恐只是给自己自由的一个理由】

现代人越来越不喜欢社交了，尤其是近几年，很多人已经习惯宅在家不想出门了。即便有些人被迫要去上班，也是下班后哪儿都不去，只想一个人在家待着。

无效社交让我们花费太多的时间去应酬别人，总是在别人面前小心翼翼地思考自己说的话合不合适，对方会对自己有什么看法，会不会得罪他。有时甚至还要违心地夸赞迎合别人，伪装自己，让自己身心疲惫。

你跑到一个聚会上，跟一群陌生的人嘘寒问暖、笑脸相迎，满屋子客套话，互相絮絮叨叨，敬酒、扫微信、留电话号码，但是三天之后就记不清对方是谁了。

很多时候，我们是因为不想伪装自己才拒绝社交，是为了尊重自己，不做自己不想做的事，留一些时间去做自己想做的事。

80后贾女士，不愿意在公众场合多说话，不想参与陌生人多的聚餐，她经常形容，自己似乎一直被"社恐"支配。她会潜意识中把"社恐"当成一个理由，推掉一些不想去的聚会或活动邀请，"实在不想跟不那么熟悉的人戴着假面具寒暄"。

社恐其实是一种挡箭牌，有时是一种主动选择或自我保护，实为寻找一个妥善的，能够获得别人理解的借口，拒绝一些不感兴趣或认为没有意义的交往活动。

独处可以与自己为伴，独处可以不用和别人在一起，当你属于完全个人的部分拥有得越多，需要从别人那里获得的就越少，如尊重，如自由，如欣赏，即使是渴望和爱，也不例外。

【社牛就是愿意装傻】

我们总是羡慕那些在社交方面不胆怯、不怕生、不惧别人的眼光、不担心被人嘲笑的人，他们总是能够游刃有余地和别人进行交往沟通。

如果说，"社恐"患者最害怕突如其来的目光，最渴望淹没在人群中，那"社牛"人士则是很享受在人群中被关注的状态。有他们出现的地方，就有源源不断的话题，几乎不会出现无话可聊的情况。"社恐"最害怕的海底捞庆生场景，对"社牛"来说，就是如鱼得水。他们选择装傻，选择忽视那些议论，选择继续专心做自己的事，拿自己想要的结果。

有人选择改变自己，也有人选择独处。其实，社交和独处并不冲突，社交是向外探索，而独处是内在升华。

独处和社交，不是单选题，而是多选题，它们的分量孰轻孰重，每个人心中都有自己的一杆秤。无论如何，独处和社交都是你自主的选择，而不是迫不得已的决定。独处不是逃避社交的理由，社交也不是躲避孤独的借口。社交和独处需要兼顾，自己的世界和他人的世界，你都需要去体验，才能真切感受立体多维的丰富世界。

【不甘心谦卑，那就享受独处】

社交聚会的特点，首先是要把自己调到平庸状态，因为社交人群对充满思想见地的人是排斥的，这就是社交让人乏味和抗拒的真相。

首先，活动在社交人群当中，必然要求人们相互迁就和忍让，场面越大，你就越需要谦卑谨慎，你需要兼顾左右，好像每个人都等着你去应酬，这是社交的特性，你需要不断做出让步和牺牲，否则，就会有受伤，不是伤了别人就是伤了你自己。

江华参加一个协会聚餐，那天牙齿有点疼，所以说话很少。邻座不了解情况，借敬酒调侃他最近升官了，不搭理人了。江华连忙起身解释，大家都说"哦哦哦，理解理解"。接下来就再也没人互动他，也许大家都照顾他的身体情况吧。总之，下半场的江华感觉很尴尬，匆匆吃了点儿就告辞了，后来再也没有参加过那样的聚会。

叔本华说：要么庸俗，要么孤独。

如果你不甘心委曲求全活在左右逢源里，或者完全无法忍受淹没在应付里，那就学会享受独处吧，因为独处时，才是真正的自己，不需要撒谎和哄骗，只需要静静地面对自己的思想和灵魂，因为最完美的和谐关系，就是你和自己的关系。

意大利传奇导演费里尼说："独处是种特别的能力，有这种能力的人并不多见，因为独处给了自己一个独立空间，忍受不了寂寞，就享受不到独处的喜悦和自由。"

人生说到底，不过是一个人的事，有人同行是一种幸运，没有人同行才是一种常态。

高质量的独处，可读书，可研学，可写作，可以默默遐思，收获的是灵魂的自由和真实的生活。每个人的路都是自己选的，每个人的路都有别人欣赏不到的独特风景，只有自己最欢喜。

【历史人物的情绪解码】

孙膑的"社恐"

一、围魏救赵

孙膑是战国时期著名的军事家。孙膑接到同窗好友庞涓的邀请，来到魏国。想不到这位担任魏国将军的同学嫉贤妒能，给他准备的是膑刑和黥刑。孙膑靠装疯卖傻逃到齐国。他的才识赢得齐王的信任，被委以重任。魏国攻打赵国，赵国向齐国求救。孙膑婉拒齐王将军的任命，担任军师，指挥齐军采用围魏救赵之计在桂陵大败庞涓，并活捉庞涓。两年之后回到魏国的庞涓卷土重来。后来孙膑又在马陵击败魏军，斩杀庞涓于斫木之下，并一举奠定了齐国的霸业。之后孙膑退隐鄄邑，设馆授徒，钻研兵法战策，著成《孙膑兵法》。

二、军事天才的半隐半现

战国时期群雄并起，逐鹿中原，腹有良谋、胸有韬略的孙膑生逢其时，可以一展宏图。但遇到一个嫉贤妒能的同窗好友，刑其足，黥其面，残其身，摧其志，想让孙膑"隐勿见"，永远退出群雄争霸的舞台。庞涓毒计几乎得逞。孙膑有大将之才，其能足以为齐国之将。但孙膑是刑余之人，只能"居辎车中，坐为计谋"。孙膑隐忿含辱，退居幕后，两败庞涓，阳谋明算，用智谋碾压他，可谓快意恩仇。成为一代名将后，他又悄然隐退。在可以充分施展才华的舞台上孙膑只能半隐半现，足见膑刑和黥刑对他创伤之深。

三、在"社恐"中创建自我

社交是一个生命和外部世界联结的最重要通道。"社恐"，是对自我和外部世界联结的一种恐惧和拒绝，生命会因此失去活力。孙膑遭受的创伤，使他重新创建自己。他隐居幕后，快意恩仇，之后又慢慢回归社会，设馆授徒，著书立说。

不用惧怕"社恐"，"社恐"有它的意义，它的意义就是重建自我。

【小结】
1.无论社交还是独处，面对的都是来自自我的创建。
2.独处的时候可以看见自己的思想。每一个流动的意识，都是与自己的一种深度的交流。

【思考】
拒绝那些不愿意参与的社交，会对你产生怎样的意义？

第三章 洞察偏见

一群人在讨论一个什么问题，争先恐后、各抒己见，整个房间热闹嘈杂，只有老板一个人在静静观察和倾听。突然有人说了一句："我们是不是太吵了？"一句话提醒了大家，现场顿时鸦雀无声，齐刷刷看着老板，感觉静得能够听到心跳。

老板就像你的灵魂，一群人就像你头脑中纷乱的念想，而发出提醒的是你的意识，只要意识到，你的灵魂就开始复苏，于是从受害者成为观察者，时刻保持觉知，就像纯粹注视飞翔的小鸟，没有思考和偏见。

这是寻找和证实的阶段，洞察生命品质是如何被吸引的，从各个角度去佐证新的领悟，开始探索自己的过往和未来的关系。

第一节　痛苦和丰盛都是自己吸引来的

专注想要的，你会看见大量你想要的信息。

情绪特点：

感觉自己没有吸引力，觉得处处不如人；没自信，认为自己没有过人之处；生活有很多不如意的地方。这种状态，是贬低自己，没有看见自己的优势，处在思虑过多的状态。

情绪真相：

一个具有个性魅力的人，到哪里都会吸引眼球。

想要成为一个魅力四射的人，以下三个观点让你领悟秘诀。

【一切都是你吸引来的】

吸引力法则，是这个宇宙公开的奥秘。

你周围的一切，你看到的、听到的，都是你吸引来的，所有的问题来到你，也是你吸引过来的，是你自己想体验。一切都是自己吸引的，你的念头决定你将吸引什么。

二十年前，我在一堂梦想课上画过一幅草图，我梦想拥有一座洋房，门前的草坪上有一个葡萄架，旁边种了玫瑰和文殊兰，这幅画被主办方用相框裱起作为珍贵的留念。过了十几年，我在整理老房子时翻出这幅画，看着画面我简直惊呆了，它和我现在的家几乎一模一样，潜意识的力量实在太神奇了，简直具备了梦想成真的魔力。

念念不忘，必有回响。你内在的一切念头无时无刻不在吸引着你想要的。

你有什么样的能量，就会吸引来什么。正能量的人会吸引积极的人事物，整天抱怨的人，就会吸引负能量。

张女士谈自己十年的恋爱经历，男朋友当兵五年，异地创业四年，自己身边也不乏死心塌地的追求者，有个男同学，对她迁就到离谱，但是她说："从我意识到喜欢我的男友时，我就从来没想过这辈子会嫁给别人，他身上有一种坚毅的魅力深深吸引着我，让我恋恋不舍。"吸引力其实很微妙，一旦产生了链接，就能够持续不断地传递信心。

吸引是相互的，他吸引你，你也会吸引他。当你主动去追一个男生，男生同意了，其实也表示你很吸引他。

【关注你不想要的，不如观想你想要的】

巴菲特说：不相信奇迹的人，永远都不会创造奇迹。吸引力法则，不仅会吸引我们心心念念想要的，也会吸引我们心心念念害怕担心的。

梅的母亲是一个很有主见的女人。女儿的工作单位不错，可是她很担心女儿懒散不好好工作，梅每个周末回家她都要嘱咐女儿安心工作，说得梅都害怕回家了。她还经常打电话给梅单位的主管打听女儿的表现，刚开始对方明确告诉她梅的工作很认真负责，大家都很喜欢她，后来问得多了，对方也开始特别关注起来，担心梅会出现什么问题，搞得梅压力非常大，没到半年就离职了。

担心就是诅咒，当你内心对某个事物有担心，你就会不断去关注那个部分，所有关于那个部分发生的证据，都被你搜了个遍，用来证明你的担心是对的。

80% 的人都不由自主地将自己的能量聚焦在自己不想要的那些事物上，而成功的法则，就是始终将注意力聚焦在自己想要的结果上，这就是成功的人士只有 20% 的原因。

【创造是最有能量的吸引】

创造就是最有能量的吸引，花开了，蝴蝶就会来，种一片草原，就会吸引一群马。每个人都有自己的磁场，有什么样的磁场就会吸引什么样的人，有怎样的磁场，就会创造怎样的人生。

我们常见的名人、大师等，他们会得到很多粉丝的拥护和支持，很多人都想去亲近他们，去学习他们，围绕在他们身旁，并以此为荣。因为他们身上有着与我们不同的或者比我们更大的光环，他们就是我们普通人向往的对象，因为与他们相比，普通人的能量十分弱小，自然就会被能量大的人吸引。

所以，想要更具有吸引力，就去激发你内在的创造源，用心念的力量去成就你想要的生活。

【历史人物的情绪解码】

刘邦和项羽的吸引

一、谁更有魅力

刘邦和项羽谁更有魅力？陈平最有发言权。楚汉相争时陈平对刘邦说："项王为人，恭敬爱人，士之廉节好礼者多归之。至于行功爵邑，重之，士亦以此不附。今大王慢而少礼，士廉节者不来；然大王能饶人以爵邑，士之顽钝嗜利无耻者亦多归汉。"陈平这段话的意思是项羽为人谦恭有礼，具有清廉节操的士人都愿意归附他。但是吝啬奖赏，有才能的人以此又不愿归附他。刘邦为人傲慢，具有清廉节操的士人不愿来，但是舍得给人封赏，那些好利无耻之徒又多归附汉王。

两个人谁强谁弱？陈平说："诚各去其两短，袭其两长，天下指麾则定矣。"意思是谁去已短取他长，那天下招招手就定了。

二、一切都是你吸引来的

两强相争，天下英雄云集，他们都会择明主而来。英雄的选择取决于明主身上的吸引力。吸引力就是人格魅力。项羽生于将门世家，贵族出身，所以为人恭敬好礼。他生逢乱世，早年跟随叔父项梁一路逃亡，窘困艰难，难有丰盛的物质享受，所以会恭敬而吝物。刘邦出身贫穷，一直在社会上游荡，交结江湖三教九流，行走衙门官吏间，因此粗俗而豁达。这是两个人不同的人生经历形成的性格，假如他们"去其两短，袭其两长"，那就不是项羽和刘邦了。他们各自散发出特有的人格魅力，吸引天下英雄来归，形成楚河汉界、两强相争的局面。

三、最有能量的吸引是成就和创造

楚汉相争，刘邦累败累战，但他的核心团队不散，项羽百战百胜，垓下一战，四面楚歌之下部下一溃而散。刘邦胜过项羽的核心吸引力是什么？是刘邦"能饶人以爵邑"，而项羽则"行功爵邑，重之"。区别就在于一个给人重赏，一个吝啬奖赏。给人奖赏，这是对他人做出贡献的一种肯定，也是给他人一个清晰明确的可期待的未来。曾国藩说："合众人之私成一人之功。"最有能量的吸引是给予充分的肯定，助人实现梦想，成就他的未来。

【小结】

1.是你的念头和思想决定了你的人生，它们决定了你吸引到的生活内容。

2.当你知道了如何控制这种精神力量，你可以随时集中你的注意力，去想象你想要的结果，命运就会被你牢牢掌控在自己手里。

【思考】
1.你遇到的最有吸引力的创造是什么?
2.是什么吸引了你?

第二节 关注什么，什么就会被放大

荷花出淤泥而不染，是因为它从不理会淤泥和臭水，它的心里只有阳光和雨露。

情绪特点：
期待的难以实现，所以失望透顶；自己期望的都成了泡影，一个都不让我省心，感觉操碎了心，沮丧又生气，处在焦躁状态。

情绪真相：
关注世界，迷失自我；关注自己，拥有世界。
想要拥有世界，请关注以下三个观点。

【情感的原则：关注什么，就放大什么】
孩子有一门课拿了C，其他都是A，你会因为这个C过于烦恼吗?
你关注什么，什么就会被放大。过于关注C，就会放大缺点，而阻碍了你发现他的优秀。请多关注生活中的A。关注美好，美好就会被无限放大，要让美好占据你的整个生命。
当你走进花园时，你可以选择去看花，也可以选择去看杂草，一切在于你自己。
如果你总是关注亲密关系的不足，那么未来对方在你心目中的分量就越来越低，直到你看不上。
如果你总是关注对方的正面优点，那你就会越来越敬佩对方，对方也会感受到你强烈的爱。

这样做，最受益的还是你本人，因为，你的亲密对象会因为你的爱而越来越敬爱你。

真正自信的强者总是能找到别人的可爱之处。

两位先生一起应酬，醉酒晚归。

A 先生的太太怒火中烧，她认为做先生的应该按时回家关心妻子和孩子，晚归就是不负责任，醉酒就更不应该，她感觉无比委屈。

B 先生的太太做了醒酒汤，为他放好洗澡水，出浴后还做了热汤面给他，非常细心体贴，因为她心里想，先生应酬客户不容易，我不能为他解决工作难题，只能帮他做善后工作，以免他的身体受到影响。

生气和不生气，取决于内在信念，生气多久停止，取决于我们的觉察力，觉察越快，调整越及时，修复也越快。

内在有什么信念，外在就会有什么呈现。

【恐惧担忧是因为过于关注做不到的点】

人之所以担忧，是因为陷入巨大的不确定中。因为人们过于关注做不到的事情，所以产生恐惧心理。所有形式的担忧，都是对未来过于关注而对当下关注不够而引起的。

2014 年白岩松结合自己得抑郁症的经历，给大学生们写了一段话：爱你现在的时光吧，过去的时光已经过去，未来的日子还没有来，你焦虑什么？你知道什么叫作恐惧吗？恐惧不是血肉横飞的场面，而是你调动一切的想象力把自己吓住了。一味地关注未来未发生的事，关注自己做不到的点，人就会越发感到手足无措，形成恐惧。

恐惧担忧是因为你关注没有得到的，而喜悦快乐，是因为你常关注拥有的。

【多关注自己，提升幸福感】

杨绛先生说："我们曾如此期待外界的认可，到最后才知道，世界是自己的，与他人毫无关系。"当你以为自己是世界的中心时，其实别人也这样认为，别人注重自己比注重你多得多，你却要在各个方面顾及他人的目光，从而有诸多的束缚，其实你是高估了自己在他人心目中的位置。

所以，要学会降低对他人的期待，多关注自己的感受和成长，善待自己，做最好的自己。

世界是果，内心是因。因此，关注内心即拥有世界。

【历史人物的情绪解码】

萧何的关注

一、萧何的目光

公元前 206 年刘邦率大军兵临咸阳，秦王子婴献城投降。来自沛县的刘邦和他的战友们进入咸阳城，被巍峨的宫殿、繁华的都市、无数的珍宝震惊了。刘邦一头扎进胡亥的寝宫，将帅们趁乱抢掠金银财物。只有一个人，不贪金银，不恋美女，急如星火地赶往秦丞相御史府，让士兵迅速包围御史府，不准任何人出入，将秦朝有关国家户籍、地形、法令等图书档案一一进行清查，分门别类，登记造册，全部搬运收藏起来。这个人就是萧何。

二、关注未来

萧何在西汉开国功臣中，既没有运筹帷幄之谋，也没有攻城略地之劳，但在论功行赏时刘邦将萧何功列第一。众人不服，刘邦说，好比打猎，你们这些身被数创的将士是猎守中的"功狗"，而萧何是猎守中发踪指挥的"功人"，当然萧何功居第一。"群臣皆莫敢言"。为什么萧何能做"功人"，因为萧何的关注和其他人不一样。面对金钱、美女的诱惑，谁不动心？谁都动心，只有萧何例外。他不动心，不是他没有七情六欲，是因为他关注的东西不一样。他关注的是这个帝国的历史人文、户口信息、地形地势、粮食储备、水利水源。他要掌握这个帝国的数据库，要把它们收集整理、规划管理起来，让它们为将来的刘汉帝国服务。萧何关注的是未来，一个帝国的未来。那些只关注当下自己的欲望的人只能做"功狗"。

三、梦想指引关注，关注激发潜能

关注来自哪里？来自你的内心。食色，性也。我们内心本性的力量都非常强大，它会让你的注意力都聚焦到它指引的东西上。但有一种人例外，他们有一种更强大的力量指引自己，摆脱当下的诱惑，去关注未来。这种力量就是梦想的力量。萧何的梦想就是推翻暴秦，建立一个国泰民安的帝国。他从未说过，但是他一生都在为之努力，刘邦感受到了，赐予他"带剑履上殿，入朝不趋"，这是汉朝唯一的殊荣。

梦想指引你的关注，关注会激发你的潜能。

【小结】

关注什么，什么就会被放大，关注你的梦想吧，让它开发你的潜力，为你的生活带来激情，关注美好，让美好成为你生活的常态。

【思考】

1. 你目前最关注的是什么？
2. 你认为它对你的未来具有怎样的影响？

第三节　从父母的角度看见孩子的维度

有一种冷叫奶奶觉得冷，有一种热叫妈妈认为热。

情绪特点：

经常和家人意见不合，感觉有些人不可理喻。为什么总是有人和我唱反调？觉得人和人之间如此难以沟通，实在是苦恼。

情绪真相：

横看成岭侧成峰，远近高低各不同。
想要突破思维局限，一起来感受以下三个观点。

【生活没有对错，只是角度不同】

角度不同，结果也就不同。就像甲喜欢的蜜糖，对糖尿病的乙来说等同砒霜，角度不同，无关对错！

一个角度看问题是一条道走到黑，三百六十度看问题是条条大路通罗马。

小王的妻子是个高中老师，平时特别忙，早上连做早餐的时间也没有，小王每天只能在外面买早餐吃。有一次，小王听到同事小张夸自己的太太特别贤惠，把家里的家务操持得井井有条，小王心里很不是滋味，回去数落了妻子。小王的妻子很大度，也没和他计较。后来有一次，小张喝醉了，跟小王一直抱怨自己的太太没什么文化，还爱逞能，小王听了，又想到妻子这么忙还每天抽时间给家人做晚饭收拾家务，心里很感动。

角度就是维度，小王看事情的角度发生了变化，就开始理解妻子感谢妻子了。

换一个角度看，世界就会不一样。

【角度没有对错，只是道不同不相为谋】

存在即合理。角度不同，视野不同，看到的东西、看问题的方向自然就不同。

小李的婆婆在菜地种了些玉米，但是迟迟不肯收获，老人家希望玉米能多长些，长得饱满些，而小李的老公却抱怨玉米老了，没有嫩的好吃，嫌母亲摘得太迟。这件事情上，没有什么绝对的对错，公说公有理，婆说婆有理，其实只是立场不同而已。

人的一生中，总会遇到形形色色的人。每个人的成长环境不同、阅历不同，自然对每件事的看法和理解也就不一样，这一点无可厚非。

小区后面有一条路，在三分之一的地方装了一条护栏，然后三分之一的那一边呢，基本就没什么人走，慢慢地荒草都长起来了。我每次从那条路上走，都要心生反感，心想是不是谁又承包了这个工程有钱赚？但是有一次我看清了那是一条盲道，突然就恍然大悟，原来这条路是有人文关怀的。这说明，你不在那个维度，你就想不了那么全面，所以遇到任何的事情，都请不要着急上火，要去设身处地地想一下，找找原因，别人那样做，一定有他的理由。

矛盾产生是因为角度不同，维度不同，仅此而已。当你拓宽了你的视野，当你活通透了，不是因为看清了每件事，而是理解了每个人的不同，都是角度不同。

【父母的维度决定了孩子的高度】

父母教育孩子，有四个维度。第一个维度，孩子是我生的，他就必须听我的。第二个维度，孩子是社会的，他会有自己的生活和想法，我们要尊重他。第三个维度，孩子是世界的，孩子从出生开始，就会有自己的意识，他可以去追求自己的人生，自由地翱翔。第四个维度，孩子是宇宙的，孩子的天性中蕴藏着宇宙所赋予的灵韵，释放孩子的天性，发挥他的潜能，让他活出自己的精彩。

不要强求孩子用你的角度去生活，每个人都是宇宙中独立的个体，他们应该用自己的光芒去照亮自己的宇宙。

你所做的事也不需要得到所有人的理解，做自己觉得对的决定，不必理会他人的看法，因为你们的角度不同。

正是因为角度不同，才会看到如此缤纷的世界。

【历史人物的情绪解码】

高度之上的角度

一、丁固之死

丁固对刘邦有救命之恩，刘邦却杀了丁固。司马光说杀得好，何故？

刘邦在彭城被项羽杀得落花流水，夺路而逃，为了逃得更快一点，几次把自己的儿子刘盈和女儿推下车去。但他还是被项羽手下的将军丁固追上了，急中生智，刘邦对丁固大喊："我们两个都是当今的英雄，为什么要互相为难呢？"丁固听后，惺惺相惜，竟然勒马回转，放开一条生路。等到项羽失败后，丁固想到自己曾经救过刘邦，就去投靠刘邦。想不到刘邦说："丁公对项王不忠，使项王失天下。"于是斩了丁公，并说："为人臣者像丁公，这就是下场！"司马光说："杀一人而千万人惧，其考虑事岂不远哉！子孙享有天年四百余年，宜矣！"司马光认为刘邦杀丁固而使千万人惧怕是为江山社稷着想，杀得对。

二、角度决定你是谁

为项羽而战，丁固有绝佳的机会斩杀刘邦立下大功，敌人的一声"英雄"就忘了自己身在何处站在哪里。放走刘邦就是对项羽的背叛，背叛又不彻底，心怀两端。当刘邦一统江山，正是"安得猛士兮守四方"豪情万丈之时，他需要猛士，但需要的是忠勇的猛士。丁固刚好做个祭品，正好用他的血昭告天下。

两军对阵，你死我活，胜负未分，尊一声"英雄"，是平视的角度。兵败垓下，就是阶下囚，而且是卖主求荣的阶下囚，却企望别人的开恩。再次站在刘邦面前，成王败寇，丁固你是谁？丁固自己没有搞清楚。

三、高度决定角度

也有说丁固不该杀，刘邦是恩将仇报，说明刘邦心理黑暗。角度没有对错，只是道不同不相为谋。对刘邦来说，身处的高度不同，成为大汉天子一览众山小，他全视角看问题，看到的就不一样，判断不一样，最后的选择也不一样。所以司马光说："宜矣！"丁固始终在一个维度用一个视角来看问题，结果就悲剧了。

角度由高度决定，提升高度，即使同一个角度也会看到不一样的风景。

【小结】

1.真诚的人总能感知到他人的友善，而骗子总感觉全世界的人都在说谎。同一个问题，不同的人去看待，会有不同的答案；同一件事，角度不同，看法也会不同。

2.有时候我们换个角度看，世界会焕然一新。

【思考】

对于你正在针锋相对难以释怀的事件和某人，试着站在对方的角度看看，会有什么新的想法？

第四节　立体地活着，才是无憾的人生

每增加一份体验，就减少一分遗憾。

情绪特点：

害怕改变，不想突破安全区，觉得过去那样不是挺好的吗？不喜欢新花样，万一改变不了，再也回不去原来的样子怎么办？经常紧张担忧。

情绪真相：

立体体验人生，把握每个当下。
想要突破局限，进入新的体验，以下三个观点可以帮到你。

【生活在于体验，与人接触也是体验】

立体是什么？立体是多方位地去体验。

人生是漫长的，我们无时无刻不在体验，体验不一样的人生风景，体验不一样的人生目标。没有体验过的部分，你永远没有发言权。

每个人都有自己为人处世的一套方法和原则，只要有机会，就要接触不同的人，与不同的人聊天，这对开拓新思维有益。

小李是刚毕业的大学生，现在在一家单位实习，单位的食堂免费提供午餐。午餐时，他经常与不同的人聊天。他聊天的对象有新分来的年轻同志，有工作多年的老同志，也有来单位实习的同人；有男的，也有女的。通过和这些人的沟通交流，他对公司越来越了解，看问题的眼界更加开阔，还给部门提出了一些有效建议，也因此得到老板的重视。

立体地与人接触，与孩子、同事、邻居以及客户接触，还可以体验与义工和陌生人打交道。体验你没有接触过的人，开阔自己的眼界，打开自己的内心。

【体验立体的环境，体验立体的心情】

人世匆匆，每个人都生活在不同的环境里，为了不同的目标而生活。有的人想要赚更多的钱，把生活装扮得金碧辉煌。有的人想要到处旅行，把见到的山高远阔都装在心里。还有的人，就想平平淡淡，一日三餐平实无忧。

你可以去体验美食，体验文化，体验各种自由着装，让自己去感受自由、感受配得感、感受丰盛。你目前所关注的生活，其实并不是你的全部，打开你的限制，去体验更多的可能。没有体验，就是一种无形的限制。

除了体验外在环境，内在的心境也有各种极致的感受。

都说人有七情六欲，虽然不会时时在喜、怒、忧、思、悲、恐、惊之间跌宕起伏，但是，绝对不会永远只有欢喜和快乐。情绪是多种多样的，体验不一样的情绪，会收获不一样的人生觉悟。

每一种情绪的深刻体验，都会让你在觉醒中成长。

【立体地活着，才是无悔的人生】

很多的道理，只有自己亲身体会过才会懂得那种感受。一个没有创业失败过的人，很难体会创业成功的喜悦和感恩；一个常年打工的人，很难体验积累财富后的自由度；一个没有经常旅行的人，很难感受到行万里路的那种视野和格局；一个没有爬过山的人，很难有那种会当凌绝顶、一览众山小的感觉；一个没有失恋过的人，很难体会那种撕心裂肺的心痛。

可以说，对未知世界保持好奇永远是激情的原动力。

很多人会说，没有经历过，我可以从书中去阅读呀。阅读的确可以带来思想的一定境界和高度，但是真实的体验感只有自己身临其境才会懂得。有一句话叫只可意会不可言传，说的就是这种感觉。

所以人生在世，想要去一些地方，那就去玩一玩；想要见一个人，那就去见一见。在自身体验的过程中，才会领悟那些实实在在的心理感受。

我们曾经探讨过一个话题，怎么样才是体面地活着，是穿着高级还是有很多的钱？或者开个奔驰就是很体面了？后来我们发现丰富多彩地活着，才是体面地活着，感受一切、经历一切，才能活得没有遗憾。

【历史人物的情绪解码】

范蠡的立体人生

一、范蠡的选择

范蠡是春秋末期政治家、军事家、谋略家、经济学家。

他辅佐越王勾践在越国几近亡国之际,卧薪尝胆,十年教训,十年生聚,最后兴越灭吴,一雪会稽之耻,成就霸王之业。功成名就之后,他明白"飞鸟尽,良弓藏"的道理,了解越王勾践的性格:可与共患难,不可与共乐。他便急流勇退,化名为鸱夷子皮,遨游于七十二峰之间。其间三次经商成巨富,又三散家财。后定居于宋国陶丘,自号"陶朱公"。世人誉之:忠以为国,智以保身,商以致富,成名天下。

二、立体人生

纵观范蠡的一生,前半生辅助勾践,越国战败,三年为奴、两年为质于吴国。归国之后辅助勾践卧薪尝胆,富国强兵,逐灭吴国,一雪前耻,称霸天下。可谓历千难万险、千辛万苦,成千秋霸业。后半生一朝功成,便急流勇退,浮海出齐,耕于海畔,苦身勠力,至产千金,又三聚三散,名扬天下。范蠡一生历尽艰难,跌宕起伏,他审时度势,进退自如,一生丰盈充沛,丰富立体。

三、立体的生命才是无憾的人生

范蠡是辅助越国由亡而盛而霸的战略家,前半生忠以为国,为越国雄霸天下大展韬略。随着时移势易,人生走到关键处,范蠡做出了立体化的推演,做出人生准确的判断和选择,范蠡是人生的战略家,是生命成长、人生发展的战略家。

人生需立体的思维,有立体的思维才有自己真正的体悟,才能在关键选择时做出立体的推演和精准的选择,才会有丰盈立体的人生。

【小结】

1.读万卷书不如行万里路,行万里路不如阅人无数,阅人无数不如名师指路,名师指路不如自己去悟。

2.一切都要自己去体悟,才能拥有真正属于自己的财富。

【思考】

1.试问自己是否还有遗憾没有达成?

2. 因为什么呢?

第五节 信任自己的答案比信任标准答案更重要

优秀的人,最初是因为坚信自己优秀。

情绪特点:
不愿意相信别人,有深度信任危机;因为曾经受骗,害怕套路太多;觉得到处都是幺蛾子,总想骗我钱。处在恐惧担忧的状态。

情绪真相:
不相信他人,源于对自己不够信任。
想要突破信任危机,以下三个观点为你助力。

【信任自己,才能唤醒力量】

生活中,总有人遇到困惑时会情不自禁地四处求助,转了一圈发现答案无数,没有一条适合自己用。为什么?因为那都是别人根据自己的经验和感觉定制的,怎么可能同时也适合你呢?

很久以前,樵夫遇到了难事,便去寺庙里求菩萨。走进庙里,他发现菩萨的像前有一个人在拜,那个人长得和菩萨一模一样。樵夫问:"你是菩萨吗?"那人答道:"我正是菩萨。"樵夫又问:"那你为何还拜自己?"菩萨笑着回答:"我也遇到了难事,但我知道,求人不如求己。"

虽然这只是一个传说,却为我们揭示了深刻的道理。求人不如求己,菩萨尚且如此,我们常人更不用说了。与其依靠他人来帮助自己解决问题,还不如发掘自身的力量,依靠自己的力量解决问题。

每解决一次问题,就会增加一份能量。

强者的力量并非来自外界,而是来自他的内心。总是向他人寻求帮助会形成依赖性,导致我们自身的力量越来越弱。依靠别人只能获得短暂的帮助,靠自己的力量才是长久的,每一个经历,都是成长的奠基石,每一次对自己的信任,都是一次信心的加码。

莎士比亚说:"对自己不信任,还会信任什么真理?"

现在都市有一个通病，叫"信无能"，不相信任何人、任何事，有些人连自己都不相信。

如果你对自己没有信心，任何人都无法相信你。

朋友老张的女儿小兰患有先天性心脏病，据说很容易少年夭折。老张常常带着小兰一起外出观察树木，找出四周最大最高的树来，让小兰抱着大树感受那份寂静的挺立，让孩子相信自己也能像大树一样，静静地活着。

老张用渗润的方式，唤醒了小兰内心深处那强大的自我疗愈、自我修复的力量。

事实上，这种力量我们每个人都有！只不过，大部分人或因过去固有的经验与创伤，或因对改变和未知的恐惧，把自己这种强大的力量束缚在牢笼之中了。

世界上最大的敌人不是别人，而是你自己。

【相信自己的伟大特质，坚定跟随自己的心】

当你足够相信真我的力量时，你会感受到一种名叫信仰的东西。信仰是一种念头，当念头足够强烈，足够执着，于是产生仰望的态度，仰望你想去的地方，那个地方就叫信仰。信仰的力量是伟大的，我们要相信自己，相信发自内心的强大能量。

有一位女歌手，第一次登台演出非常紧张。一位前辈把一个纸条塞到她的手里，告诉她台上如果忘词了可以打开它。歌手握着这张纸条上了台，她在台上发挥得很好，根本没机会打开那张纸。下台后，她发现纸条是空白的。前辈这才笑着说："你握住的并不是白纸，而是你的自信。"

所以，请相信自我的力量是强大的，你会领悟到信仰的真谛，坚定的信念会让你成为一个无坚不摧的人。

相信相信的力量，相信自信的力量，相信信仰的力量。

什么路让你走起来舒服，只有你的心知道。

宇宙给我们每个人设计的路、设计的任务、设计的使命是不一样的，你要让自己殊胜，就要听自己的，所以，请记住跟随自己的心去走。

【比标准的答案更重要的，是信任自己的答案】

高瓴集团创始人张磊说：诚实地面对自己的内心想法，比正确的答案更加重要。

权威和经验，是用来参考的。过去的定论，有过去的背景，无法代替今天的事实。

始终信任自己的洞察力，是创造的原动力。

小张是个非常循规蹈矩的学生，有一次发现自己演算的答案和教材给的标准答案不同，他又重新做了一遍，发现结果还是和标准答案不同。明明自己的思路是对的，为什么不一样呢？他开始盲目地找自己的错误，可是算了一遍又一遍，还是没有找到原因，从始至终，他就从来没有怀疑过，那个标准答案是错误的。

权威是用来参考的，权威也可以质疑。

这只是一个简短的故事，但是也不难发现，有些传统的价值观一直充斥着我们日常生活的绝大部分，我们通常习而不察，把这些价值评判当作默认的习惯准则，却很少有人质疑它的权威性。我们大部分人都活在各种各样的概念里，并按照那些概念所规定的标准生活，可是唯独缺少自己的观念。

【历史人物的情绪解码】

信任自己

一、韩信的投机

韩信在老家混得很憋屈，去投奔项羽，给项羽出了很多的计策，项羽却没有理会，只让他做执戟郎。心高气傲的韩信一怒之下去投奔刘邦，刘邦也不待见他，让他管仓库，还差一点因他人的连累被砍头。于是星夜逃离，萧何月下追韩信，韩信才没有离开刘邦。在萧何的一再劝谏下刘邦拜韩信为大将，一代军事天才才得以攻城略地，为刘邦开疆拓土，成为西汉开国三杰之一。

二、没有信任自己

韩信将兵，多多益善，他的军事才能十分突出。但他不是一个自己能创立平台的领袖，而是一个需要平台的军事天才。所以他需要投奔一个英雄，寻找一个平台，秦汉之交，英雄唯有项羽、刘邦。韩信先投项羽，再投刘邦，不是投奔，是投机。投奔而去，是放下自己，利益捆绑，一荣俱荣，一损俱损，竭诚事主，生死与共。投机则是借助平台，寻找机会，有利则趋鹜，无利则弃离。所以韩信最后无奈投刘邦，一开始就没有信任，只有投机，只想获利。

三、真正的信任是信任自己

蒯通曾劝谏韩信拥齐自立、三分天下。韩信拒绝了，理由是刘邦对他有知遇之恩，真正的原因是韩信缺乏勇气和胆略。只有对自己信任，才能拥有绝对的勇气和胆略。韩信缺乏的是对自己的信任。韩信临死前后悔没有听从蒯通的劝谏，他的后悔说明他对自己不信任。不信任自己，只好去投靠刘邦，对自己不信任，最后得不到他人的信任，悲剧无可避免。

信任自己才是真正的信任，信任自己才能唤醒真我。

【小结】
1.开放自己，跨出你平常的限制和观点，并以全然不同的方式看世界，让自己成为那个导演和制片人。
2.相信无论想要什么都是可以通过改变达成的，永远相信自己可以做到。

【思考】
1.在哪个方面，你很相信自己的判断？
2.为什么？

第六节　除了你自己，谁也保护不了你

不受伤的原因，是因为不依赖。

情绪特点：
孤单感，内心没有力量，缺少安全感；觉得找不到可以依靠的人；没有寄托，很无助，处在伤感忧郁状态。

情绪真相：
龙应台说：有些事，只能一个人做；有些关，只能一个人过；有些路，只能一个人走。

三个观点让你由内而外地强大起来。

【除了你自己，谁也保护不了你】
历史上有这么一则故事：刘备的儿子阿斗，平素只知道吃喝玩乐，不思进取。诸葛亮一直告诫阿斗要学会自己保护自己，不要整天玩乐，要多修学问，让自己强大起来。可阿斗仍旧不理会，只知道玩乐，最终江山落入其他人手里。

即便有诸葛亮这样的名臣，依旧无法扶起不思进取的阿斗。因为自己的人生只能自己来走，也只有自己才能帮助和保护自己。阿斗的人生只能掌握在他自己手里，不思进取，毫无保护自己的意识，最终只能悲剧收场。

余秋雨在《借我一生》里写道："人生的路，靠自己一步一步去走，真正能保护你的，是你自己的人生选择。"

无论选择怎样的人生，都需要自我负责。

江健夫妻俩非常疼爱儿子，可谓是捧在手里含在嘴里，从小到大事无巨细什么都为儿子打理好。等孩子长大了，他们才发现：孩子除了读书，什么都不会，遇事不会处理，人际不会交往，天天宅在家里害怕出门。他们这才后悔莫及。

你对孩子的保护是短暂的，你不能护他一辈子周全，人生这艘船的方向必须由每个人自己去掌舵。

不要去给别人设限，支持每个人发挥自己的勇气和力量，去做自己能做和想做的事情，我们没有权力去剥夺他人成长的空间，哪怕你是父母也不例外。

【唯有梦想才能让你内心更强大】

最可怕的敌人，就是没有坚强的信念。——罗曼·罗兰

真正的内心强大，建立在对自我价值的肯定，越认可自己的价值，你的内心就越强大，自我价值建立的过程，也就是内心强大的过程。

有的人通过舞蹈实现自己的价值，有的人通过演讲、写作或者音乐，有的人通过创业去实现自己的人生价值，但是无论哪一种，最有力量的，终究是选择自己最热爱的那一个，完成自己的梦想，才能让你笑傲一生。

有这样一则故事：一头老驴掉进了一个废弃的井里，井很深，而且每天都有人往井里倒垃圾，根本爬不上来，没有生存的希望。可是老驴想要活下去。于是老驴每天都把垃圾踩到自己的脚下，踩着堆积起来的垃圾，慢慢地往上爬。终于有一天，它踩着升高的垃圾重新回到了地面。

困难和挑战，就是我们强大自我的奠基石。

所以，请不要对自己说不，请不要对自己设限，你不需要别人保护，你自己就可以。

【激发他人的梦想，才是对他最好的保护】

让一个人意志消沉、甘于平庸、消磨生活最好的办法，就是让他失去梦想。

北京奥运会菲尔普斯豪夺8块奥运金牌，成为全球家喻户晓的体育明星。他有个小粉丝叫约瑟夫，当时年仅13岁的约瑟夫和飞鱼拍摄了一张合影。8年后那个戴

着眼镜的小男孩长大了,他一路追逐着菲尔普斯的轨迹,一步步成长,更是在决赛中与自己的偶像碰面,为自己的国家新加坡夺得了奥运历史上的首枚金牌。历史就是这么戏剧,菲尔普斯也没想到自己能够激励他的粉丝约瑟夫圆梦奥运。

就像亚历山大所说的"命令只能指挥人,榜样却能吸引人"。

所以,让我们成为榜样,用真我的力量去唤醒他人的真我,让我们成为一朵有梦想的云,去唤醒更多云的梦想,让每个灵魂都充满激情的力量。

【历史人物的情绪解码】

真正的保护

一、纵横一生

项羽是一个从小就有梦想的人。项羽年轻时在围观巡游会稽的秦始皇时,脱口而出"彼可取而代也",吓得叔叔项梁急忙捂住他的口,那可是要灭族的。

公元前208年,项羽率5万楚兵,破釜沉舟,战30万秦军,楚兵呼声动天,以一当十,大破秦军。作壁上观的诸侯将领入辕门见项羽,"无不膝行而前,莫敢仰视"。

公元前206年,项羽进咸阳,杀子婴,封天下,火烧阿房宫,载珍宝美女东归。西楚霸王衣锦还乡,此刻梦想成真,意气风发。

公元前203年,楚汉相持,天下未分,"丁壮苦军旅,老弱罢转漕"。本已梦想成真的项羽不胜其烦,喊话刘邦,天下纷争因我俩,愿和刘邦单挑决雌雄以定天下。

仅隔一年,垓下之围,四面楚歌,项羽悲歌慷慨:力拔山兮气盖世,时不利兮骓不逝。骓不逝兮可奈何,虞兮虞兮奈若何!一代枭雄于乌江自刎。

这是千古无二的项羽人生重要的轨迹。

二、梦想是护身符

巨鹿之战,破釜沉舟,惊天动地,神泣鬼悲,这是一个力能扛鼎、勇略过人的勇士加持一颗勃勃雄心所焕发出的让人匍匐而行、莫敢仰视的力量。及至进咸阳,封天下,功成名就,不过三年时间,真正的神勇无二。有梦想的项羽,力拔山,气盖世,逢敌必战,逢战必胜。到了楚汉相争,衣锦还乡的项羽梦想不再,再次面对战火,只能疲于奔命,仓皇应对。梦想不在,激情不在,神勇不在。没有梦想的项羽不再神勇,没有神勇的项羽只有悲歌,甚至连自己心爱的女人都保护不了。梦想是项羽的护身符,有梦想的项羽"其兴也暴";没有梦想的项羽"其亡也忽"。

三、真正的保护是自己的梦想

梦想,是生命的指南针,是实现目标的催化剂。王阳明说:"志不立,天下无可成之事。"梦想是我们生命成长的护身符。唯有梦想能焕发我们的热情,激发我们的潜能,催生我们的行动,增长我们的力量。梦想才是我们真正的保护神。奔向梦想的路上,一切坎坷与荆棘,都是见证我们能够保护自己最好的证明。

【小结】
1. 内心的渴望和梦想,才是最真实的个人属性,唯有梦想的节节推进,才能让你真切感受到自己潜能的激发、力量的积蓄。
2. 奔向理想的路上,一切坎坷与荆棘,都是见证你能够保护自己最好的证明。

【思考】
你的一生,想起来就充满力量的是什么?

第七节 释放能量需要找到出口

释放光芒,才能帮助走夜路的人。

情绪特点:
憋得慌,过去的问题积压在心里,心事太多;每一个经历都是一个伤痛,却没有合适的地方可以说,只能乱发脾气。长期处于压抑的状态。

情绪真相:
雨果说:释放无限光明的是人心,制造无边黑暗的也是人心。
想要拥有一颗光明纯粹的心,一起来学习以下三个观点。

【释放是打破枷锁,输出能量】
我们有太多的压力需要去释放。

生活中处处需要释放，有的人情场上失恋分手，有的人整天被生活琐事忙得焦头烂额，有的人天天挨上司的骂。

我们也有很多才华需要去释放。释放真我、释放能量、释放才华、释放情绪等，既要恢复内心的平静喜悦，也要释放我们内在的激情。

除了释放，我们还需要释怀，无法释怀意味着无法放手，人之所以无法放手，是害怕放手以后没有更好的选择可以代替。

小李在 35 岁这一年的倒计时里，产生了强烈的离职想法。从毕业就来单位，奋斗了十年，总觉得自己不适合这份工作，已经到天花板了，不如趁着 35 岁之前还有斗志去尝试一下突破。但她迟迟没有辞职，因为不知道自己离职之后从哪里开始。如果她此时已经有一个不错的副业，恐怕早就毫不犹豫地离开了。

不能释怀并不一定是不舍得放下，而是担心放下以后没有更好的选择。

一切皆有可能，没有天生我才必有用的气度，哪有千金散尽还复来的胸怀？

【常常回忆成功的案例，去释放失败的记忆】

成功是人人梦寐以求的，然而，成功的途中要承受无数次失败的打击。成功是由许多失败的经验累积而成的，我们现在所遭遇的失败不过是通往成功的一个阶段罢了。

爱迪生在发明蓄电池时，有人提醒他一共失败了 25000 次，但是这位伟大的发明家如此回答："不，我并没有失败，我发现了 25000 种蓄电池不管用的原因。"是呀，成功的背后是失败的堆叠，与其纠结于现在的失败，倒不如想想我们从失败中获得了什么，我们离成功是不是又近了一步呢？

常常回忆成功的案例，把过程中一次一次的挫折，都看作一个又一个台阶，每次失败都是一次排除法，排除了一次错误，就多了一分正确的机会。学会释放失败的记忆，把更多的关注放在这次的收获，为下一步攀登做铺垫。

鲁迅先生是万人敬仰的大文豪，当初他曾选择学医救国的道路，但当他认识到只有拯救国人的灵魂才能救中华时，他毅然放弃学了多年的医术，开始踏足全新的文学领域。正是因为这一次舍弃，他才正式开创出一条拿起笔杆做斗争的全新道路。

满脑子舍不得和满脑子想创造是两个世界。

就像一个屋子实在太黑太冷了，黑屋子里的人，想要消灭黑暗，他们用刀剁、用机枪扫射、用斧头砍、用鞭子猛抽，黑暗依然黑冷，丝毫没有改变。

突然，有人轻轻划起火柴，点亮一盏油灯，满屋子暖暖的亮亮的，什么都看见了，而黑暗却消失得无影无踪。

是的，想要清理负能量情绪，就要用成功的喜悦去代替失败的伤痛，用创造的激情去释放失去的阴影，用爱和光去点亮心中的渴望，活出不一样的自己。

【回到我们本来的样子】

我们本来是什么样子呢？天真无邪、快乐纯粹。

后来我们为什么越来越沉重了呢？那是因为不懂得及时有效地释放自我。

不正确的释放方式只会加重情绪的压抑。

小张因工作上的事天天被上司骂，回到家里又被老婆说没用，一时恼火的他顿时和老婆吵了起来。从此，小张的孩子每天都能听到父母的吵架声，而小张整个人越来越颓废，每天嗜酒来麻痹自己，结果却更加郁郁寡欢，最终得了严重的抑郁症。

像这些事生活中比比皆是，为了避免这些错误的释放方式，我们该如何做到正确释放呢？

首先，要有效释放，找到释放的地点，就像抽烟要去抽烟区一样，倾诉也要找到合适的对象、合适的方法，比如，情绪管理师、心理咨询师、倾听师。其次，是把握节奏感，贵在坚持，均匀地释放，不能像暴饮暴食，也不能一时兴起就逮到个人说个没完，更不能忍着压抑着默默承受。最后，掌握释放的方向性，要往正能量方向去释放。就事论事，对事不对人。

让内在的能量缓缓释放，恢复我们本来就有的纯粹的样子。

【历史人物的情绪解码】

释放的智慧

一、管仲的智慧

一天管仲对齐桓公说，前一年的租税收入有四万二千金，建议把这些钱赏赐给将士。齐桓公答应后，管仲马上召集全军将士，擂鼓一通告诉大家，战事恐怕将要爆发，两军交战，谁能首先攻入敌阵，打垮敌兵？结果将士们一头雾水，面面相觑，没人吭声。管仲连问三声，终于有一个人说："我能！"这个时候管仲说："好！记下名字，战场上如能做到，赏赐一百金。"接下来，管仲又问："两军交战之时，谁能擒获对方的军官？"这次没用三问，立即就有人说："我能！"于是管仲又说："好，记下名字，战场上如能做到，赏赐五百金。"这一下，军人们的豪气被激发起来，纷纷承诺自己杀敌的数量。就这样，四万二千金一会儿工夫就分完了。

半年之后果然发生和蔡国的战争，结果两边的军队根本没照面，蔡军就溃退了。齐国的军队声势太大了，那口号声、锣鼓声，听起来太恐怖。齐军不战而屈人之兵。

二、战斗力的释放

自古军人视荣誉为生命，激发军人的荣誉感就是释放军队的战斗力。管仲独辟蹊径，以预定赏赐为翘板，激发军人血液里的荣誉感。擂鼓三通后的"我能"就是军人的誓言！军前一诺何止千金，那是荣誉之诺、荣耀之诺、生命之诺。预定赏赐，管仲手中舞动的是一根激励棒，杠杆起来的是全军的激情和勇气，释放的是排山倒海、无坚不摧的战斗力。有这样的军队，何敌不克，何城不摧。

三、释放就是输出超强正能量

管仲的智慧妙在利用租税，顺手拈来，正向激励，功成自然。正面情绪的激发，内心的情感伤痛会得到清理，负面情绪的情感垃圾会被冲刷，超强的正能量得以释放。情绪管理的智慧，在于激发正向情绪，释放正向情绪的超强能量。

【小结】

1. 释放就是简单放下，愿意把那些驻扎在内心里无论好的坏的通通都敞开，将自己的负面情绪释放出来是为了更好地放下。
2. 释放才华则是更好地展示自己。

【思考】

你最绽放的时候，是什么打动了你？

第八节　当下可以跨越时空疗愈过去

过去和未来都是剧本，你就是那个编剧。

情绪特点：

对曾经的经历耿耿于怀，对自己过去的表现不满意；觉得那时候我真傻，其实可以做得更好的，假如可以重来就好了；怀念过去不肯放下，是长期抑郁的状态。

情绪真相：
所有美好的未来，都是一个个珍惜的当下组成的。
想要放下过去的牵绊，以下三个观点就是你的良药。

【感谢过去就可以疗愈过去】
总有人一味地沉浸在失败的过去无法自拔。
心理学界有一句认同率非常高的话：幸运的童年疗愈一生，不幸的童年用一生疗愈。
《都挺好》电视剧中的苏明玉，因为母亲严重又不加掩饰的重男轻女思想而深受伤害，以至于长大后愤然离家出走，因缺爱形成疏离而又冷漠的个性，对人对事都充满戒备，很难与人和谐相处。
她痛恨苏大强和赵美兰，痛恨苏家的一切，甚至厌恶自己的出生。
幸好，最后的结局很好，苏明玉原谅了父母，也与自己和解了。但是现实生活里，还有很多带着原生家庭的伤不能愈合的。

如何摆脱父母在为生活打拼时无意中带给我们的伤痛呢？如何勇敢地和父母去坦诚这些伤痛？如何才能原谅自己在过去时光里，所做出的不够妥当的举动？
当你爱你的过去，你就不再受制于它。
当我们能够接纳和链接与父母之间的亲密时，你才会发现得到了精神的自由，就像苏明玉一样。
没有严寒就没有梅香，没有风雨就没有彩虹，如果没有过去的挫折，哪有今天的优秀？正是过去的痛，才成就了今天更好的选择。
出生于战火纷飞时代的奥斯特洛夫斯基，他戎马一生，为自己的祖国燃烧自己无悔的青春，最后写成了不朽的著作——《钢铁是怎样炼成的》。谁都知道他的艰辛和执着，谁都感叹他从一个军官一跃成为荣耀后世的作家，正是因为他经历过，感受过，才谱写出不朽的著作。为什么不去感谢曾经的不幸呢？当你试着感谢过去，你就会有不一样的精彩。
人的一生，就像一台戏，每一个片段，每一个剧情，都是为最后的结局做铺垫；生活中每个事件的发生，无论是挫折还是成功，都会帮到你，让你成为更好的自己。
感谢过去，是一味疗愈过去的药材，因为曾经的经历，才创造了现在的我们！

【当下的模样，是可以改变的】

有这么一则故事，从前有个小沙弥，负责清扫寺院里的落叶，今天刚扫完，明天树叶又落了一地。他想，我今天把树上发黄的叶子全部摇落，并打扫完毕，明天就可以清闲了。于是，他用力摇树，累得满头大汗。可是，第二天院子里如往日一样满地落叶。小沙弥这才明白：世上有很多事是无法提前的，与其幻想未来，不如认真地活在当下。

改变当下，就是踏踏实实做好此时此刻的每件事。

小张嘴里时时念叨着要改变当下，要做出一些和往日里不一样的尝试，今天报书法班，明天又想学摄影，三天打鱼，两天晒网，结果一样都没学成，还天天炫耀自己敢于尝试新的领域。显然，这并不是认真地活在当下，而是活在当下的虚假的表现里。

【未来可以是我们选择的任何模样】

杨澜说："决定你是什么，不是你拥有的能力，而是你的选择。"

生活中的每一天，我们都会面临无数的选择，小到一菜一蔬，大到人生理想、生活方向。而每一次的抉择，都将带来不一样的结果。你现在所处的状态都是五年或十年前的选择决定了的，而现在面临的选择，也将决定十年后你的状态。

看过一个故事：有两只蚂蚁想翻越一段墙，寻找墙那头的食物。一只蚂蚁来到墙脚就毫不犹豫地向上爬去，可是当它爬到一大半时，由于劳累跌落了下来。但它不气馁，一次次跌下来，又迅速地调整一下自己，重新开始向上爬去。而另一只蚂蚁首先观察了一下，决定绕过墙去。很快这只蚂蚁绕过墙来到食物前，开始享受起来。而第一只蚂蚁仍在不停地跌落下去又重新开始。

和蚂蚁的未来一样，不同的选择有不同的未来，而未来的选择权在我们手中。

满脑子装着你想要的样子吧，然后在每个当下，一点一点去推进，成为你想要成为的那个人。

【历史人物的情绪解码】

时空的流动

一、掘墓鞭尸的伍子胥

伍子胥是楚国人，公元前522年因父兄被楚平王杀害，伍子胥死里逃生，一路逃到吴国，从此走上复仇之路。他被吴王阖闾重用，成为吴国大臣。公元前506年，伍子胥带领吴国军队攻入楚都，掘楚平王墓，鞭尸三百，以报父兄之仇。复仇之后的伍子胥继续辅助吴国夫差，西破强楚，北败徐、鲁、齐，使吴成为诸侯一霸。公元前484年，夫差听信太宰伯嚭谗言，令直言敢谏的伍子胥自杀。伍子胥自杀前对门客说："请将我的眼睛挖出置于东门之上，我要看着吴国灭亡。"夫差知道后用皮革裹尸沉伍子胥于江中。伍子胥死后九年，吴国为越国所灭。

二、伍子胥的怨毒

伍子胥的复仇堪称悲壮。逃亡途中历尽艰险，沿途乞讨，一夜白头，几度生死。十六年之后，伍子胥终于攻破楚国郢都，大仇得报。十六年里他生活在仇恨中，覆没楚国还不足以解他十六年的心头之恨，他将楚平王掘墓鞭尸，足见郁结于他胸中的怨毒仇恨有多深重，多可怕。鞭尸三百，让伍子胥的怨毒在那一刻得到了宣泄，但是那个心理创伤还在，以至于被迫自杀死前也满含怨毒。连司马迁写到这里也不由感慨：怨毒之于人甚矣哉（怨毒对人来说太可怕了）。

三、什么是最好的疗愈

父兄被害的悲剧，让伍子胥从此再没有走出来。他固着在那个时空里，逃难的生死艰险使他更执着于这份情感的固着。司马迁说他："志岂尝须臾忘郢邪？"（他的心何尝有片刻忘记郢都之仇呢？）十六年的时间里他都沉浸固着在那一刻，远在千里之外他都时刻回望固着在那一刻。强烈的复仇欲望，使他的时空凝滞固化，大仇得报也没有疗愈伍子胥，他心中的怨毒，终使自己被革尸沉江。司马迁一声长叹："悲夫！"

真正的烈丈夫大英雄，是走出时空的固着，让时空流动，让情绪流动，让爱流动起来，在流动中疗愈自己，疗愈他人。时空的流动，才是最好的疗愈。

【小结】

敬畏你遇到的那些挑战和挫折，它们存在的意义，就是为了带给你更多的光亮，它们强化了你的力量，坚定了你改变的决心，使你内在最美好的品质都被呈现在世间。

【思考】

1. 你有想起来就心痛的事吗？
2. 想一想你应该如何感恩它？

第九节　人格是父母的人设

不要让习惯淹没你。

情绪特点：
讨好型人格，不由自主关注他人的需求，习惯性看别人脸色行事又心有不甘。经常会问自己：我为什么总迁就别人、讨好别人呢？为什么我活不出自己的样子？不甘心做别人的傀儡，又觉得下不了狠心，处在自责状态。

情绪真相：
生命中真正的伟大，就是做自己的主人。
想要做自己的主人，以下三个观点需要你充分地了解。

【人格是父母的人设，天性才是自己专属的品格】
　　每个人，从小就开始感受父母的各种期盼，并尝试用各种方法取悦父母，因为这样能够最大限度地保障父母不遗弃我们，或者更爱我们，直到找到被父母完全认可的方式方法，我们才有了安全感，然后我们就会反复使用这些方法让我们的父母开心，直到我们固化了自己。
　　小孩们逐渐懂得，只有做了父母想让他们做的事情，才能得到父母充分的爱。
　　人格就是这样被设计出来的。这就是真相。
　　但其实，我们的内心一定有很多与父母、社会和制度完全不同的渴望和冲动，这些冲动被压抑之后，会演变成内心的挣扎，我们一次又一次地背叛真实的自己和否定真实的自己，最终就会对自己内疚，感觉对不起自己。
　　我们在日渐成熟的过程中，渐渐地发现了这个秘密，就会心有不甘，想要掌控自己命运的想法就会日益盘旋在心头。
　　有个孩子，小学的时候读最好的小学，在班里成绩却倒数第一，特别爱玩，后来初中、高中都考了最差的学校，高考的时候，老师让她回家睡觉。这孩子的妈妈看孩子喜欢画画，就激励她去追求自己的梦想，因为她只喜欢画画，想要做世界级的设计师，于是父母让孩子放弃文化课，专攻英语和设计。后来孩子居然考到了意大利艺术学院，毕业的时候到阿玛尼服装公司做实习生，结果她设计的实习作品被阿玛尼首席设计师看中，于是，26岁时她就成了全球首席设计师的第一助理，成为最年轻的华人女设计师。

孩子是什么，就让他做什么，西瓜永远成不了苹果，葡萄也成不了草莓。每个孩子都有自己的天赋和价值。

有些孩子早早地就开始闪耀光芒，有些孩子需要时间和耐心精心打磨，慢慢地呈现，他有可能不是一颗耀眼的钻石，但也温润如玉。

【检查一下你的人格基调】

每个人注定要拥有自己独特的一生，任何人都无法复制。有的人热衷于开拓创新，喜欢用商业模式改变人们的生活，如比尔·盖茨和乔布斯；有的人天性善良，他们认为人生的价值就是传播爱和慈善，就像特蕾莎修女；有的人喜欢探险，有的人心灵手巧，具有匠人精神，有的人，甚至喜欢默默地做一个园丁。

我们每个人都有责任去看清自己，你的人格基调里都有些什么？

单位里请了一位培训大师，其中有个环节是每人发五颗红色珠子，代表喜欢；发三颗黄色的，代表一般；再发两颗黑色珠子，就是不喜欢。大师用一个方法，让大家把珠子不记名放在同事的专用袋子里，代表你对每个同事的喜爱程度。小艾信心满满，觉得自己应该属于比较受欢迎的人，当打开袋子的那一刻，她蒙圈了，她收到九颗珠子，有六颗是黑色的。

世界卫生组织曾经指出：70%以上的人会以攻击自己身体器官的方式来消化自己的情绪，将委屈、孤独、无法排解的压抑、愤怒一口一口吞到肚子里，这就是我们的人格真相。

【经济独立，不如人格独立】

人为什么要努力？

知乎上对于这个回答得到最高赞的是，为了让自己更独立，当你看到喜欢的东西，不必担心自己的余额，不用顾虑别人的脸色。

经济独立才能人格独立，生活独立才能思想独立。

与其下雨时等别人送伞，不如在自己包里放一把伞；与其等一个人来接你回家，不如自己开车随时出发。

你以为人生最糟糕的事，是失去你最爱的人，其实最糟糕的事情，是你因为爱一个人，而失去了原有的自己。

我有个个案，一个女孩结婚的时候偷了爸爸妈妈的积蓄给爱人投资，结果血本无归，卖掉自己的首饰给孩子上学，被老公发现暴打一顿，说她私藏想独吞家里财物，而当她提出离婚时，父母又跳出来反对，理由是离婚的女人会被人看不起。

我告诉她，一个人格独立的女人，做自己想做的事，嫁给自己想嫁的人，都没有错，离开已经不爱的人，也是你自己的选择。

一个人格独立的人，不但在经济上要独立，在尊重自己的选择的同时，也要有勇气承担自己选择带来的后果，如此，才是人格的健全。

【历史人物的情绪解码】

人格的完善

一、智果的预言

晋国大臣智宣子准备确定智瑶为接班人时，智果劝谏说，智瑶有五贤，"美鬓长大（身材高大、相貌堂堂），射御足力（擅长射御、孔武有力），伎艺毕给（技能出众、才艺超群），巧文辩惠（巧言善辩、文辞优美），强毅果敢（坚强果决、刚毅勇敢）"，但有一个缺点即不仁。如果立智瑶，智族必灭。智宣子不听。智瑶继位治理晋国，就是智襄子。智襄子权势在握，目中无人，取笑赵襄子，戏弄韩康子，侮辱段规。智果劝谏他，智襄子说：别人的生死祸福都由我一言而定，我不去降下灾祸，谁敢兴风作乱。

后来智襄子借口赵襄子不听话，联合韩魏两家攻打赵襄子，结果被赵襄子暗中联合韩魏两家大败智襄子，斩杀智襄子，灭了智族。赵襄子漆智襄子头颅，作为饮器。

二、人格是父母的人设

司马光认为"德者，才之帅也"。才胜德是小人，德胜才是君子，德才相配是完善的人格，是圣人。智襄子有"五才"，却缺仁德，是典型的才胜德的小人。司马光评论智襄子之亡，在于"才胜德也"。人格的形成主要来自原生家庭的影响，智宣子培养出智襄子的"五贤"之才，却没有教育出他的仁德之心。缺德之人，人格没有完善，让他身居高位，结果害人又害己。

三、人格是自己专属的品格

人格是个人带有倾向性的、本质的、比较稳定的心理特征的总和。通过后天努力，人格可以不断完善。儒家提倡通过内外兼修，完善人格，追求德才兼备，达到内圣外王。人格是自己专属的品格，通过后天的诚意、正心、修身，可使人格不断完善，达到至善的境界。

【小结】
1.卑微和将就，只会越来越让你远离自己，人生从来都是靠自己去成全，精神独立、经济独立、思想独立，灵魂才能挺拔。
2.不管是物质上还是精神上，安全感的本质，都来自我们自己。

【思考】
你的性格哪些受父母遗传和影响，哪些是自己的个性呢？

第十节　诚信的第一条是对自己的觉知诚实

诚实面对自己，不必说服别人相信你的信念。

情绪特点：
过度思考引发过于担忧，越想越不知道该怎么办。他说过会永远爱我的，万一变心怎么办？用经验判断问题，用其他人的故事来对比自己，处在患得患失的浮躁状态。

情绪真相：
诚实地面对每个觉知和感受，你就会离真相更近。
如果你也想做一个靠近真相的人，那么以下三个观点你需要了解。

【我们所受的苦，99%是自己制造的】
有位心理专家说过：内在诚信是一切心理成长的基石。
我们总是在不断思考着过去和未来，因此，我们不断生活在悔恨、焦虑等情绪之中，而经常忽视当下纯粹的体验，忽视去感受自己。我们总是关注着外在世界，却很少去关注自己的内在世界，殊不知，内在世界才是一切现实的根源。
当你与自己的内在觉知断联时，你就会依赖思考，推卸责任。只有当我们拥有内在诚信，与内在觉知做真实链接，并真正接受内在自我，才会停止狡辩，正视自己。

小王是一个很优秀的女孩子，但是她经常和我说她过得并不开心，她觉得父母和领导对她都不满意，她自己也很讨厌自己，对自己周围的环境、对自己拥有的一切都是悲观的态度，有段时间甚至觉得自己已经有了严重抑郁倾向。后来通过情绪管理师沟通疏解，她才渐渐意识到，其实是自己对自己有很多的评判，最不喜欢自己的人，恰恰是她自己，她很少倾听自己内心真实的感受，很少把精力集中在当下的自己，也不愿意面对内心真实的自己，每天思前想后，就是不活在当下，每天指责这个挑剔那个，就是不审视自己，所以才会总是觉得自己很糟糕，并且觉得外界一切都不美好。当她认清这个事实之后就开始学习如何与自己链接，学习冥想，学习如何踏实放松地做好每件小事，她慢慢摆脱了焦虑抑郁等情绪，接纳真实的自己，变得舒展自如，精神状态好了很多，越来越能体验生命的美好，生活也越来越有张力。

内在世界是所有痛苦的真正的起因，我们所受的苦，99%是自己制造的。你看到自己的懦弱、自私、狡猾，还有你的小心眼、猥琐，你的浮躁甚至幼稚，你会很鄙视自己，会因为感觉自己像个垃圾场而非常自卑，所以你把它们隐藏起来，不让自己看到，也不让他人看到这些秘密的一面，但是它们是真我的一部分，它们无处藏身，你越是隐藏它们，它们就越是折磨你。

事实是，所有人都是有弱点的，区别是有人承认它接纳它，并觉得那恰恰是自己最可爱的地方；而有的人却一直在回避，在隐藏，所以特别受折磨。

想要获得真正的幸福，首先我们需要学会与真我链接，承认自己不够完美的真实。

小李天生皮肤比较黑。由于近些年来互联网宣扬一白遮百丑等制造了很多容貌焦虑，小李也受其影响，对自己哪里都不满意，买各种护肤品想变白。后来小李发现，自己不管怎样努力，就是达不到网络上那些美丽女生的标准，渐渐地越来越自卑，甚至不敢在自己喜欢的人面前出现。后来她尝试与内在自己对话，渐渐明白漂亮不是自己的唯一价值，自己如此渴望变美其实只是因为小时候只顾读书压抑了自己的爱美心，以及恐惧被他人嫌弃。如今她接纳了自己的这种不安与需求，也接纳了自己原本的身材和样貌，结果发现自己越来越爱自己，越来越落落大方，反而越来越受欢迎。

当你与真我链接，当你不再批判自己，当你接纳自己，你就会变得宁静而幸福。

【改变你的内在世界，你的外在世界就会随之改变】
活在当下，你能更多地体验到生活的美好。——李尔纳改变内在世界，需要活在当下，与真实的自己链接，与自己的觉知链接。活在当下，你能更多地体验到生活的美好。

比如，品尝食物时，不再想着等会儿要去上班而是好好地感受食物的味道；洗澡时，感受水流淌过身体，感受身体的放松而不是想着白天发生的烦恼事；关注此时此刻身边人的感受，而不是想着他们曾经哪里做得不好惹你生气了；散步的时候，感受自然的微风和树叶的摇曳而不是惦记着没完成的工作；跳舞时感受音乐和肢体的舞动而不是别人的眼光；学习时关注当下的吸收而不是与他人比较进度或者成绩。

活在当下的美好体验中，你没有时间和空间去批判你自己或他人，你不用让自己迷失于寻求别人的接受和认同之中；你不再会对死亡充满恐惧，而是更加喜欢生活；你会变得越来越勇敢，越来越敞开，越来越充满爱，越来越多地体验到生活的美。

【撕掉思考的面具，诚实地面对自己的每个觉知】

思想是一切问题的根源，痛苦不在事实中，而是在思虑中。

如果你打一下牛的脸，牛会有即刻的疼痛，但是当这种疼痛消失后，它就不再痛苦，也不会对它的心理造成什么影响，这是因为动物几乎没有思维，它们只会认为这是一个手起手落的动作，并且它们的记忆是很短暂的，这一巴掌既不会被赋予意义，也不会留存在记忆里。然而，如果是人的脸被打了一下，除了当时脸上的痛楚外，心里肯定是翻云覆雨了，因为人有思维，会对其进行解读，从而给这个动作"想出"了很多的意义，并且它会长期地留存在人的记忆里，让人在之后的时间里不断揣摩这一经历，然后无限扩大它的影响力。比如，打我的原因是什么？他是不是对我有意见？我该如何回击？以后怎么办？等等。

思想就是罪魁祸首，思想总是在作怪，它总是制造问题。思想将事实转化为想象而创造出痛苦。但是如果你过着一种具有内在诚信的生活，你就可以阻止过度思考。内在诚信就是看见那里有什么，不去评判它为好的或坏的，正确的或错误的，诚实地面对自己的每个觉知。当你如实接纳自己，当你停止评判自己，当你爱自己时，你就处于一种突破状态。

让我们撕掉面具，诚实地面对自己，让力量回归本源，尽情地享受生活。

【历史人物的情绪解码】

难欺者心

一、脱千金之剑兮带丘墓

延陵季子，春秋时吴国著名的政治外交家。一次吴王派遣季子出访各国，途经徐国，受到徐国公的热情接待。徐国公当时看到季子挂于腰间的佩剑甚是喜爱，但又不好意思开口相求。季子把一切看在心里，因为要出访，不便相赠。待返程途经徐国时，徐国公却已去世。季子悲伤不已，在徐国公墓前祭祀后，慨然解下佩剑，挂在徐国公墓旁的松树上。侍从不解，他说："我内心早已答应把宝剑送给徐君，难道能因徐君死了就可以违背内心的誓言吗？"徐国人传颂《徐人歌》赞颂季子："延陵季子兮不忘故，脱千金之剑兮带丘墓。"

二、诚信是对自己的觉知诚实

季子不忘故交，即使在徐国公去世以后，仍然毫不犹豫地将当初心中默许赠剑之事付诸行动，解下十分宝贵的佩剑，用带子把它挂到了徐国公坟墓前的树上。诚信是最动人的美德。君子每日三省之一就是"与朋友交而不信乎"。承诺是人之信，诚信则是践诺守信。季子的脱剑挂树，是对友情的珍惜，更是对自己内心承诺的坚守，闪耀着人性的光芒。

三、守住自己的心

诚信就是以真诚之心，行信义之事。诚信是人的立身之本。孟子说："诚者，天之道也，思诚者，人之道也。"信，分两种，一种是言说之信，一种是心许之信。守言说之信不难，因为天知地知，你知我知，有无数双眼睛盯着。守心许之信实难。心许之，天地不知，你不知，只有我知。诚信实乃守心，守己心，是守自己。

可畏者天乎，难欺者心也。

【小结】

1.思虑本是一种假设，而你却信以为真，如获至宝，殊不知已掉进痛苦的深渊。在关系里，我们总是用这样的假设在相互伤害，造成痛苦。

2.当你感受对方，当你觉知自己，当你在每个当下都诚实地体会每个感受，你就正活在真实的世界里。

【思考】
感受自己和他人的互动，经常采用的是思考模式，还是感受模式。

第十一节　快乐的行动目标让你无须坚持

践行者才是真权威。

情绪特点：
对自己的放弃自责，责备自己不够坚持；经常晚上想想千条万条路，早上起来还是走老路，想成功可是太难坚持了，坚持不下去，处在自责紧张状态。

情绪真相：
歌德说：谁不主宰自己，就永远是一个奴隶。
想要找到坚持的内驱力改变这种状态，以下三个观点能告诉你答案。

【最完美的行动是心加脑的行动】
最完美的行动就是心加脑的行动。先启动内心的能量，再发动身体的力量。

秦是个快乐的胖子，他的工作和家庭都很普通，但是，只要说起美食，他的眼里就发光。他从小就是个吃货，整个市区每一家饮食店，他都能说出特色和不足。上班三年后，他辞职和发小郭合作开了一家餐馆，他负责菜品，让顾客赞不绝口，秦乐此不疲，每天在厨房忙得不亦乐乎。

而郭呢，完全是一个文艺青年，在他的世界里，只有诗和远方，他常常笑话秦是个土猪，除了吃其他都漠不关心，当秦拉他合伙，他下巴都惊得快要掉下来：让我长期待在那么油腻又俗气的场合，你是想要我的命吗？坚决不干！

拗不过好友的死缠，郭想了三天三夜，终于想出一个两全其美的方案，要求餐厅的装饰要按照他的思维和格调来布置，秦当然求之不得，于是，一家又浪漫又美味的餐馆诞生了。

所以，你可以为了你的梦想去快乐地行动，也可以为了责任去选择快乐的方式行动。

【快乐地行动比行动本身更重要】

在动物界，如果不是为了寻找丰美的水草，非洲大草原上的动物也不会年复一年地迁徙；同样地，在人类社会如果不是为了寻找一生的舒适安稳，那些形形色色的人也不会披星戴月地忙碌。当有一件事情需要坚持去做的时候，直接蛮干是不可取的，应该首先去寻找可以享受其中的理由，找到完成这件事情可以给自己带来的快乐。

韵报了一个书法课，但觉得枯燥无聊，进步也不明显。上课时不专心，还想方设法逃课。后来有一次她完成一篇书法作品，然后发给自己的朋友看，得到了朋友们逐字的表扬，开心之余她深受启发，接着根据自己的进步程度给予自己奖励，比如，吃顿好吃的，或者买个小礼物。韵渐渐喜欢上了书法课，后来有了优秀的作品都会赠送给自己的朋友，还经常发朋友圈嘚瑟一下，常常获得一片好评。

这就是在享受中坚持下去的意义。

《论语》说："知之者不如好之者，好之者不如乐之者。"

我们在行动之前，可以先思考是否有充足的驱动力来支撑我们行动，把复杂的问题简单化，就是怎么快乐怎么来。

领导分别交代给江和洪一件烦琐的工作，江拿到工作后马上着手进行，但迟迟理不出头绪来。洪发现其中一个关键步骤正好在自己在家看的一个视频里有讲到，就回家认真仔细看完了视频，他发现做这件工作可能对自己的职业规划有很大的帮助，当第二天再去快乐而顺利地开展这项工作的时候，那一边的江经过一夜的折腾已经自暴自弃了。

【生活看似有很多选择，实际上只有快乐这个选择最重要】

在行动之前要谨慎，因为我们所有的行动，必然要付出相应的代价。尤其是为了生活做出的行动。世上有那么多行业可以成为自己的工作，也有那么多的异性可以成为伴侣。但最终我们只能选择一份事业，也只能选择其中一个人结婚，我们要选择最合适自己的，以及能让自己愉悦和快乐的。人只有一次生命，尽管我们不可能每次行动都妥善思考，但开始重大行动之前一定要谨慎，我们要遵循快乐这个原则。

我们能真正拥有的只有这百年时光。让快乐去支配行动，才能义无反顾地将生活经营得更加有声有色。

所以，终极的行动就是为了快乐和行动，有乐趣的行动才有意义和价值，苦中作乐也是生存的法则。

【历史人物的情绪解码】

苏武的行动

一、苏武牧羊

苏武，西汉时期杰出的外交家、民族英雄。

公元前 100 年，苏武奉汉武帝之命出使匈奴。部下张胜和匈奴人串联图谋反叛，事情败露牵连苏武。苏武以死报国，拔剑自刺，被匈奴救回。匈奴想尽办法劝降，苏武誓死不答应，于是就将苏武迁至北海（今贝加尔湖）放牧。苏武到了北海，只能掘野鼠所储藏的果实吃。后来他放牧的牛羊被人盗走，苏武陷入穷困之中。在苦寒之地，苏武贫困交加，但他依旧每天拄着汉朝的节杖牧羊，平日起居都拿着，节旄慢慢地全部脱落。公元前 81 年春，在汉使的营救下，手持光秃秃汉朝节杖的苏武才回到长安。《汉书》赞其"使于四方，不辱君命"。"苏武牧羊"成为坚贞不屈、忠贞爱国的象征。

二、用每一天的行动诠释爱国的忠贞

当张胜事发，他拔刀自刺，想殉国而死，但断气半日又被救回，绝境中他想杀身成仁何其难也；当队友纷纷投降，需要有人持节而立时，面对砍头威吓和断水绝粮的囚禁，他想求生又何其难也；苍凉的北海，面临酷寒、贫瘠、病痛，他想活下去又何其难也；无数次高官厚禄的劝降，要在贫病交加中抵抗诱惑何其难也。

忠贞爱国，一个非常抽象的概念，苏武用自刺求仁、痛骂求死、荒漠吞雪、掘鼠求生，让它具体起来，坚实起来；他用挺立的节杖让它丰满起来，立体起来。在千万艰难中，始终手持节杖的苏武用每一天的行动，使"苏武牧羊"成为一个激荡千年的象征：坚贞不屈，忠贞爱国。

三、行动是让梦想变成现实的工具

苏武的行动，何其艰难！但他手中持节，心中立节，一天一天地行动，一步一步地行动！行动是什么？行动就是让抽象变成具体的行为，让梦想变成现实的工具。行动是梦想最完美的注释。

【小结】

想要成为一个幸福的人，需要有一个明确可以带来快乐和意义的目标，未来不只需要苦行僧般的修行，更需要快乐来支撑，重视当前的快乐，才有可能积极乐观地去追求更深层次的生命意义。

【思考】
1. 每天的行动，有哪些是和自己的梦想关联的？
2. 有哪些是向快乐出发的？

第十二节　你可以干只赢不输的事

能在失败中觉醒的就是强者。

情绪特点：
输不起，输了很丢脸；比赛输了就会受打击，感觉下不了台；报名参加比赛就紧张，万一又输了怎么办？太功利了，真不想参加。这是处在焦虑的状态。

情绪真相：
胜败悲喜乃人间常情！
想要看破输赢得失，避免掉进胜败困扰，让以下三个观点帮助你。

【你可以做只赢不输的事】
祸兮，福之所倚；福兮，祸之所伏。——老子《道德经》
很多人承受不了输的后果，因为太想赢了。有输赢就会有恐惧，当你的能量不强的时候，做一些有输赢的事，对你来说不是最好的选择。
宿舍里只有四个人，老师让选出两名代表去参加活动。小李提议通过抓阄的方式来决定，因为有人去了就必然有人去不成，大家都是好朋友，也不想钩心斗角。用最简单的方式来决定去留，这是个没有输赢的方式，是一个大家都能够坦然接受的方式。
我们可以去做一些只赢不输的事情，如学习，如看书旅行，如和好朋友在一起开心快乐地玩，只赢不输的事情才是我们心底里面真正想要的。
所以，"输赢"这个词提示我们做事情之前，要先评估一下，是只赢不输的还是有输赢的事情，如果是只赢不输的，那毫不犹豫就去做，如果是有输赢的，那就要掂量一下，是否有愿赌服输的精神，是否可以承担输的后果，提前做一下心理建设。当然，如果你能够把暂时的输也看作赢的成长，那你就是无敌的。

公司里鲁在炒股，有时候赚了开心得不得了，请大家喝饮料，有时候赔了就黑着脸，工作都不能好好配合。而杜知道自己承受不住这些波动，工资发下来就默默存定期，拿着微薄的利息却从来不会赔，稳赚不赔和只赢不输是同一个道理。

在关系里，有时候我们意见不合也会要争个输赢，其实你也可以只赢不输，你先让他赢，赞同他说的有道理，称赞他有头脑，真诚地去认同他说的有道理的那个部分，然后等他觉得不好意思了，再来和你好好商量，你就赢了。

【比赛不是为了输赢，而是为了提高】

刘墉说："这个世界不会以一时的成功论英雄，也不会以偶然的失误判输赢。"

对别人的输赢不要评判。看起来他输了，也许他自己认为赢了。比如，一些成功者急流勇退，有的人就会觉得他输了，你看他在那么高的位置上掉下来了，觉得他是懦弱的无能的，但是可能在别人的心里已体验过了高峰，想要体验一下平淡的生活而已。

有的人故意输，让你赢。因为爱你，因为你开心他才开心。所以一定不要去评判别人的输赢，每个人对输赢定的标准是不一样的。

体育赛事里的"友谊第一，比赛第二"，奥林匹克运动会的"更高，更快，更强"，其实都是说在比赛中，比输赢更重要的事情就是自身的提高，要有更广阔的胸襟去看待输赢。

同样是一场比赛，我们看到慧因为输掉比赛而自暴自弃意志消沉，也看到陈因为赢了比赛而骄傲自满，整天请吃饭来广而告之。而拿个铜奖的健关心慧的同时，专门了解她输掉比赛的原因，又在饭桌上请教了陈赢得比赛的撒手锏和平时的训练方法。健坦然面对这次比赛的结果，吸取其中的经验教训，追求进一步的提高。

走上社会，就意味着走进合作。如果感受到竞争的压力，就意味着合作意识的薄弱。

面对一场比赛，总想要把别人比下去，才会有输掉的恐惧。共同合作去完成一场赛事，尽情展示自己，让彼此分享各自的优点，这才是比赛的初心。

真正的对手是过去的自己，让现在的自己优于过去的自己，你就是胜利者。

【比拼只是一份体验，成长才是最终目标】

这世界除了心理上的失败，实际上并不存在什么失败，只要不是一败涂地，你

一定会在下一次取得胜利的。——亨·奥斯汀

看清输赢的意义，其实就是认清行动本身。输赢只是暂时的高下，无法决定生命的高度。执着于输赢，反而可能丢掉人生的本真，只有徘徊在原地出不去的人，才是真正的输家。

历史上楚汉争霸，汉王刘邦对阵西楚霸王项羽失败了七十一次，但在第七十二次的时候取得成功，完成了国家的统一。在之前的输赢里，刘邦只是认真扮演了一个属于自己的角色。他并没有执着于意气之争，也没有消沉于暂时的失利，而是在屡次失败中积累力量，完成布局，最后一仗拿到了自己想要的结果。

让我们变优秀的不是冠军的头衔，而是每一份体验，很多时候在失败中学到的会更多，为别人的胜利高兴，也是强者的表现。

从每个经验中学习能够使自己成熟的部分，这其实是最大的胜利。

【历史人物的情绪解码】

输赢有定数

一、宋康王的赢和输

宋康王是战国时宋国的国君。宋国是个小国，但是宋康王好大喜功，出兵灭掉滕国，进攻薛国取胜，向北边进攻齐国取五城，不断的胜利使宋康王更加自信，于是向南攻打楚国，拓地三百余里，又击败魏国，占据二城，可谓战无不胜。胜利使宋康王更加膨胀，他用皮袋子装着血，把它挂起来用箭射击，他要"射天"；用鞭子鞭打土地，他要"笞地"。宴饮之时，皆呼万岁，从堂下呼应到门外，到整个国中，无人敢不呼万岁。迷失自我的宋康王沉溺于酒色，残害百姓，公元前286年，宋国发生内乱，齐国顺势举兵灭宋，杀掉宋康王。

二、数胜而亡的定数

宋康王多次以小击大，以弱胜强，是个有为之君。但数胜之后就自我膨胀到冲天破地，以致国灭身死。司马光认为胜败输赢有它偶然的意义和必然的宿命，输有输的意义，赢有赢的警示。膨胀于胜利的迷思中，失败是必然。"胜败乃兵家常事"，不沉陷于失败的迷雾，不迷失于胜利的自矜，才能走出输赢的定数。

三、在输赢中成长起来

人生漫漫，有很长的道路要走，赢不足喜，输不足悲，淡然看输赢，在输赢中

感悟它的意义和警示，在输赢中成长起来，以一份敬畏和虔诚面对人生。

【小结】
1. 比赛的输赢只是一场试验。
2. 不为输赢的表象所累，只为自己要履行的责任寻找意义和驱动力。

【思考】
感受你曾经参加的角逐，胜利后的心理和未获名次的感觉有哪些不同？

第十三节　财富是服务的回流

货币的交换和能量流通，是天壤之别。

情绪特点：
说到赚钱就头大，太难了。为什么人家挣钱那么容易？感觉没钱被人看不起，运气不好很悲摧，没有发财的那个命，处在匮乏感状态。

情绪真相：
既会花钱又会赚钱的人，是最幸福的人，因为他享受两种快乐。——塞·约翰生

想要获得财富秘诀，以下三个观点必须要知道。

【钱也是表达爱的一种方式】
钱除了是物质的保障，还是爱的表达；钱也是嘉许，是礼物，是奖励，是世界对你的肯定；钱是投票器，谁喜欢你，谁信任你，就会在你在意的地方投资给你。

虽然我们不能以赚钱论英雄，不能把挣钱看作衡量成功的标准，但至少钱能解决人生中很多难题，让我们更容易靠近幸福。

生活里，钱是我们与在乎的人之间有温度的沟通方式，金钱和感情是一种相互促进的关系。

【值钱比有钱更重要】

一切服务或产品的背后，都有强大的能量在跟进运作，这才是真正的财富价值所在。

有的人，只看到货币的交换；有的人，接收到的是物品背后爱的能量。这两种人生，是天壤之别。

努力成为让别人需要你的人，有多少人需要你，你就有多值钱！

人一辈子活着有两个追求：一个是有钱，一个是值钱。有钱的人不一定值钱，但值钱的人早晚会有钱。

有人说，我不好意思赚人家钱。如果你觉得不好意思赚人家的钱，那只能说明你的爱还不够，你的爱还拿不出手。

有一次，我因为拜访一位老师，顺便在他家楼下的便利店买了几样蔬菜，结果发现，这家的老板真的很会做生意，小小十几平方米的面积，居然有八十多种菜品，而且都很新鲜干净，摆放也是整整齐齐，选择起来非常方便。就这样，我在这家店的一次偶然采购，让我从此爱上他家，居然每周都要两次跨越几个小区，绕过一个大菜场，直奔他家采购，连续消费了三年。我从来不知道老板姓什么，也没有问过菜品的价格，就是觉得，去他家买菜，很新鲜，很放心。

所以，当你足够为客户着想，你的项目就成了财富的管道，不断地输出爱，也不断地吸引财富。

【做一个内心富足的人】

人生最本质的财富，是你自己，你自己就是一座巨大的金矿。

做一个富且有爱的人，做一个内心丰盛富足的人，做一个内在富可敌国的人。怎么样的人才可以称得上富贵呢？那就是心中没有缺憾，我总是做我想做的事情，我所有做的事情都是我愿意去做的，所以没有遗憾。

据说，一个记者跟踪采访了一千个临终的人，记者问他们：你还有什么话要说吗？有九百九十九个人说的都是还有什么想做的没有去做。可见！人生最大的遗憾就是没有去做自己想做的事情。

所以管它什么世俗的成就，世俗的功名利禄，我们能够去做自己想做的事情便是一个富足之人。

【历史人物的情绪解码】

真正的财富

一、范蠡救儿

范蠡的二儿子在楚国犯杀人罪,范蠡准备派他的小儿子去楚国解救。大儿子坚决请求让他去,认为这是长子应担负的责任,否则要自杀。范蠡只得让他带着千金和写给好友庄先生的书信前去。看到庄先生家境贫寒,大儿子呈上书信和千金后并不放心,便在楚都留下来,又用金子去贿赂楚国的当权者。

庄先生虽身居陋巷,却是楚国的名人,上自楚王下至百姓都把他当成师长来尊敬。庄先生找机会说动楚王大赦天下。范蠡的大儿子听说天下大赦,觉得并非庄先生的功劳,于是他借口辞行又到庄先生家里把金子要了回来。庄先生羞愧为一个年轻人所耍,于是又设法说动楚王处决了范蠡的二儿子。最终范蠡的大儿子只得拉着他弟弟的尸体回家。

二、不同的财富观,不同的命运

范蠡看到二儿子的尸体,并不意外。他认为老大和老三不同的财富观,造成了老二不一样的命运。老大从小跟着父亲一起艰辛操劳,吃过苦受过累,知道生计的艰难,舍不得钱财。正是对财富珍惜万分,使老二活而复死。老三一出生就见惯了父亲的富贵,乘高车,骑大马,行围打猎,不知道钱是怎么来的,随便挥霍,从不知道吝惜。挥金如土反而能使老二死而复生。是老大的坚决请求,使范蠡放弃了初衷,造成了老二的死。

三、真正的财富来自内心的充盈富足

童年的苦难遭遇形成的内心匮乏感,即使长大后有富可敌国的财富也难以消弭。外在的丰盈无法消除一个人内在的匮乏,只有内在丰盈才是真正的富足。

真正的财富是内心的充盈富足。

【小结】

1.珍惜钱交换获得的礼物,比执着钱更有意义。

2.让自己值钱,比有钱更有价值。

【思考】
1. 在什么情况下，你的内心是匮乏的?
2. 在什么情形下，你的内心是富足的?

第十四节　安全感是你相信自己的感觉

信能力，是安心的基础。

情绪特点：
没有安全感，担惊受怕；害怕孤单，害怕人家不要我；害怕失去友情失去依赖，处在恐慌状态。

情绪真相：
吾平生长进，都在受挫受辱时。——曾国藩
如果你也希望在不断成长中去满足自己的安全感，以下三点相信可以给你启发。

【没有人可以给你安全感，不要期待别人给】
很多人以为，安全感是外界给予的。有人以为拥有很多金钱就感到安全，所以追求财富；有人觉得需要一个拥抱才能感到安全，所以索求爱。其实真正的安全感，来源于自己。

接纳自己的不完美，不评判自己，你有多爱你自己，就会有多少程度的安全感。

许多人不在自我成长中找寻更高目标，而在别人身上寻找安慰，所以总是找不到安全感。而安全感缺失的人，多半都会在生活中去消耗伴侣，不断地去试探对方，不断地去求认同，让对方觉得疲惫不堪。

小范特别害怕蟑螂，每次遇见蟑螂都要找好朋友来帮忙。可是有一天，身边没有一个人，于是小范不得不直面蟑螂，用蟑螂喷雾猛喷，最后蟑螂一动不动了，她才松了一口气：原来蟑螂也没有那么可怕。

安全感来自靠自己力量完成自己的所有需要。

【相信自己完美，接纳自己不完美】

李丽是一个非常漂亮的女孩子，她的梦想是做一名模特。可是她很不自信，因为小时候常被父母奚落长得像个丑八怪，于是她也从内心怀疑自己是不是真的丑。她把这个想法和闺密说，闺密对她说："你的漂亮，已经足够胜任这份工作，想做就去做吧，要对得起自己的梦想。"于是李丽在朋友的鼓励下，成功地加入了自己喜欢的工作。

很多人喜欢羡慕别人，却看不到自己身上的闪光点，甚至盲目去否定自己。

在必要时刻，给自己按下确认键，相信自己的力量，逼自己走出第一步，你的人生确定权在自己手里。

在个人成长中，向前迈一大步，是满足安全感最好的办法。

小李学习很偏科，高中、大学都是偏英语、语文，数理化成绩很烂，所以他一直很不自信，觉得自己很差劲，直到某跨国公司来学校招聘应届毕业生，因为他的英语特别棒，在两千同学中脱颖而出，他才明白，不完美，其实就是完美。

不断挑战未知世界，发现那些未知的担忧其实也没那么恐惧，安全感就来临了。

【不失去自己，你会吸引更好的】

关系里有个法则，爱到失去自己，结局注定是出局。

王兵卡在母亲和媳妇之间，很痛苦，他是个孝顺的儿子，可是自从媳妇进门，婆媳之间就没有一天消停，为了安慰怀孕的妻子，王兵只好忍痛委屈母亲，但妻子依然得理不饶人，逼着婆婆搬回老家一个人孤苦伶仃。一年后，王兵和妻子离了婚。

人生有时难免是孤独的，在孤独的时候去看清自己，是一门艺术。学会把自己和别人剥离开，学会做一个拥有独立灵魂的人，把自己还给自己，把别人还给别人。你从不需要伸手向别人祈祷，你就是力量的本身！

【历史人物的情绪解码】

智者有三窟

一、狡兔三窟

冯谖是孟尝君的门客。冯谖替孟尝君到薛地收债，他没跟当地百姓要债，反把债券烧了。孟尝君一直很责怪他，直到后来孟尝君被齐王解除相国的职位，前往薛地定居，薛地人到百里外迎接他，孟尝君才明白冯谖的用意和才能。冯谖对孟尝君说：狡兔三窟，薛地只是你一窟，我愿意再为你营造另外两个窟。

于是冯谖通过游说梁惠王重用孟尝君来提高孟尝君的身价，让齐王急于请回孟尝君，并借机向齐王提出希望能够拥有齐国祖传祭器的要求，将它们放在薛地，同时兴建一座祠庙，以确保薛地的安全。祠庙建好后，冯谖对孟尝君说：狡兔有三窟，现在属于你的三个安身之地都建造好了。从此孟尝君高枕无忧。

二、营建安全感

狡兔三窟是指聪明的兔子会准备好几个藏身的窝，使自己有安全的保障。狡兔三窟为自己营建的是安全感。安全感是生命成长的基地，有了基地将给自己更多的选择，使自己有更多成功的机会。

三、智者三窟

狡兔有三窟，智者也有三窟。

一窟是身强体健的身之所，这是我们的立功之基。

二窟是明心见性的心之境，这是我们的立德之基。

三窟是尽心知天的灵之府，这是我们的立言之基。

强身、修心、慧灵，这就是智者三窟。营建智者三窟就是营建安全感。

【小结】

1. 没有人会一直陪伴你，真正陪你走过一生的只有你自己。
2. 愿每一次聚散都能让自己成为一个全新的自己，释放更大的能量，来爱自己。

【思考】

1. 你最没有安全感的是哪些方面？
2. 你为它做了什么？

第四章 觉知真爱

离真知最近的，是体验和感觉。

就像有人告诉你80℃的水很烫，37℃的水和人体温度更接近。

你认同这是权威数字，但你并不知道是什么感觉，你喝了一口37℃的水，再喝一口80℃的水，于是什么都明白了。

认同权威，但没有感受过的数据，还是没有觉知。

这个阶段引领你在探索中觉察每个当下内在的细微变化。而生命的本真和爱，在于每个当下去察觉自己的感受和链接，试着诚实面对本心，去更好地爱自己，爱世界。

第一节　享受就是真实地感受

享受生活不是什么也不做，而是用心融入。

情绪特点：
工作和生活有煎熬感，不享受；感觉越努力坚持压力越大，每天忙忙碌碌，停不下来；做每件事都心情烦躁，总觉得是不是更年期提前了。这是一种焦虑状态。

情绪真相：
热爱无须坚持，它会让你享受其中，努力奋斗和享受生活并不会冲突。
如果不想忍受努力坚持的煎熬，三个观点帮助你远离焦虑。

【享受过程，坚持会更容易】
很多人以为享受就是享受奢靡，极尽豪华，其实不是这样的。
关于享受我要说两个重点。
第一点，享受与真实感受有关。
肚子饿了想吃个苹果充饥，结果脑子里总想着其他的事情，"咔咔咔"吃饱了，这个叫用头脑吃苹果。但是你的真我享受这个苹果就不一样，闻一闻，"哇"，好香，看一看这个大红色很诱人，"咔嚓"咬一口，感受到甜甜酸酸的果汁味道灌满了舌尖，瞬间一种幸福感涌上心头。你慢慢地咀嚼着，品尝这个苹果带来的美好，给你满满的能量，这样的享受能让百无聊赖的人激情澎湃，让工作疲乏的人满血复活，让写作枯竭的人文思泉涌，这说明你是真正地感受和享受到苹果的能量了。
第二点，使用和享受是不一样的，它们完全是两种状态。
手机里有音乐和游戏，你只是简单使用呢，还是享受了手机强大的娱乐功能呢？你买了一辆奔驰只是代步呢，还是享受它的高品质和细节服务呢？你去参加一个活动，是迫于无奈走过场，还是去认真享受这一趟带来的新的认知感受呢？你是使用了你的生命，还是享受了你的生命呢？
很多人离享受很远，一天下来感觉很痛苦，什么都抱怨，过得很迷茫，不知道什么是享受。请你喝杯咖啡，你喝咖啡就跟喝水一样，不享受。约你去散步，你说想快点回家，家里很多事等着你去做，不享受。

当你懂得享受生活了，能量自然就高了。一个对过去有纠结和懊悔、对未来有担忧和恐惧的人，只有一个真相，就是你不够享受当下。你觉得现在过得不够开心、不够享受，所以你才会去到未来去到过去，结果你发现过去的都已经过去了，未来的还没来，都是瞎想，还不如抓住当下，全心融入。

享受的重点，就是你需要为你的开心享受而去投入，这是你唯一要做的，当你处在无限享受的状态里，你就处在高能量的状态里。

所以，你需要从现在就开始享受人生，不是明天，也不是晚上，就是现在，立刻。

【懂得享受的人，才是最享福的人】

懂得享受的人，一方面是因为脚踏实地，珍惜拥有的，另一方面是因为能在现状中找到快乐所在，即便是苦中作乐，也是乐得其所。懂得享受不等于原地踏步，而是懂得让自己成为惜福的人。

一个老太太有两个女儿，一个卖伞，一个卖鞋，她盼着她们生活好，她相信孩子们挣得越多生活越好。可是，下雨天，鞋卖不出去，她为卖鞋的女儿忧愁；天气晴了，伞卖不出去，她又为卖伞的女儿担忧。于是，她每天都生活在以泪洗面的痛苦中。

后来经高人指点，下雨天，她为卖伞的女儿庆祝；晴天，她为卖鞋的女儿欢呼。如此，她天天都生活在快乐中。

如果我们能够改变自己的信念和思维方式，以此来支持自己的生命，通过不同的角度领略不一样的生命，用智慧去享受，生命就会绽放不一样的精彩！

【你需要从此刻就开始享受人生】

懂得享受，是我们一生最重要的成长。

甲壳虫乐队的主唱约翰小的时候，老师问所有同学以后长大了想做什么工作。约翰回答："快乐！"老师说他搞错了问题，约翰回答说："是你们搞错了人生。"

人并不一定要等着享受奋斗的果实，奋斗本身就是快乐，就是一种享受，这种享受足够补偿一切艰辛。

而懂得花时间来享受生命的人，才是这个世界上最富有的人！

曾经去一个朋友家做客，看到一盆花特别漂亮，他对我说这是他花了一天的时间修剪出来的，那种幸福和愉悦感使他的笑容熠熠生辉！

享受感不在于你得到了多少，而在于你是否真心喜欢。

享受钱不是乱花钱,而是买自己心仪的和开心的。享受生活不是偷懒,而是用心融入。享受伴侣不是支配,而是好好地去感受对方。在每个当下体验中,去全然地接受、允许、感受美好,捕捉属于自己的好感觉,享受在一起的分分秒秒。

【历史人物的情绪解码】

唐玄宗的享受

一、从开元盛世到安史之乱

712年,李隆基登基称帝,他是唐朝在位时间最长的皇帝。李隆基生性英明果断、多才多艺,在位前期,注意拨乱反正,任用姚崇、宋璟等贤相,励精图治,开创了唐朝的极盛之世——开元盛世。之后,李隆基逐渐怠慢朝政,宠信奸臣李林甫、杨国忠等,宠爱杨贵妃,极尽奢靡,沉溺于享乐之中,社会危机四伏,结果导致后来长达八年的安史之乱,唐朝自此由盛转衰。756年太子李亨即位,尊其为太上皇。762年病逝,终年78岁。

二、权力的AB面

唐玄宗的一生充满了辉煌与惋惜,他的功绩与过失相辅相成,共同塑造了这位传奇皇帝的形象。帝王无上的权力有责任和义务的一面,还有自由和放纵的一面。在位前期,李隆基选择了权力的A面,担当起权力的责任与义务,选贤举能,励精图治,唐王朝由此进入大唐盛世,长安成为当时世界的中心,享受着大唐帝国闪耀的辉煌。后期他宠幸杨贵妃,选择了权力的B面,任用奸臣,不理朝政,只享受着权力带来的自由和放纵,大唐帝国从此走向混乱衰败,李隆基从此走向昏暗荒唐。令人叹息!

三、享受是一种智慧

人生也是一种选择。人生要有担当,要负起责任,选择付出,选择努力,在生命的成长中会有艰辛和汗水,但会收获奋斗带来的充实,会享受付出中的爱和美。人生有时候会迷茫,这时如果选择放任自己,在诱惑中迷失自己,在当下会放松而惬意,但随之而来的一定是空虚和悔恨。

懂得享受,就要学会担当,去享受生活中的爱和美。

【小结】
1. 懂得享受，奋斗才有意义！轻松的时光，可以使下一段路程更有激情。
2. 一成不变是个性，千变万化是生活！享受美，享受爱，享受每一个当下。

【思考】
你得到了心仪已久的物件和你努力的成果对他人产生了帮助，哪一个更让你有持续的喜悦？

第二节　慢慢来是享受里的温柔

慢慢来，说明正在享受。

情绪特点：
着急忙慌，时刻为下一个步骤焦虑。每天忙忙碌碌，快点快点，怎么还没轮到我？再不快点就赶不上趟了。事情太多，时间太赶。总是处在焦灼状态。

情绪真相：
我能想到最浪漫的事，就是和你一起慢慢变老。
如果你也想享受浪漫的慢生活，三个观点，一起同频。

【凡事慢慢来，一步一个脚印走】
花开花落终有时，道法自然慢慢来，自然的规律就是慢慢来，春夏秋冬，慢慢轮回，白天黑夜，慢慢交替。

速成的瓜果不营养，拔高的苗木会枯萎。很多事都需要慢慢开始，着急会让你浮躁，看不到自己内心真正的渴求。慢慢吃，是为了品尝饭菜的可口，更是为了品味做菜人的心意。慢慢走，是为了看路边的风景，更是为了享受同行人的一路相伴。慢慢来的激情，是看不见的沉淀。就像洪荒之力在持续推进，又如千年醇酿，让人浓醉不醒。

慢慢来，是最温柔的享受。慢慢来，允许自己有暂时跨不过去的高山，允许自己慢下脚步感受生活，慢慢来的途中，你总会找到新的答案。

杨绛说过："慢慢来，比较快。"在这个日新月异、"唯快不破"的时代，

第四章　觉知真爱　｜　145

"疲于奔命"的不只是外卖小哥，延时加班的也不仅仅是某些餐饮企业、互联网公司的职员。

心急求快也体现在普通人生活中。比如，有的家长生怕孩子输在人生起跑线上，"抢跑"思维盛行，把还在上幼儿园的孩子送进各种辅导班。我们的教育中不乏对成功的褒奖，却缺少对"试错"的宽容，更没有时间等孩子慢慢领悟、成长。

泰戈尔说过："不要着急，最好的总会在最不经意的时候出现。"

假如你想出门办点事情，一道闪电划破天空，大雨伴着雷声滚滚而来。窗外的雨越下越大，天地之间一片迷蒙。雨无休无止地下着，看样子一时半会儿是停不下来的。倘若这时急于出门，肯定会淋湿全身，还容易生病。

天公不作美，是自然现象，自然规律不可能让人时时顺心顺意，那就慢慢来，调整作息时间，来顺应自然的发生，美美地睡一觉，或者坐下来，看一本买了许久的书，写一段一直盘桓在心头的好句子。

【慢慢来是一种取舍，是一种时间的沉淀】

慢慢来，会让人感觉很稳，这种慢不是拖沓、磨叽，而是在不耽误的同时也可以做得更好、更细致。也许现在的你并不出彩，可是好戏一般都在后头，一切慢慢都会好起来。

从前一个寺庙里，大和尚和小和尚轮流负责挑水。大和尚每天要走十趟才能把所有水缸装满，而小和尚只要七趟就完成了任务，大和尚不解地问小和尚："我力气比你大，走得比你快，每担水装得和你一样满，为什么你能比我先挑满水？莫非师傅教了你更高深的功夫？"

小和尚忙摇摇头答道："非也非也！你力气是比我大，走得是比我快，但这一路，你晃晃荡荡洒掉了好多水。虽然我力气小走得慢，但一步一步稳稳地走，水洒得少，到了庙里，桶里还是满当当的，而你却只剩下大半桶啊。"

正所谓慢工出细活，欲速则不达。做人做事切勿急躁，平稳才是王道。

所以，有时慢就是快。

【慢慢来是享受里的温柔】

慢慢来是享受里的温柔，是最长情的陪伴。

慢慢来的岁月静好，慢慢地随遇而安，慢慢我走我的路，慢慢地在时光里品味和沉淀，活着不仅仅是赶路，活着是为了体验路、品味路、创造路，所以，慢慢地才最有感觉。慢慢来，就是活在道上，慢慢地是享受里最极致的温柔。

让一切都慢下来，慢慢地享受，对食物的尊重，就是细嚼慢咽，慢慢回味；对财富最大的尊重，就是慢慢地享受，就像小孩儿尊重一个冰激凌，慢慢地舔，慢慢地品味拥有的感觉。

急急忙忙地赶路，会错过很多原本平常、美好的风景！

所以，该让一切慢下来，去细细品味沿途的风景了！

【历史人物的情绪解码】

慢慢来的刘恒

一、慢慢来和匆匆赶

西汉出现过几次因为皇帝去世没有子嗣由封王继位的大事。

一次是公元前74年，汉昭帝去世，因为没有子嗣，大将军霍光和大臣商议由昌邑王刘贺继位。刘贺接到玺书欣喜若狂，当天中午即出发，半天狂奔135里，车队的马一匹接一匹死在路上。一路上还顺便抢夺民女以便充实后宫。刘贺继承帝位后第27天，因荒淫无度、不保社稷，霍光与张安世等谋划废除其帝位，刘贺被废为庶人，史称汉废帝。

另一次发生在公元前180年，陈平和周勃诛灭吕氏势力，商议由代王刘恒继承皇位，于是派出使者去接刘恒。刘恒担心有诈，先派舅舅薄昭到长安探听虚实再出发。到离长安城五十里的时候，又派属下宋昌先进城探路。到达渭桥周勃跪着送上天子玉玺，刘恒辞谢不受。进入代邸，刘恒五次辞让，才同意即皇帝位，是为汉文帝。

二、慢慢来是笃定安然

继位路上，刘贺日行千里，急如星火，恨不得即登大位，好像迟一步就会失去宝座。匆匆赶，拼命奔，急忙中礼节不守，礼制不顾，最后被霍光统计27天坏事干了1272件，以致被废为汉废帝。匆匆赶，坏了大事。刘恒是慢慢来，先探虚实，再探道路，又再三辞让。慢慢来里体现出汉文帝沉稳慎重、谦让质朴，更体现出他内心的笃定安然，真正是王者气度。

慢慢来的汉文帝励精图治，开创了文景之治，为汉帝国的强盛打下坚实的基础。匆匆赶的汉废帝荒淫无度，成了27天的短命皇帝，落得一个可悲可叹的下场。

三、慢慢来享受美好

慢慢来是对人性弱点急于求成、急功近利的矫正。人生是漫长的马拉松赛道，不是百米冲刺。慢慢来才会有细细的思考，才会有深深的体验。人生漫漫，我们不妨慢慢来。慢慢来，从容淡雅，一步一风景，自然有无限风光；慢慢来，笃定自在，一步一脚印，必然会水到渠成。在慢慢来里感受生活的美好，体验生命的美妙。

【小结】
慢慢来，仔细认真地去享受每个过程，享受慢慢来最极致的温柔。

【思考】
感受一下，哪些你感觉特别享受的事，是与慢慢来的思维有关的？

第三节　能够简单的绝不复杂

大道至简，至乐无乐。

情绪特点：
心力交瘁，感觉很多事太复杂，一头雾水茫然跟进。面对多变的世界非常疑惑：干么搞那么复杂？别活得那么累好不好？这是一种迷茫状态。

情绪真相：
最伟大的真理最简单；同样，最简单的人也最伟大。——黑尔
如果你也想简单生活，那请一起感受以下三个观点。

【快乐从简单开始：能够简单的绝不复杂】
"脸书"创始人扎克伯格因为十年如一日穿一件灰色T恤而上了热搜，很多网友不禁感慨，原来有钱人的生活真的像朱一旦所说，是如此的"朴实低调，且枯燥"。扎克伯格也在社交媒体上晒出自己的衣柜，里面有一排同款的灰色T恤以及灰色帽子。而他之所以会买这么多的同款，原因也很简单——他不想在穿搭这件事情上浪费时间。
复杂，是因为没有明白人生的真相，所有智慧明了的高人，都是简单的，思维简单，生活简单，吃饭穿衣也简单，与人链接也是简单相信，一切的事情简单而纯粹，你就会活得轻松。

一支淘金的队伍在沙漠中行走，大家步伐沉重，痛苦不堪，只有一个人快乐地哼着歌。别人问："你为何如此惬意？"他笑着说："因为我带的东西最少。"

一个快乐的人，往往具备把复杂的问题简单化的能力，而如果你把简单的问题复杂化，那么各种烦恼和问题就会纷至沓来，让你找不到解决问题的办法，在生活的一地鸡毛中抓耳挠腮。

如何把复杂的问题简单化，遵循本质就可以。

【大道至简：复杂是因为没懂】

"世上本无事，庸人自扰之。"有些事情想得复杂，往往是因为没有清晰本质，所以内心有太多的包袱。

复杂是因为没有搞懂。如果一个老师讲课讲得很复杂，一定是因为他自己也没有抓住核心思想，就会故弄玄虚。你看手机就是将电脑简化，让每个人都可以随心所欲地使用，所以它就能够非常普及。

深的话要浅浅地说，长长的路要慢慢地走，大大的世界要率真地感受，大道至简，浓缩精华，只要搞懂了，任何操作都简单。张小龙说微信已经做到简之再简，不能再减少功能了，所以竞争对手很难超越。

【让一切变得简单，就会越来越快乐】

心理学家发现，生活越简单心理压力越小的人，往往更能够拥有好运。人类一切科学的发展，也都是将原本混沌的一切，慢慢地变得简单，最后成为一种常识，真正地服务于每个人。

要成为一个厉害的人，需要拥有把复杂变得简单的能力。简化我们内心的欲望，明晰真正具有价值的事情是什么，那么生活里那些多余的烦恼，就会变得如浮云般悬挂在空中，虽然它们一直都在，但已经与自己无关了。

大道至简，才能轻而易举。

有一只老猫整天忧心忡忡，老是活得不开心，它总是有很多的心事，感觉自己是天底下最不幸福、最不幸运的猫。有一天，它看到一只小猫正转着圈追赶自己的尾巴，玩得津津有味，乐不可支，老猫问："你怎么会这样快乐呢？"小猫说："我的尾巴上有快乐。"老猫回到家，也转着圈，追赶自己的尾巴，果然觉得自己也很快乐。老猫恍然大悟：原来快乐全在自己的尾巴上。

猫的快乐全在自己的尾巴上，我们的快乐在每个真实的当下。

【历史人物的情绪解码】

孙膑的简单

一、简单的快意恩仇

孙膑复仇，只用一招：攻其所必救。

公元前354年，魏国攻打赵国，赵国向齐国求救。齐国派遣田忌、孙膑率军救援。孙膑直捣魏国首都大梁，迫使庞涓率军回援。孙膑又故作示弱使其轻敌，诱使庞涓轻装疾进昼夜兼程回救。孙膑带领主力部队在桂陵设伏，一举擒获庞涓。这就是围魏救赵之计。

公元前342年，魏国围攻韩国，齐国派孙膑出兵相救。孙膑再次让齐军袭击魏国首都大梁。庞涓得知消息后急忙从韩国撤军返回魏国。孙膑采用减灶法，诱使庞涓再次丢掉辎重，昼夜兼程追击。孙膑在道路狭窄的马陵设伏，歼灭魏军十万余人，俘虏魏国主将太子申，庞涓自刎，临死前说："遂成竖子之名！"经此一战魏国元气大伤，失去霸主地位，而齐国则称霸东方。

二、简单才能降维打击

庞涓、孙膑师出同门，有同窗之谊，但是庞涓嫉贤妒能，陷孙膑于绝境。孙膑忍辱逃生，成为齐国的军师。桂陵之战是同窗加仇敌第一次交锋，孙膑围魏救赵，一招阳谋，料你于必然。马陵之战是同学加仇敌的最后一战，孙膑还是一招阳谋，料你于必然。简单，却是真正的快意恩仇。你以阴谋害我，我用阳谋胜你，用智商碾压你，用师傅鬼谷子所授的谋略降维打击你。

三、人生至简

对纷繁复杂的战场进行抽丝剥茧，最后看到本质的东西是大道至简。同样，人生百态也是大道至简。人生有喜怒哀乐，有生离死别，很多人在油盐酱醋中一地鸡毛，在悲欢离合中多愁善感，从而迷失了自我，但拨云见日，明心见性，一切回归简单：生命求成长，人生求幸福。

人生之道至简至真：专注成长、专注幸福。

【小结】

人生的快乐并不像我们想象中那么复杂难觅，它其实就存在于我们喜欢的每一件事当中，只要我们细心体会这些，真正地做回我们自己，便不难从中找寻到简单的快乐。

【思考】
试着把你目前认为很烦忧的一件事，用最简单直接的方式去处理，且看会如何？

第四节　享受自己角色的才是主角

主角的光环，一切创造都是合理的。

情绪特点：
活得卑微，没有主角光环，感觉自己永远都是别人的配角；希望自己能够像别人那样发光，但是又觉得做不到，处在自卑状态。

情绪真相：
我们生命的过程，就是做自己、成为自己的过程。——罗杰斯
想要真正成为自己，三个观点你需要了解。

【总是迎合别人，你就只能做配角】
林语堂曾说："要做自己人生的主角，不要在他人的戏剧中充当配角。"
主角才有光环，才会发光。
人生就像一场戏，而你自己就是编剧和导演，如何采编、排练，如何出演，一切靠你自己，如果有可能，一定要做自己舞台的主角，不要在自己的舞台上还在做小龙套。
找回自己，你不需要练习，也不需要特意做什么，认真感受自己就好。它无关你在演什么剧，无关你在什么位置。
《士兵突击》里面，许三多是个小士兵，家境也不好，但是他是绝对的主角，在任何时候，他都能够找到自己的中心。所以不一定领导人物才是主角，你是普通老百姓，同样可以演绎平凡而光芒万丈的每一天。
永远做自己，而不是做你以为别人会喜欢的那个人。
从小到大，因为被教育要听话、要懂事、要融入这个社会，所以为别人考虑得

多了，我们就成为一个忽略了自己、忘了自己、没有自己的人，我们因为过于依赖，而成了别人的配角，我们开始不断配合与迎合别人，失去了自己。

电视剧《我是余欢水》里，余欢水将母亲临终前留给他的13万，原封不动地借给了好兄弟吕夫蒙。五年后，自己手里没钱，兄弟却玩起了失踪。偶然间在街上碰到吕夫蒙，再次低声下气地讨债，没想到对方却不屑一顾地甩他一句："钱我分分钟可以给你，但是得看我的心情。"余欢水这才明白，原来自己被这个他最看重的兄弟给边缘化了。他掏心掏肺地拿人家当兄弟，人家却一直拿他当傻傻的小角色。

所以，你永远都不要高估任何人与你之间的关系，因为在别人的世界里，你永远只能是一个配角。

【想当什么角色，就去匹配什么能量】

作家三毛说过：在我的生活里，我就是我的主角。

当一个人因为挫败越来越了解自己，既不贬低自己也不夸大自己的时候，他就成长了。他会接受自己做不到的，并且有意识地让自己专注在可以做得到的事情上，把自己当主角，把心思都放在当下，最终会发现自己其实才是自己人生的艺术品，自己才是那个完全掌控自己人生的人。

当你把自己当主角了，你就会发现所有人都在配合你。

一个大学刚毕业的人，暂时没有找到什么好工作，于是在亲戚的小店里帮忙做一份服务员的工作，就当作一个短暂的体验。他想既然上天给他一个当服务员的体验，那他就要把它做到极致。他认真招呼客人，热情、积极、主动打扫卫生，很开心地去迎送客。不久，就有人来问："小伙子，你这么勤劳，在这里多少钱一个月，要不你到我那儿去上班吧，我给你加一倍的工资。"很快他就换了一个体验角色。这样的角色更替发生了多次之后，他已经成了一家跨国公司的部门经理。

所以，你把自己当主角，到哪里你都是主角，你极致地体验了你的角色，很快就会有机会换角色，换人生。

【带着察觉去体验，享受角色的能量】

所谓察觉就是自己观察自己，好比你的灵魂游离在身体之外，观察着你的生活；好比在你的头脑的正上方，永远有个摄像头在看着你；好比你在看一场电影，看电影的人是你真实的觉知，而生活中的你在屏幕里。带着察觉去体验是你摆脱旧有思维模式的关键。

举个例子，很多人经常会处于一种受害者的心态，他们会想"为什么我总是这么倒霉，别人却那么好运"，这种心态就好比你总盯着自己的阴影不放，盯着别人的一方暖阳。很多人都会有这种想法，他们活在习惯里却不自知，无意识地重复着旧有的思维模式，一遍又一遍地伤害自己，但其实他们完全可以摆脱这种毫无必要的痛苦，只要懂得察觉。

总是贬低自己觉得自己一无是处的人如果懂得察觉，就会摆脱自卑的阴影；经常指责别人觉得自己非常完美的人如果懂得察觉，就会改掉自大的毛病，建立和谐的人际关系；常常不由自主地怀疑过去担忧未来的人，如果懂得察觉，就会变得更平和，更懂得活在当下。这就是察觉的魅力，看见自己，看懂自己，觉醒就产生了。

【历史人物的情绪解码】

谁是主角

一、一位母亲的见识

秦朝末年，陈胜起义，天下大乱，东阳县的年轻人杀死县令，聚集数千人。当时担任东阳县令史的陈婴为人诚信谨慎，很有名望，被人称为敦厚长者。大家强行推立陈婴为首领，不久跟从陈婴的人达到两万人，大家想拥立陈婴称王。陈婴的母亲是一位很有见识的女人，她对陈婴说："自从我做你们陈家媳妇，就从未听说过你家祖先有过贵人。现在你突然得到这么大声望，不是吉祥事。不如找一个领头的，你做他的属下。"于是陈婴不敢称王，带领部下投奔项梁、项羽，跟随项羽征战，项羽死后陈婴降汉，被刘邦封为堂邑侯。

二、看得清自己

天下大乱之际被推为首领，是天降神运，有机会称王更是千古一遇。但陈婴有一位有见识的母亲。这位母亲的见识体现在立足于陈婴的过去和现在去推知他的未来。过去的陈家耕读为本，谨慎忠厚，未出过贵人，陈婴身上没有成为王的基因；现在的陈婴醇厚质朴，是个敦厚长者，没有成为王的气质。进而推知陈婴的未来：不称王，宜做王的属下。陈婴听从母亲，做了正确的选择，不称王，投奔项梁、项羽。

陈婴母亲的见识在于看得清局势，看得清自己；陈婴的可贵在于听得进劝谏，经得住诱惑。

三、做自己的主角

乱世称王，万人之上，是人生的巅峰，有无限的诱惑，但时局中的主角，不一定是自己命运的主角。每人都需要看清时局，看清自己，定位自己，做自己的主角。确认自己的身份，不迷茫；坚守自己的身份，不膨胀。做自己的主角，认真演好自己的人生。

【小结】

1. 我们每个人在这个世界上都会扮演各种各样的角色，角色没有大小好坏之分，关键在于我们能不能相信自己就是主角，认真演好自己的人生。

2. 在人生的大戏里，你必须把自己锤炼成一流的导演，然后才能成为自己永远的主角。

【思考】

试想，哪些领域，看起来你是配角，但实际上你是真正的自我主张？

第五节　没有问题需要解决，只有思想需要解决

是情绪和信念，创造了你独特的生活轨迹。

情绪特点：

问题太多，困惑无解。总感觉自己思想很局限，周围人都游刃有余，我却一片茫然，什么时候才可以理清呢？这是一种否定自己的思想状态。

情绪真相：

佛陀说：一念天堂，一念地狱。

如果你也想要在一念之间就去到天堂的美好，三个观点，可以帮到你。

【没有人可以控制你，控制你的是你的思想】

这是一个魔法世界，每个人都是以自己的思想、情绪和信念，经由能量聚合，才形成了个人独特的经历和生活状态。反过来说，你想要改变生活，就要先改变你的情绪和思考力。

如果你觉得心灵困顿，如果你觉得四面楚歌，如果你觉得压力重重，如果你觉得前途渺茫，那是因为你被自己的思想困住了。

没有人可以控制你，没有事可以难倒你，只有被头脑和思想控制，你才是不自由的。

比如说，有的人认为自己不自由，是因为他妈妈限制了他，他妈妈不让他出门不让他谈恋爱，不给他自主；有的人认为自己没有人身自由，是因为有孩子牵绊等，她觉得是别人限制了她。

事实上，那不是真相，限制你的就是你的思考，控制你的是你自己的思想。思想是一种限制，却可以打破。有的人同样有孩子羁绊还继续创业。所以能够禁锢人的，永远不是锁链，而是你的思想。

你的心里是开心快乐，还是担忧难过，不要以为是别人引起的，其实是你的思想在作怪。

所以，不要让自己的行为被思想控制，要打破限制，打开自己的思想。美国著名心理医生加德纳，他个人极力反对将癌症实情告诉患者，因为他认为，70%的癌症病人是被吓死的。为此，他曾经做过一个试验，让一个死囚犯躺在一张床上蒙上眼睛，并告知他将被执行死刑，然后用手术刀的刀背，在他的手腕处划了一下，接着把事先准备好的水龙头打开一点点，让它向床边的一个容器里不断滴水，伴随着由快到慢的滴水节奏，那个死囚犯很快就被吓得昏死过去。加德纳的这个实验证明，只要控制人的思想，甚至就可以控制人的生命。

当我们完完全全地能够掌控自己的思想，或者称之为精神力，我们就可以好好利用这种内在强大的能量，找到自己内心的小宇宙，随时随地都可以引爆它。这需要我们经常有意地练习它。

【没有问题需要解决，只有思想需要解决】

有时候我们在关系中发生一些矛盾，还以为是关系出现了问题，其实是我们的思想出现了问题，是我们的思想在对比，是我们的对比心在做权衡，于是产生了一些倾斜和不满。

没有关系需要处理，只有思想需要解决，所有的问题，背后都是思想与认知在指挥。

每年年初，朋友圈里会有各种新年目标，有立志专心备考考级的，有发誓要提升自己一年读多少本书的，有拼命跟身上的肉较劲不减成功不换头像的，五花八门，只有你想不到没有朋友圈立不到的目标。

朋友圈发了，赞也收获了，新鲜劲过去了，等一段时间你再跟他加油打气的时候，会发现他似乎早忘了他立过的目标，你这么一提还有点棒喝人家的意思。

【你所说的每一句话，都会对你的人生造成影响】

永远不要嘲笑一个人的异想天开，只是他想的那个维度你达不到，也永远不要去看不起一个人的思想，他的认知就在那个世界里，没有什么对错。

那么，你有什么样层次的思维，就会说出那个阶层的话语。你的思想决定你说什么话，而你每天说的话，都在影响你的一生。

"好嘞""太棒了""完美"，每天都说这样的话，每一天都会非常顺利，困难也会绕道而行，富足和喜乐会争先恐后向你聚拢。"太糟糕了""太让人气愤了""这太没劲了"，每天都这样说，挫折就特别多，好运也很难眷顾你。

每个人每天嘴上说的都是自己的人生。每天叫没钱的人，真的会没钱。每天说没劲的人，一定很没劲。

每天从自己嘴里说出的话，都拥有很大的威力，每天觉察自己都说了些什么，每天你所说的话，都给你下一步人生指明了方向，这就是宇宙法则。

【历史人物的情绪解码】

思想家李贽

一、惊世骇俗的李贽

李贽，明代思想家，崇尚个人自由，标榜个人价值，是晚明思想启蒙运动的旗帜。

1580年，任云南姚安知府的李贽，做了一件惊动朝野的事：弃官不做，并弃家而去，寄寓湖北黄安朋友家。不久性格狷狂的他又做了一件"异端"之事：离开朋友家寄居湖北麻城芝佛院，剃发留须，离经叛道，亦僧亦俗又不僧不俗。1602年在76岁时他做了最后一件惊世骇俗的事，当时他被人攻讦，著作焚毁，被捕入狱。入狱后，以剃发为名，夺下理发师的剃刀割断自己的喉咙而死。

二、思想的力量

随着生产力的发展，明朝中后期资本主义开始萌芽，对农耕文明自给自足的经济结构造成冲击和解放。但几千年来形成的高度集权的封建君主制度，严重阻碍了资本主义萌芽的发展。在时代发展的剧烈冲突中，需要思想的启蒙者。李贽就是这个思想者、启蒙者。他以自己的离经叛道、惊世骇俗开启了一场启蒙运动。他在麻城讲学时，"登坛说法，倾动大江南北"，从者数千人，中间还有不少妇女。但是在封建专制下，他的思想就是异端邪说。面对桎梏，为了自己的思想，李贽弃官、弃家、弃发，最后弃命。思想的力量如此强大，一个伟大的启蒙者可以舍弃一切来捍卫自己的思想。

三、做思想的主人

一念天堂，一念地狱，是思想决定行动，行动决定命运。思想形成了，行为围绕思想而行动，一切都是念头在创造，是思想主宰人的行为。而思想是由人创设，人才是思想的主人。做思想的主人，命运就真正掌握在自己的手里。

【小结】

1. 思想是一把双刃剑，它可以伤害你，也可以成就你。
2. 学会觉察，学会辨别，让负面思想靠边站，让积极的念头占上风。担心就是诅咒，祝福赢得喜悦。

【思考】

你所面临的问题，它的背后有怎样的思想在活动？

第六节　爱自己才懂爱世界

爱自己最好的方法，是在自己的思维里装进肯定和喜悦。

情绪特点：

爱无力的感觉，觉得生活寡淡无味。缺乏爱的滋养，活着有啥意思呀？到底要怎样才能获得浪漫真爱呢？这是一种缺爱状态。

情绪真相：

爱自己才是人生漫长浪漫史的开端。——奥斯卡·王尔德
想要懂得爱的真谛，一起来感受以下三个忠告。

【自私向外求，自爱向内求】

自爱是坚持自己，尊重自己。爱自己的人尊重自己，按照自己的心意而活，倾听自己的心声，不因为他人的目光挑剔自己、为难自己、委屈自己。

著名作家陈丹燕曾在《上海的金枝玉叶》一书中提到，上海曾经最有名的"白富美"，郭氏家族的四小姐郭婉莹，新中国成立后被打成右派资本家，她的生活一落千丈。以前十指不沾阳春水，后来却被安排干最脏最累的活——打扫厕所。但是她从没有放弃自己，放弃生活。她说："人这辈子长着呢，我们要让自己体面，生活才能给我们体面。"就算是最落魄的时候，她每天也要梳洗整洁，穿上优雅的旗袍，这对她的孩子影响很大。即便在最艰苦的条件下，她都记得，先爱自己，才能更好地爱别人。她的孩子们并没有因为家庭的破败而伤心堕落，反而学会了乐观、积极地面对生活。

有人问我，太爱自己会不会被人认为是自私和自恋？其实，在一定程度上自恋和自私确实都有爱自己的成分，但这两种爱在关系中会让他人产生不舒服，比如，自私的人会在关系里伤害他人的利益，自恋的人容易忽略他人的感受。

如果我们自私自利、发火易怒、怨天尤人、虚荣妒忌，这些人性中的秉性不改变，怎么可能心想事成？当我们爱惜自己，努力提升内在的宽容、利他、感恩、正直、正念，那么，外在的一切自然会呈现丰盛。

【爱自己就要让自己活出真我】

古人云：内求于心，外求于物。这句话引发我们一系列的思考和疑问，也是我们内观情绪想要表达和解决的问题。能让你心想事成的，一定是你自己。

正如那句话所说，如人饮水冷暖自知。事关自己痛痒的事唯有自己最能真切地感知，能够真正懂得爱你的人，也一定是你自己。

爱自己的人，取悦自己会放在取悦他人之前，不为了取悦他人去做令自己痛苦的事情。爱自己的人不会不好意思拒绝他人的请求，而做违背自己本心的事情，最后搞得自己痛苦不堪，怨气冲天。面对他人的要求，如果自己做不到也特别不愿意去做时，爱自己的人会懂得适时适当地拒绝。

当你爱自己，懂得保护自己，这会让别人也感受到，然后他们也开始爱自己，尊重自己。

透过爱自己来影响他人，这也是我们本身具有的天赋。

【爱自己，才更懂得爱世界】

美国家庭治疗大师萨提亚曾写过一首很著名的小诗——《如果你爱我》，里面有一段是这样写的:"你若不爱你自己,你便无法来爱我,这是爱的法则,因为你不可能给出你没有的东西。"

小静高考出考场,就拉着妈妈的手说:"明天你就去和爸爸离婚,好吗?我已经高考结束了,您的心愿也完成了,以后的日子,请您为了自己好好地活吧!"

为了支持女儿高考,朋友一直忍受着丈夫的背叛,在女儿面前假装很和谐,但是女儿将这一切都看在眼里,她从妈妈孤单的背影中,读出了寂寞;从妈妈日渐增加的白发,看出了辛劳;更从妈妈黯淡无光的眼神中,看出了她对生活的绝望。

这孩子比班里任何一位同学都努力,从不说累,从不说苦,成绩一直保持在年级第一。她说:"虽然爸妈没有离婚,可是看到妈妈为了我牺牲自己,我的内心充满了愧疚,我努力学习,心里的愧疚才会减少一些。"

一个只记得去照顾孩子,却不知道好好爱自己的妈妈,到最后给孩子带来的,可能更多的是愧疚和一辈子的伤痕。很多人或许会觉得为子女付出是应该的,但是对孩子来说,不会爱自己的父母,太令他们心疼了。而且,这种心疼会始终让孩子处于一种匮乏的受苦的状态中,甚至有可能让孩子内疚一生。父母应该做的,首先是爱自己,如此才能赋予孩子爱的能力,未来的孩子,才能以父母为榜样,懂得活出真正的自己。

什么才是真正爱自己?远离悲苦、怨恨和不满,亲近欣赏和感恩。关注他人的缺点,关注事件的负面,除了伤害你自己,其他一无好处。

爱自己、呵护自己,最直接有效的方法,就是肯定自己、欣赏自己,关注自己最美好的那一面。爱自己,才懂得爱他人,更懂得爱世界。

【历史人物的情绪解码】

商鞅爱谁

一、商鞅是谁

商鞅原是魏国相公叔痤的门客。公叔痤病重时向魏惠王推荐商鞅,看到魏惠王不愿意用他,就建议杀掉他,免得为别国所用。商鞅得知消息后竟毫不理会,他认为魏惠王不听公叔痤推荐重用他,也就不会听他的建议杀掉他,于是他安然不动。足见商鞅是一个沉着冷静很有智谋主见的人。

商鞅投奔秦国,连续三次求见秦孝公,前两次分别和秦孝公讲帝道、王道,听得秦孝公昏昏欲睡,直至第三次讲到霸道,"与秦孝公语数日不厌",秦孝公眉开眼笑。可见商鞅是一个富有才华权变圆通的人。

商鞅被秦孝公委以重任，进行变法，使秦国变得越来越强盛。商鞅在秦国功绩越来越多，权势也越来越大，最后官至宰相，一人之下万人之上，"出则壮士执鞭，入则佳人捧觞"。在商鞅恃宠而骄时，有个谋士赵良劝谏商鞅，要急流勇退，不然"亡可翘足而待"。权势熏天的商鞅听不进，结果五个月后被车裂。可见商鞅是个贪恋权位、固执己见的人。

二、外求一世，不如内求一次

商鞅在功成名就之后，很清楚自己树敌广、政敌多，秦孝公是他的护身符，没有秦孝公的庇护，他的处境便危如累卵。之所以固执己见，不听赵良的劝谏，是心存侥幸。侥幸继位的秦惠文王念他有强盛秦国之功，依旧如秦孝公一样成为他的保护伞，得以继续他的权势和富贵。

商鞅贪恋权势，只把眼光向外求，乞求帝王的保护，以延续自己的荣华富贵。商鞅爱的是权势，爱的不是自己，所以他从未看向自己向内求，只一味地向外求。向外求让一个有智谋、有主见的人，挺身涉险，终至五马分尸。

三、真正的爱自己是向内求

真正的智慧是把目光投向自己，爱自己。

爱自己，内心归于自然，恬淡安谧，充满宁静，灯红酒绿之下心无涟漪，声色犬马之中不生波澜。

爱自己，内心充满爱，爱滋养生命，丰盈生命，生命喜悦美好。

外求一世，不如内求一次。

【小结】

1.爱自己是把目光投向自己，让自己的内心丰盈，让自己变得强大。

2.减少追逐世俗的名利，学会回归自然，滋养自己的心，让内心归于平静，享受美好。

【思考】

在你看来，爱自己最好的方式是什么？

第七节　活在当下的就是真我

真我创造的一切，来自纯粹的渴望。

情绪特点：
活得很虚假，觉得自己戴着假面具，很虚伪；连自己都不知道哪个是真的自己，好像把自己给弄丢了。这是活在假我状态。

情绪真相：
未悟时，天天装清高，已悟时，经常做傻子；未悟时，老想着成功成仁，已悟时，才开始学着做真人。

想要找到真实的自己，活出真我，请认真感受以下三个真假对比。

【走脑的是假我，走心的是真我】

真我就是用心去感受体会时的状态，假我就是用头脑去思考时的状态。

比如，当你用心去感受生活，用心去品味苹果的味道、咖啡的味道的时候，当你坐在摇椅上，慢慢摇着，用心去感受那一份舒适的时候，是真我；当你总是在用头脑思考，越想越多越想越乱的时候，是假我的状态。当你的心告诉你，自然而然、顺其自然、瓜熟蒂落、不要着急、且慢且慢的时候，是真我的状态；当有一个声音告诉你快点快点，这个时候就是头脑意识，是假我状态。假我想要你更快速，真我想让你慢慢来。当你去到了过去和未来，为过去的种种内疚感伤的时候，这是在假我思考状态。

小谢从小到大一直接受的教育就是要多思考，多考虑别人的感受，不能惹父母和朋友生气，要理性一点才不会做出错误的选择，做事不能太慢，否则会赶不上别人。但是他发现自己越来越不快乐，甚至经常有焦虑和抑郁的情绪。原因就是小谢在从小的教育和环境中丢失了真我。他过于理性思考和太关注他人情绪，却很少用心去感受这个世界以及自己的内心，从而逐渐与自己的感受失联，感觉世界都是迷茫的。

所以，要追求真我，就要更多地用心去感知这个世界，减少头脑的思考。

价值交脑，快乐交心；普通的修行靠静心，高级的修行靠开心，开心即开悟。

头脑会让你去思考得失，而真我只会活在当下。

所有的孩子都是在真我的状态下，小孩子不会去管什么婴儿时期、自己八个月的时候吃什么，他只会管自己现在吃什么，好不好吃，管自己现在开不开心，他不会去管自己明天怎样、家里穷不穷，所以孩子们很快乐。

小吴没有考上重点高中，每次聊天，总是说："多羡慕你啊，能够一直在校园里，拥有美好的校园生活，我那时要是努力点就好了，也不至于现在这样提前打工。"后来回家乡工作，她也总是在担心以后老了会不会后悔。永远在抱怨以前，担忧以后。我问她现在快乐吗？她说不快乐很久了。后来在我的推荐下，她学习情绪管理、学习冥想，学会关注当下的自己，每天在家乡的湖边跑步和欣赏每日的晚霞。后来她说没上大学没关系，照样可以在社会大学学习，没在大城市，小城市的生活也很惬意。现在她整个人充满活力。

活在当下就是最大的快乐，活在当下就是活出真我，当下就是最值得珍惜的。

【真我真心付出爱，假我想要获得爱】

一个人在真我的时候，他会紧密链接自己，非常关注自身的成长，而假我呢，总是在意别人的动态。当你总是关注别人超过关注自己，就是被假我掌控了。

小李很喜欢和别人做比较，经常关注朋友们的生活并暗暗对比，看到别人变得越来越有气质就感到自卑，希望自己也能这么漂亮，看到别人考上名牌大学深造就抱怨为什么自己不能变得更加博学，看到别人天天度假就想着自己为什么没有这么多钱，越想越痛苦，觉得自己一无是处，生活苦不堪言。后来她通过阅读一些心理学书籍知道了我们唯一可以比较的是自己，唯一值得关注的是自己，我们需要关注自己有什么，并利用它活出更好的自己。于是她利用自己还不错的文笔开始写作经营公众号，得到许多人的喜爱，利用自己的摄影爱好约拍创作，开始越来越满意自己的生活。

注重自己的吸引和付出，付出自己的爱，而不是总想着获得他人的爱。

【了解自己的底色，做自己喜欢的自己】

我们曾如此渴望命运的波澜，到最后才发现：人生最曼妙的风景，竟是内心的淡定与从容。我们曾如此期盼外界的认可，到最后才知道：世界是自己的，与他人毫无关系。——杨绛

杨绛先生这段话说得非常到位，如果你感觉生活没有激情，原因一定是你失去了真实的自己。

一位朋友谈到他亲戚的姑婆，一生几乎没有穿过合脚的鞋子，常穿着大码的鞋子拖来拖去，晚辈如果问她，她就会说："大小鞋都是一样的价钱，为什么不买大的？"

每次我转述这个故事，总有一些人笑得岔了气。

其实，在生活里我们会看到很多这样的"姑婆"。没有什么思想的作家，偏偏写着厚重苦涩的作品；没有什么内容的画家，偏偏画起超级巨画；经常不在家的商人，却有着非常巨大的家园。许多人不断地追求巨大，其实只是被内在的攀比欲念驱动，就好像买了特大号的鞋子，却忘了自己的脚是不是舒服。

不管买什么鞋子，合脚最重要，不论追求什么，总要真心喜欢才甘心。

所以，了解自己的底色就是了解真我，真我出现的频率越高，假我就越没有机会。了解那个当下的真实的自己，用心去感受这个世界，用心去体会自己的感受。

没有人比你更了解自己，放下面子，问内心最想要什么，因为真正的快乐是通过努力去满足自己内心的渴望。

就像艾佛列德·德索萨神父所说的：去爱吧，就像不曾受过伤一样；跳舞吧，像没有人在欣赏一样；唱歌吧，像没有人在聆听一样；干活吧，像是不需要金钱一样；享受吧，就像今天是最后一天。

这就是真我的状态，那里空无一人，只有你没有别人。

【历史人物的情绪解码】

真正的真我

一、刚峰海青天

海瑞是明朝著名清官，自号刚峰，他的一生充满传奇色彩。

1587年，海瑞病逝于南京官邸，好友去为他收尸，只发现了一个木箱子，箱子里放着几件打了补丁的衣服，除此别无其他。他为官清廉，严惩贪官污吏，禁止徇私受贿，为民请命，不惜以身犯上，曾抬棺进谏皇帝，遂有"海青天"之誉。他到南京任职时，百姓们夹道欢迎，堵得他都没法进入南京城，兵部派人开道才把海大人迎了进去。

二、海瑞是一把尺子

海瑞是个一心追求高道德标准的清官，他坚持道德正确，坚守法律尊严，按照规定的最高限度执行。他将善恶作为标准，以道德、法律为尺子，丈量自己，也丈量他人，丈量世界。他用"苦节自厉"来裁剪自己，以"嫉恶如仇"来裁剪他人，他追求的不是有血肉的自己，他把自己活成一把尺子，这把尺子有刻度，却少了温度。

三、真我有心有爱有温暖

海瑞死后获赠太子太保，谥号"忠介"。海瑞只能作为一个供像在庙堂上被供奉着。他只做道德和法律判断，几近偏执，摒弃情感，没有血肉。海瑞把自己活成一把只有刻度没有温度的尺子。失去真我的尺子没有温度，也注定失去准星。失去了真我，这把尺子丈量出的世界也是扭曲的。

真我的世界里，有情，有爱，有温暖，有美好。

【小结】
1. 当你真真切切感受这个世界的每一个体验，那才是你的真实的存在。
2. 每一分每一秒，都是强大的真我临在，愿你时时刻刻都做真实的自己。

【思考】
你的生活里，假我出现频率最高的时候，是和谁在一起？

第八节　纯粹就是无添加和无条件的喜悦

顺从心流，喜欢什么就去喜欢，想做什么就去做。

情绪特点：
每天杂念丛生，事情太多，责任太大；感觉什么顾虑都有了，就是没有快乐。不知道如何解脱这个困局，这是活在贪恋的状态里。

情绪真相：
没有单纯、善良和真实就没有伟大。——列夫·托尔斯泰
如果你想活得简单快乐，那就一起来感受三个观点，帮你放下杂念，回到原生态。

【什么年龄都可以活得简单、专注和纯粹】

纯粹是专注的状态，一种没有时间观念、没有杂念、完全深深沉浸在当下的状态，这种纯粹的状态是一种超级无敌的力量。

一位母亲为了营救被困在车子下面的孩子，直接凭一己之力将轿车抬起来，我相信为母则刚，更相信聚焦的心流之力。

当你进入这种状态时，你的智力和体力都会达到顶峰，大脑能够生发的信息和智慧非常神奇。

韦东奕是北大的数学学霸，因为数学太厉害，经常代表国家参赛获得奖项而被人称为"韦神"。他便是纯粹典型的代表，不管是采访视频里还是他人对他的描述里，他都是一个无比痴迷于数学，非常纯粹真实的人，他的大部分生命都专注于数学，经常处于心流状态，没有太多其他的想法掺杂。这种纯粹造就了他，他可以用一个晚上的时间，解决6个数学博士用了4个月都没有解决的数学模型难题，专注的力量是非常神奇的。

其实，我们大部分人在小时候都拥有这种纯粹，只是现在已经被太多其他物质掺杂，过多的想法和顾虑，使得我们不再相信自己内在强大的能量，使得我们很难完成一件本来很容易完成的事。

我们在五岁玩泥巴时非常纯粹，那时我们只是纯粹地玩。十五岁读书的时候我们纯粹地交朋友，没有太多想法，跟他的家世无关，纯粹就是聊得来。二十五岁的时候我们会纯粹地谈恋爱。三十五岁时我们纯粹地为了家庭去付出，纯粹地去爱自己的孩子。五十五岁了，我们开始锻炼身体了，老胳膊老腿开始健身了，也是很纯粹。

所以你会发现，人生的不同阶段，有不同的纯粹。婴儿时期的纯粹状态可以在任何人生阶段应用到不同的事情上。

【坚守初心，不给快乐添加太多条件】

长大后我们会发现，很多人给快乐添加了太多条件，从而导致不纯粹不快乐。在生活中，妈妈对孩子的爱，也有了越来越多的附加条件，比如要求他优秀要求他听话；我们初恋时没有条件，但是后来有了房子车子等要求。

我看过一个比喻很有意思：一只小鸡破壳而出的时候，刚好有一只乌龟经过，从此以后小鸡就背着蛋壳过了一生。

很多时候，我们都是被影响才去模仿，而小鸡其实不用去模仿，它可以做更好的自己。

孩子本就具足质朴的灵性，而有些教育和影响，反而让孩子失去天性中的纯粹。

越纯粹的东西就越简单，越简单就会越快乐，到最后你会发现，我们人活着纯粹就是一种立体的体验。

孔夫子虽然周游列国，极力地想做官，但并不是为了获取名利地位，不是贪图物质享受，而是为了实现他的政治主张，也就是他的初心。

孔子的故事之所以广为流传，他的内心之所以如此强大，就是因为他一直坚守自己的本心和初心，也深深影响着千秋万代的华夏子孙。

梦想不会自己发光，发光的一定是坚持本真的你。

【用纯粹的生命，影响更多生命活出丰盛】

在一起的每一天，都是我们自己积极创造的缘分；被看见的每个当下，都是你的优秀在吸引大家的目光；每一次纯粹的付出，都是你对这个世界最大的慈悲。

每一次本性的流露，都是照进这个世界的光和爱；每一次发出的光和爱，都是存进你生命的超能量。每个人，都在不知不觉地做那颗最明亮的能量之星，照亮自己的世界，温暖他人的心。

像孩子那样率性，让世界看见你是如何爱自己，也让他人知道如何爱他自己，这是一种至善，做好自己，就是对世界的贡献。

活出纯粹的快乐吧，你永远不知道，谁会借你的光，走出困惑，拥抱快乐。

【历史人物的情绪解码】

聂政的纯粹

一、刺客聂政

聂政，春秋战国四大刺客之一。

聂政年轻时因侠义杀人带着母亲和姐姐避祸齐国，以杀猪为业。韩大夫严仲子因与韩相侠累结仇，潜逃齐国濮阳，听说聂政的侠义，献巨金为他的母亲庆寿，与聂政结为好友，请求他为自己报仇。聂政待母亡故守孝三年后，忆及严仲子知遇之恩，便独自一人仗剑进入韩国阳翟，以白虹贯日之势，刺杀侠累于台阶上，继而格杀侠累侍卫数十人。为不连累他人，遂以剑自毁其面，剖腹自杀。《史记》为之列传。

二、一个刺客的纯粹

聂政是个纯粹的刺客。他的纯粹体现在刺杀整个过程的专业和专注。

一是刺杀准备阶段的耐心等待，充分准备。他待母亲去世守孝三年后，了无牵挂、全力以赴行动。

二是刺杀过程的心无旁骛，一击致命。他一人仗剑，无一丝风吹草动；刺杀时电闪雷击，确保一剑封喉。

三是刺杀善后处理的鸟过无声，雁过无痕。他决然就死，皮面决眼，自屠出肠，不累他人。

聂政只为做一个纯粹的刺客，一击成功，干净了然。

三、纯粹就是专注而投入

纯粹就是专注而投入，不尤不怨。纯粹就会有精心的准备，有全然的投入，有完美的善后。纯粹就会没有杂念，就会变得简单，纯粹接近真我。世界很大，生命太短，找到我们的使命，为达成使命专注而投入，就是一个纯粹的人。

【小结】

1. 当我们专注而投入，没有杂念时，就是纯粹的一种状态，这时我们会简单而快乐。

2. 当我们追求纯粹与真我，我们就更能接近真实的自己，世界太大，生命太短，要尽量去活出自己喜欢的那个样子。

【思考】

1. 你做的最纯粹投入的是哪件事？
2. 是否有享受感？

第九节　爱是允许和欣赏

美好的关系，就是相互做一面镜子，为对方呈现最真实的样子。

情绪特点：

爱无力也伤不起。明明很爱孩子，他却很抗拒，明明是全心全意爱，却被说成掌控；困惑的心，受伤不轻。这是过度关心他人的状态。

情绪真相：
允许里充满爱。
如果你想全然沉浸和享受爱与被爱，那么以下三个观点是需要了解的。

【爱是允许，是嘉许，是欣赏】
爱像戴着眼镜看东西，会把黄铜看成金子，贫穷看成富有，眼睛里的斑点看成珍珠。——萨尔丹

爱很简单，爱是允许，是嘉许和欣赏。当你去挑剔和评判一个人、一样事情的时候，你就失去了爱，完美就不在了。

爱里面没有挑剔、评判、指责和抱怨。

爱是如他所是，而非如你所想，用你喜欢的方式去爱，叫掌握，用对方喜欢的方式去爱，才叫真爱，爱要去感受对方的需要，用对方的方式去满足他。

爱一个人最好的方式，就是接纳他和你的差异，并将焦点放在对方的内在优点上，在你的心里，他始终都那么优秀，这就是真正的爱。

假如这一点一直不变，爱就一直不会变，被爱着的对方，也会因此心悦诚服，倍加珍惜，这就是永恒的爱。

【爱要懂得表达，并让对方收到】
爱要表达出去，并且被对方收到。很多女人说自己一天在家里把地擦得比脸还亮，把活儿都干好，家里整理得井井有条，自己很爱这个家呀，自己很爱老公。可是家里人并没有收到。爱是什么？爱是表达出去，并且被对方收到才叫爱，不然的话爱只是你自己一厢情愿。你心里有爱，但你的表达方式别人接收不到怎么办呢？

小楠喜欢鲜花，而男朋友小张每次过节日都送她实用的生活用品。每当小楠抱怨男友不够爱她时，小张也觉得很茫然，觉得自己已经很爱女友了呀，买的都是女友需要的而且品质足够好的生活用品。但"需要"和"足够好"都是小张觉得的好，而不是小楠觉得的好。表达爱用错了方式就变得适得其反，小张觉得自己足够用心去爱，而另一边小楠却丝毫感受不到爱意。

美国婚恋专家盖瑞·查普曼写的一本书叫《爱的五种语言》。第一种是送礼物，有的人喜欢送礼物的行为，你给他送礼物，经常有小礼物收他就能感受到爱。

第二种是赞美的言辞，有的人喜欢你经常夸他，一定要表达出来，他才能收到。

第三种是身体的接触，有的人喜欢亲密接触，牵手、拥抱、接吻、坐在一起、靠得很近，这个时候他才能感受到爱。

第四种是服务的行为，有的人你为他默默地做一些事情，把他的衣服洗好熨烫好叠起来，给他默默地烧饭，给他默默地倒一杯水，在他生病时默默地照顾他，这个时候他能够感觉到，因为他对爱的接收信号就是服务的行为。

第五种是亲密的空间，有的人就喜欢二人世界，这就是很多女士不愿意跟婆婆一起住的原因，觉得没有两个人私密的空间，就感受不到爱，喜欢有自己的私密空间，两个人一起去外面喝下午茶，一起看电影，一起雨中散步，一起回到自己的小家。

所以爱是用对方的方式去爱，并不是你觉得你爱他，他就觉得你爱他了。

生命苦短，我们没有时间争吵和生气，请把宝贵的时间用来爱，用来享受。

【感恩让你获得越来越多的爱】

有一天女儿对我说："妈妈，我很庆幸生在我们家，因为你和爸爸都是开明的。我也很庆幸生在建德，生态好空气好。"我说："你不说我们浙江好啊？鱼米之乡。"她说："是啊，我还庆幸生在特别有安全感的中国，不过我还是更庆幸生在这个地球，其他星球的宝宝太难看了。"

每天清晨醒来，花两分钟感恩美好的一天到来，你会发现你总能够如愿以偿。即使你有时候精疲力竭，也可以感恩自己的努力和坚持。你会发现，你非常喜欢和懂得感恩的人、欣赏你的人在一起，你会愿意给他们更多的帮助。那如果我们花点时间欣赏我们所见到的每个人，并以感恩的方式送给他们更多的爱，这将会使你的能量越来越高，将使你获得越来越多的爱。

【历史人物的情绪解码】

缇萦之爱

一、缇萦上书

汉文帝时，太仓令淳于意因罪被捕，将拘系到长安。淳于意叹息自己没有男孩子，只有五个女儿，危难之时一点儿用处也没有。他十五岁的小女儿缇萦独自伤心哭泣，一路艰难跟随父亲来到长安。到了长安，她勇敢地向皇帝上书说："我父亲为官，齐国地区的人都称赞他廉洁公平，如今犯法应当受刑。我悲伤已经死去的人不能复活，身受刑罚的人不能再把肢体连接起来，虽然想改过自新，也无路可走。

我愿意被收入官府为奴婢，来抵赎父亲的刑罪，使父亲能改过自新。"

缇萦的上书送至皇帝，汉文帝哀怜她的心意，进而想到许多犯罪的人，就下诏废除了肉刑。

二、爱引发爱

汉文帝是中国历史上第一个废除肉刑的帝王，使许多人免受皮肉之痛，汉文帝的这一举动可以载入人类文明史。这个创举来自缇萦对父亲骨肉亲情之爱。这份对父亲的爱使一个柔弱的小女孩艰难地跟随父亲跋涉到长安，又勇敢地上书皇帝。缇萦的孝心感动汉文帝，进而让汉文帝对天下许多犯罪的人产生怜悯而废止了肉刑。一个弱女子的爱，触动了一个帝王心中最柔弱的地方，引发出最悲悯的情怀，惠及天下百姓。爱会引发爱，哪怕最平凡最普通的爱也会激发出最真、最善、最美的情感。

三、爱是源泉，爱是能量

爱会激发爱，爱如和煦的阳光无处不在，爱似清新的空气无时不在，生命因爱而美好。

爱是一切生命的能量，爱会焕发真、善、美，爱是生命的动力和源泉，生命因爱而勃勃生长。

心怀感恩和欣赏，爱的能量将送达生命中的每个人。

【小结】

让我们打破局限，放下固有模式，用欣赏和感恩，将爱的能量送给你生命中的每个人，借此获得更多的爱，送给我们自己。

【思考】

你的允许和欣赏，送给谁最多？

第十节 终极疗愈是自我疗愈

柳树最难劈开的地方，恰恰是受伤后愈合的部位。

情绪特点：
伤不起的感觉，身体和心灵都很虚弱；身体明明没病，却总是不舒服；很想爱，又害怕再受伤；甚至已经感受不到真爱。这是自我修复能力受损状态。

情绪真相：
海明威说：我们曾经受伤痛苦的部分，一定会变成最有力量的部分。
如果你想要疗愈自己，让自己变得强大，一起来感受三个观点。

【终极修复是自我疗愈】
终极的疗愈是自愈，我们每个人都有自己疗愈自己的能力。
我们的思维模式有两个方向，一个是积极正面的，一个是消极负面的。一般我们都会去自我反省。每一天，当做完了一件事情自我反省的时候，使用积极正面的循环模式去自我确认，就能实现自我疗愈了。但当我们去到负向思维反省的时候，我们就会否定自己，甚至陷入崩溃。也就是说，把你的循环系统调节到积极正向，才能达到自我疗愈。
懂得原谅自己，允许自己。当你觉醒，不评判自己的时候，你就离自愈不远了，你的治愈力就会大大提升。
情绪的调节，就是自我疗愈和自我安慰的重要手段。

【疾病是身体在提醒你需要疗愈】
身体其实是我们与内在之间的交流工具。它不只提供我们居住的躯壳，它还拥有一套聪明的运行机制，可以帮助内在表达，了解自身的问题。而疾病的出现有着提示的作用，它是为了向你指出那些需要疗愈的地方。
身体知道你所有的所思所想，你身体出现任何的不适与疾病，都是你内在信念和心结的反馈。你身体的每一个细胞都知道你头脑里的所思所念。你身体的任何不适和疾病也都来源于你内在的信念。你内在积压的悲伤、愤怒等负面情绪越多，你的身体就会越容易生病。
所以，想要身体好，先疗愈你的心。
而你的每一种不适和疾病，都指向内在你的信念和情绪。放下过往那些心结，疗愈心灵，就疗愈了身体。
心理问题的本质在于爱的缺失，当一个人没有被真正爱过，那么他就会缺乏自我价值与自我认同，内心中就会产生莫名的恐惧。为了减轻内心中的恐惧，他会把自己变成一个乖巧、可爱、努力、道德、孝顺的人，这样他就能赢得周围人的接纳与爱,这样他才能减轻内心无价值感。这样被绑架出来的对自己的伪装却会加深自己的恐惧,因为自己也知道那不是真正的自己,而内心里会更加恐惧周围人对那个真实的自己的不接纳。

【疗愈就是让真我归位】

处在心理问题状态下的人们,往往是深受其害而不自知,比如在抑郁状态下的表现其实是受害者的思维模式。

记得有个古老的故事:有个秀才赶考路上投宿做了三个梦,一个是墙头种白菜,第二个是穿着蓑衣还带雨伞,第三个是抬着棺材赶路。算命先生说你没戏了,回去吧,不用考了,墙头种白菜是白种,穿蓑衣带雨伞是多余,抬棺材是晦气,你考不中的。说得那秀才垂头丧气,一点信心都没有了。

那客栈老板娘听了高呼"不对",她说:"墙头种菜不是高中吗?穿蓑衣带伞说明有备而来,是双保险。棺材棺材,升官发财,官人你一定高中。"秀才听了豁然开朗,第二天激情满满去考场,果然放榜是状元。

意识疗法认为,你只要转换你的思维模式,就能够彻底解决问题,换句话说你自己必须要切换到客栈老板娘的状态。

很多问题,换一个角度就会迎刃而解。

【历史人物的情绪解码】

爱的疗愈

一、不幸的童年、有名的贤君

公元前 91 年西汉爆发巫蛊之祸,太子刘据一家被害,唯有太子嫡孙病已因在襁褓中逃过一死,被关进监狱。善良的廷尉监丙吉同情这个小生命的无辜,派狱中女囚哺育他。在狱中,这个幼年多病的孩子病已曾几次病危,丙吉给他取名"病已",以祈求健康。后来他被养育于掖庭(宫廷中的监狱)又遇到掖庭令张贺,张贺很同情无辜的刘病已,对他体贴入微,用自己的钱供给他读书,替他操办娶许平君为妻。公元前 74 年汉昭帝驾崩,无嗣。昌邑王刘贺登基 27 日后被废。于是,时年十八岁的刘病已,因"行止安闲而气节操守平和""操行节俭,慈仁而爱人"被迎立即皇帝位,是为汉宣帝。汉宣帝继位后汉朝政治清明、社会和谐、经济繁荣、四夷宾服,综合国力最为强盛,史称"孝宣之治"。汉宣帝成为中国历史上有名的贤君。

二、爱的滋养

刘病已不幸而悲惨的童年常人所不遇，但幸运的是遇到丙吉和张贺，两位正直的监狱长用一颗善良的心温暖着他。女囚胡组、郭征卿的细心照顾，丙吉的舍命保护，让他虽失去亲人但得到了爱，正是这份爱让他在监狱恶劣的环境中活下去。张贺给了他一个良好的成长环境，让他读书明理。他流落民间时的结发妻子许平君则在他最苦难的时候给他情感的抚慰。亲人被害，在监狱长大的刘病已被最朴素的爱滋润着。童年的创伤要用一辈子去疗愈。刘病已不幸的童年一直在被疗愈着，所以成为皇帝的刘病已也把爱回报给别人。他节俭勤政，他怕百姓避讳"病已"两个常用字太麻烦，改名刘询。他感恩念情，坚持立许平君为皇后。

三、爱是真正的疗愈

爱是疗愈一切的最好的元素。感受着爱，会温暖自己，在感受的同时又拥有爱的能力，才是真正的疗愈。当汉宣帝对大臣说想要寻找一把年轻时佩戴的宝剑，以表达感念旧情时，当他体恤百姓改名为刘询时，他的一切都疗愈了。感受爱的温暖，拥有爱的能力，做一个爱的链接者，把爱传递出去，爱会反射，爱会发光。

【小结】

早起、冥想、阅读、写作、运动，我们可以依靠自身的治愈能力，帮助自己回归本真状态，经常和自己在一起，做自己喜欢的那个人。

【思考】

1. 你最强大的品质是什么？
2. 是什么原因，让你拥有这个品质？

第十一节　美的真相是活出真实的自己

真正的美，是灵魂的香。

情绪特点：
感觉自己长得太不好看了，没有别人美，所以做什么都没有自信；长得难看人生才这么失败，长得好看的人，什么都占便宜。这是自我贬低状态。

情绪真相：
美，是用心灵的眼睛才能看到的东西。——儒贝尔将军
如果你想不用整形也很美，这里有三个真相告诉你。

【美的标准是给自己设了一个圈套】

有人说：女人不爱美，就是一种病，需要治疗。

美，自古以来都是人们孜孜不倦地追求的东西，不管男女老少，毕生都逃不开对美和魅力的修炼和提升，但是又有多少人真正理解这个字？

一个女人觉得自己很平凡，想追求美，周围流行什么她就把自己改变成什么样。有段时间流行锥子脸，她就去削骨；流行欧式大双眼皮，她就埋线；流行A4腰，她就去抽肋骨。直到有一天，她看着镜子里的自己，很陌生。这时，她又看向现在流行的美的标准，她惊讶地发现海报上的最美明星长得和原来的她差不多！

外表的美只能取悦于人的眼睛，而内在的美能感染人的灵魂。

孟子说："夫物之不齐，物之情也。"一棵树上，找不到完全相同的树叶，一片沙漠中，找不到完全一样的沙粒，一个花园里，也找不到长得完全一样的两朵花。

美从来没有标准，美的定义，不过是给自己画了一个圈，将自己束缚在里面，美从来没有标准，你认为美，那就是美。

不要放弃做真实的自己，人生很短，根本没时间模仿别人。

人生是短暂的，不要为了别人眼中那个完美的形象去压抑自己，永远不要放弃自己，去追逐你更喜欢的自己吧！

【长得漂亮是优势，活得漂亮才是本事】

看过一部电影：有位项目竞选者，就因为在倒水的时候，了解到客户是一位左撇子，于是帮他把茶杯从右手边挪到左手边。就这一个细节，促使客户把几千万的订单直接签给了她，这就是人格的魅力。

人和人的交往，始于颜值，敬于才华，合于性格，久于善良，最后一定终于人品。

外在的美可以让你赏心悦目，而内在的美让你有了灵魂的碰撞。

米兰从小和父母生活在德国，她看着自己臃肿的身材、塌陷的鼻梁、大饼一样的圆脸，觉得很自卑。

一天她向邻居爱丽丝奶奶说出了自己的困惑。奶奶问米兰："你心里觉得漂亮、好看的标准是从哪里来的？"

爱丽丝奶奶从屋里拿出芭比娃娃问米兰："这是你心中那个好看的形象吗？"米兰肯定地回答。

"可是你知道，这个芭比娃娃是有多少人花多久时间制造出来的吗？它的背后有几百人的团队，经过无数次的修改，才达到现在完美的样子。"

当你用完美的眼光欣赏不完美的自己，你会发现美是生活的真，是爱的原动力。

可是当你戴着有色眼镜去挑剔生活，你就只能看到你心里嫌弃的颜色。所以，不带喜怒哀乐、是非好坏去如实观察，才能真实觉知到对方的美好。

我们的美不需要别人去评价，我们自信的时候就是最美的时刻。

外表不代表全部，你的美是你独一无二的宝藏。

【把自己活成一个美的传奇】

董明珠，一个中年丧夫的女人，36岁开始打工，用狠劲活出了自己的精彩。

孟晚舟，从接线员到华为董事、首席财务官，被扣押在国外三年失去人身自由，依然用毅力与乐观，活出自己的传奇。

其实我们任何一个普通人，都可以活出属于自己的美丽的人生，活成别人眼中那个独特的传奇。

有的人，总想模仿别人的幸福和成功，这样会把自己变成"别人"，会忘记活出属于自己的美丽，与其做一个别人的复制品，倒不如做一个独一无二、无可替代的自己。

世界上最遥远的距离，是说和做的距离，说了没做，就是做白日梦，做了不说，离成功就一步之遥。

不要说自己没有能力、没有条件，其实每个人都有各自的天赋，只待挖掘出来。

在该奋斗的时候，不要给自己找理由拖延和懒惰，现在的浪费就是在耗费未来，浪费生命。

生命的长度是有限的，我们要做的就是在有限的生命里增加生命的宽度，开创自己的天地，活出属于自己的美，做独一无二的人，成就自己专属的传奇。

【历史人物的情绪解码】

美的传奇

一、美的传奇阴丽华

她贵为皇后，有颜值有仁德有格调，一个美的传奇。她就是阴丽华。

东汉开国皇帝刘秀尚未发迹时，就十分仰慕阴丽华的美貌，曾发愿：娶妻当得阴丽华。公元 23 年刘秀在昆阳大捷后，于宛城迎娶阴丽华为妻，实现了他人生第一个梦想。

公元 26 年，建立东汉政权的刘秀以阴丽华"雅性宽仁，有母仪之美"，要立原配阴丽华为皇后。阴丽华坚辞不受，因为当时东汉初创，人心初定，为了政权的稳定，在她的坚持下最后立郭圣通为皇后。直到公元 41 年，阴丽华才坐上十五年前就属于她的皇后宝座。

史书记载阴丽华死后和刘秀合葬，汉明帝梦见"先帝、太后如平生欢"。足见刘秀和阴丽华情感之深。

二、长得美是优势，活出美才是本事

美的传奇就是长得美，活出美。

阴丽华成为刘秀的结发妻子后，处处维护刘秀，维护刘秀的东汉政权，为了刘秀和东汉她甘受委屈，甘愿牺牲，她以美丽和格调赢得了刘秀，赢得了爱情。

她性格恭谨俭约，仁孝矜慈，为人处世宽仁谨慎，刘秀身边的大臣都很信赖她、敬重她。她以仁德赢得大臣的尊重。

她谦让为怀，平和宽容，在刘秀换皇后和太子后，尊重并厚待废后郭圣通和废太子。她和他们相处融洽，她以仁厚赢得对手的尊重。

阴丽华美在颜值，美在仁德，美在格调。她美得精彩，美得经典，美得经久。

三、美的传奇也是生命的传奇

美是什么？

美是滋养，美焕发美好滋养生命，滋养自己，也滋养他人。

美是力量，回眸一笑百媚生、六宫粉黛无颜色是容颜之美，母仪天下是气度之美，雅性宽厚是仁德之美，温婉恭谨是格调之美，当这些美都集合在一起就是传奇，就有流传千古的力量。

【小结】
1. 看见生命的无常依然去拓宽极限，就活出了自己的精彩。
2. 遇到了伤害依然选择爱惜自己，就是在创造生命的传奇。

【思考】
你认为生命之美应该体现在哪里？

第十二节　高贵是让别人成为高手的贵人

高贵的灵魂，会觉得随时随地滋养他人是一件很平常的事。

情绪特点：
觉得自己缺乏尊严，不够有格调；感觉自己灵魂空虚，得不到升华；活不出高级感，怕被别人看不起。这是活在卑微的情绪里。

情绪真相：
人真正的高贵来自灵魂。——周国平
想要活出贵气，一起来感受以下三个观点带给我们的启发。

【高贵是骨子里散发的光】
如果有人发现并鼓舞了你自己都没有在意的内在美好品质，那个人就是你的贵人。
如果你发现并鼓舞了他人内在的美好品质，那你就是他的贵人。
现实生活中，很多人见面就会试探对方的工作、收入，以便迅速计算出对对方的尊重程度和有多少可利用的资源。这实际上就是以外在作为衡量一个人价值的尺度，纸醉金迷的物质生活令人们迷失，逐渐忘记了行走在世上，其实灵魂的呈现与表达才是最重要的。
拥有高贵灵魂的人，他身上的特质必定十分明显，他的一言一行无不在表达自己的灵魂，展现自己独特的品质，散发高贵的光芒。
一个老人在高速行驶的火车上，不小心刚买的新鞋从窗口掉了一只，周围的人倍感惋惜，不料老人立即把第二只鞋也从窗口扔了下去。这举动更让人大吃一惊。

老人解释说："这一只鞋无论多么昂贵，对我而言已经没有用了，如果有谁能捡到一双鞋子，说不定他还能穿呢！"

对于灵魂高贵的人而言，因为心怀仁慈，他早已把善待他人当成自己一生的践行。

灵魂的高贵，并非只来源于善良，更多来源于一个人品质的底线。

有一次，孔子在陈国断了粮，跟从的人也生病了，不能起来。子路气呼呼去见孔子，问道："君子也会有困窘的时候吗？"孔子回答道："君子即使处于困境，也会坚守底线，小人处于困境，则会胡作非为。"

【让高手成为你的贵人，让自己也成为贵人】

为了提升自己的修养，我们要留意善于挖掘和提升你特质的人。

二战期间，德国纳粹疯狂迫害犹太人，一位犹太人父亲让自己的两个儿子去找曾经帮助过他们家的瓦西里先生避难，想让他帮助两个儿子逃生。

可是兄弟两个各有想法，老大跑去找父亲曾经多次帮助过的希拉里先生，弟弟按照父亲的嘱咐找到瓦西里先生，结果，弟弟得救了，哥哥却被希拉里出卖了。

曾经帮助我们、提升我们、托起我们的，曾经鞭策我们、提点我们的，都是我们的贵人，值得终生感恩。

除了要不断锻炼自己的高贵灵魂，我们还应看见他人的生命品质和力量，尽最大的努力去托起对方的能量。

有两件小事比较值得说起。

一是一个有业务来往的小伙伴，有一段时间很消沉，因为公司和他解除了合约。他非常懊恼，来探访我的时候，眼里布满血丝，耷拉着脑袋。我对他说了两句话："我是个很挑剔的客户，而你让我心服口服，所以我才加盟你们公司，足见你的能力。你已经离职了，还继续做好善后工作，足见你是个有担当和责任心的人，如果你自己干，我第一个支持你。"这个人，很快创立了自己的公司。

第二个人，是一个客户的朋友，坐在我公司会客厅等候，看见我穿着旗袍，很羡慕的样子，她说自己是男人婆，不敢穿旗袍。我也说了两句话："不识庐山真面目，只缘身在此山中。你死盯着自己那几个缺点来回折磨自己，不如把你明媚、大方、文艺的感觉提炼一下，去找到和你个性匹配的旗袍风格，那才是完美。"

过了一个月，我收到了她的电子相册和一堆礼物，照片上是穿旗袍的民国美女，美得很大气。

无论在何时何地，与谁在一起，请用你的心、你的能量去托起他，就像托起一个太阳，因为你永远不知道，谁会借你的光，走出黑暗。

【尊重你高贵的自尊】

所谓"敬人者，人恒敬之"。

我们一生，都在学习敬与爱，而我们对自己的尊重，就是一个修炼的过程。

自尊，是指维护自己认为最深的真理，自尊是不让别人来主宰自己，而是自己主宰自己的感觉，自尊是要做自己想做的事，而非别人想要我做的事；自尊是活出自己的价值观和自己相信的一切。但有的时候，这并不容易做到，当你认同的价值观和你生活中需要顺应的价值观有冲突时，斗争和痛苦就来了。

是尊重自己呢？还是随顺他人？

是遵从自我意志呢？还是尊重社会规则呢？

当周围有些人不够尊重你时，你还是要尊重自己，原谅和宽恕他们，因为他们也有需要尊重自己的部分，然后你需要放弃让别人来肯定你的想法，因为他们也在等待你去肯定，请肯定自己的价值，把力量还给自己。

你还需要了解，想要不断得到别人的肯定，那是在树立别人的权威，内心深处反而不肯定自己。

肯定自己的真理很重要，同时，去尊敬别人的梦想和路，就像别人需要尊重你一样。

【小结】

1. 无论走到哪里，都记得发挥自己的能量，助人自助，你就是高贵的。
2. 留下自己对这个世界的正向影响，而不留自己的遗憾，你就是贵气的。

【思考】

1. 曾经让自己最值得骄傲的一件事情是什么？
2. 它和高贵有关联吗？

第十三节　允许里充满爱

只要你愿意允许，每一秒都是爱。

情绪特点：

感觉自己不够独特，不想从众，不想做芸芸众生；我又不是你，请不要用你的标准要求我，我想让自己特别一点，不想和别人一样，大家都一个标准多没劲啊，我不想做千篇一律，我要做万里挑一。这是一种想要活出自己的状态。

情绪真相：

道不同，不相为谋。——孔子

如果你想做独特的自己，又有些忐忑，那以下三个观点你正好能用上。

【关系里，最需要做的就是允许】

有一句话叫允许一切发生。不允许太阳落山，但太阳注定要西沉；不允许自己老去，但我们无法改变生命的长度；不允许身边的人做一些事，但终究无法掌控他们。所以不管我们是否允许，我们无法改变结果。但是，你的不允许越多，你的受伤就越多，难过也就越多。

接纳和允许，是改变的第一步。

小余刚来到南方的一座城市工作，对于这里的饮食、气候很不习惯，总之，他不太适应这个新的环境，每天都很郁闷，下班后把自己关在宿舍蒙头大睡，差点得抑郁症。

有一天晚上，同事聚会结束，大家去公园的湖边散步。小余看到公园里老人健身的场景，突然就有了家的感觉，他开始放弃内在的对抗，放弃对抗这座城市的不适应，放弃对抗陌生的口味，去学习这座城市的文化。小余做出了改变，允许自己去体验新感觉，终于融入了这座城市。

所以说，允许是做出改变和获得更好的发展的前提。

【允许别人活出自己的样子，也允许自己和别人不一样】

凡是你不允许的，都是因为你想改变它，所以你会生气。可是你想过吗，能让你生气的，都是你的重要关系，那为什么你要对对你至关重要的人那么苛刻呢？

生活是自助餐，每个人都有自己的选择，我们能做的，只有允许。当你愿意允许之后，你会发现，你的幸福感会增强，你的世界会豁然开朗。所以，让你的允许越来越多，越来越大，让花开成花，让树长成树，允许年幼的孩子贪玩调皮，允许年迈的父母用他们喜欢的方式过日子，你会发现，你也越来越自由。

歌德说，一棵树上很难找到两片形状完全一样的叶子，一千个人之中也很难找到思想情感上完全协调的两个人。

每个人都有选择的权利，我们不一定要选择大众认可的方式去活着，我们应该活出自我，允许自己和别人不一样，这才是一个人真正成熟的标志。

【允许，是给双方自由】

一个人最好的状态是允许自己做自己，允许他人做他人。允许，给双方最大程度的自由和空间，不失为一个明智的选择。就像空中的风筝，你绷得太紧，容易断掉；手中的流沙，你握得越紧，反而越容易失去。

只要不是原则问题，一切都可以自然随顺，即使是假意的认同，也是真诚的允许。

小王总是抱怨丈夫不理解她，说她想要和丈夫更亲密些，所以她总是想尽一切办法增加和丈夫独处的时间。她要求丈夫下班之后必须回家，回家之后不许出门，陪自己看电视，周末陪自己去逛街购物。但是丈夫对这些事情压根没有兴趣，有点时间就喜欢和朋友去钓鱼，为此小王十分苦恼。

所以，真正的爱不是占有，而是给自己和对方自由，让双方成为更好的自己。

【历史人物的情绪解码】

被允许的霍去病

一、独一无二的霍去病

十八岁霍去病被汉武帝任命为剽姚校尉，随大将军卫青出击匈奴。霍去病率八百勇士飞驰千里，斩首匈奴二千二十八级，其中包括匈奴的相国、当户等高级官员，俘虏单于的叔父罗姑比，功冠全军，被封为冠军侯。

十九岁为骠骑将军。两次率军出击，斩杀匈奴折兰王、卢侯王，俘获单于单桓、酋涂王和休屠王的祭天金人。共斩首四万一千一百六十级。匈奴为此悲歌道："失我祁连山，使我六畜不蕃息；失我焉支山，使我嫁妇无颜色。"

二十一岁率骑兵五万，出代郡，深入漠北，与匈奴左贤王部接战，大破匈奴军，俘虏匈奴屯头王、韩王及将军、相国、当户、都尉等八十三人。霍去病乘胜追杀至狼居胥山，在狼居胥山举行祭天封礼，在姑衍山举行祭地禅礼。斩首匈奴七万四百四十三级。经此一战，"匈奴远遁，而漠南无王庭"，匈奴势力大为衰退。

二、成长从接纳和允许开始

年幼的霍去病身体健壮，能骑善射，深得汉武帝喜爱。汉武帝把他带到身边，放在宫里抚养，让他习武练剑。汉武帝非常宠爱他，允许他自由出入宫中，允许他旁听朝廷对匈奴作战的廷议。汉武帝非常信任他，允许他自由选择。有一次，汉武帝叫他学《孙子兵法》，霍去病竟说，打仗只要随机应变就行，根本就不用学古兵法！汉武帝也就任由他不学。

正是汉武帝对霍去病完全接纳，使他能在一个充分允许的环境中自由成长。独一无二的霍去病，是因为有这份独一无二的充分允许。霍去病之后再无霍去病，是因为这份充分的允许无法复制。

三、允许里充满奇迹

允许里充满爱，充满力量。正是汉武帝的接纳和允许，培养了霍去病超乎寻常的英雄气概。"匈奴未灭，何以家为！"

允许里充满支持。在充分允许里，霍去病活出自我，成为一名既勇且谋、战无不胜的战神。

允许里充满奇迹。在充分允许里，霍去病鲜花少年，琴心剑胆，马踏飞燕，直捣黄龙，封狼居胥，功冠天下。

【小结】
1. 纵使有千万条道理，只要你足够爱，你就会懂得允许。
2. 不需要别人理解你，大胆做自己，爱你的人自然允许你。

【思考】
1. 你对家人最多的允许是什么？
2. 最多的不允许又是什么？
3. 他们给你带来了什么结果？

第十四节　珍惜的最佳方式是享受

将自己的优势发挥到极致，是最高级别的珍爱。

情绪特点：
感受不到珍爱，相互没感觉；自己觉得很珍惜他，对方却说没有感觉。人没有爱，就像花儿没有水会枯萎，这是渴望珍爱的需求。

情绪真相：
哈兰·科本说，珍惜眼前的人，珍惜此刻的情，因为明天不一定有太阳升起。如果你想要享受珍惜的感觉，那你就需要了解三个观点。

【珍惜钱，就是去享受它带来的乐趣和成长】

《大话西游》里，至尊宝对紫霞仙子说：曾经有一份真诚的爱情放在我面前，我没有珍惜，等到失去的时候才后悔莫及，人世间最痛苦的事莫过于此。如果上天能够给我一个再来一次的机会，我会对那个女孩子说三个字：我爱你。如果非要在这份爱上加上一个期限，我希望是：一万年。

如果要我说，干么要一万年，珍惜只在每个当下。

比如说，当孩子小的时候，总是黏着你，也许你会嫌他烦，但是当他长大了、出国留学了，就会离你很远；当父母在的时候唠唠叨叨，我们会感觉他们对琐事过于关注，给我们带来烦恼，等到他们不在了，我们才发现，他们说的那些事，很实用，后来我们都用上了，但是我们再也听不见他们的教诲了。

当我们现在拥有健康的时候，我们觉得理所当然，不按时吃早餐，不适时休息，不去维护和保养它，等到身体亮起红灯，才觉知到自己没有好好珍惜好身体。

珍惜不是把钱放在银行，而是去享受金钱换来的乐趣与成长；珍惜身体，就是享受每个器官给我们带来的不同的体验，听音乐，看自然，吃美食，感受人间美好。珍惜亲人，就是享受和家人在一起的每刻时光；珍惜伴侣，就是去认真体会对方的感受，与对方同频；珍惜友情，就是努力去看到对方的闪光点，让对方的特质因为你的存在而加倍绽放；珍惜大自然，那就去享受阳光雨露，享受风和日丽。

马克·吐温说："20年后，你只会为你没有做过的事情后悔，而不会为你做过的事情后悔。"所以，珍惜金钱，是把钱花在让自己更有获得感的地方，可以用于获得更多的体验，用于增长知识与智慧，这样花的钱，就特别有价值。

【珍惜亲人，就是享受和亲人在一起的每一刻时光】

电影《你好，李焕英》一经播出，便获得了广大观众的喜爱，这部电影是贾玲为了纪念自己早逝的母亲李焕英改编的真实故事。贾玲每次回忆起母亲，都会情绪崩溃落泪，贾玲说："和母亲在一起的日子都非常快乐。我想传达的是，失去妈妈时，才知道那种窒息感、无助感，这辈子都不愿再体验……""我不是为了当导演才去拍电影，是为了拍李焕英才去当的导演……"

岁月无情，生命无常。好好珍惜与父母、兄弟姐妹相伴的每一秒，珍惜和他们的每一次见面、每一次相逢，希望当父母离去的那一天，我们能很坦然地转身，没有遗憾。

【将自己的优势发挥到极致，是对自己最大的珍惜】

当我们没有房子的时候，我们说要是有一栋房子多好啊，不要太大，八十平方米也行。但是当你真的买了房子，你又会觉得小。

没有车的时候想买车，买了车也就无所谓了。

谈恋爱的时候，两个人很珍惜为对方付出，一旦结婚了反而不珍惜了，吵来吵去伤感情。

很多人跋山涉水跑来看千岛湖，我是本地人就从来没有认真去玩过，就像北京人很少去爬长城一样的，拥有的不觉得珍贵，租的借的暂时拥有的会觉得很新奇很了不得。自己书架有很多书都没有看过，借来一本书如获至宝，赶紧看完，这样的心理很普遍。

了解自己，比学习知识更重要。就像一把锄头，对于挖地者而言，知道它是怎么使用的比知道它是怎么制作的更重要。将自己的优势发挥到极致，是一生最有激情的状态，是最有意义的珍惜。

【历史人物的情绪解码】

西门豹的珍惜

一、民可信不可欺

西门豹是战国时魏国的政治家。

他在治理邺县时，有官吏告发西门豹治理无方，使得官仓无存粮，钱库无金银，部队缺少装备。魏文侯便到邺县视察问罪。西门豹说："王者使人民富裕，霸者使军队强盛，亡国之君使国库充盈。邺县官仓无粮，因为粮食积储在人民手中；金库无银，因为银钱都在人民衣兜里；武库无兵器，因为邺县人人皆兵，武器都在人民手中。大王若不信，让我上楼敲敲鼓，看看邺县钱粮兵器如何？"魏文侯应允，西门豹上楼，第一阵鼓声之后，邺县百姓披盔带甲，手执兵器，迅速集合到楼下；第二阵鼓声之后，另一批百姓用车装着粮草集合到楼下。

魏文侯看到西门豹的政绩，龙颜大悦，请西门豹停止演习，西门豹不同意，说："民可信不可欺。好不容易与他们建立了信约，今天既然把他们集合起来了，如果随意解散，老百姓就会有受骗之辱。燕王经常侵我疆土，掠夺我百姓，大王不如让我带他们去攻打燕国。"魏文侯听后点头称是，于是西门豹发兵攻燕，收回了许多失地。

二、什么最值得珍惜

西门豹召集百姓是迫于向魏文侯证明自己治理邺县的政绩，他不在乎龙颜大悦，他在乎和珍惜的是与百姓建立起来的信约：集合就是战事。于是顺势攻打燕国，收复失地。西门豹的视野高于常人，他珍视的不是君侯的信任奖赏，而是自己与百姓的信约。西门豹的思维高于常人，他珍视的不是用自己拥有的东西来证明什么，而是珍惜自己所拥有的东西要发挥出最大的价值。在他心中最值得珍惜的是百姓。

三、最大的珍惜就是充分发挥自己的优势

珍惜就是珍惜当下，就是珍惜自己拥有的；珍惜就是物尽其用，人尽其性。有珍惜就有回报，就有享受。我们拥有当下的身体，锻炼我们的身体，享受身体健康的快乐。我们拥有亲人，管理好我们的情绪，享受与亲人在一起的美好。我们拥有自己的优势，充分利用我们的优势，享受它带来的幸福和快乐。

【小结】

1. 珍惜在本质上是一种享受，享受当下，你可以允许一切的发生，接受世事的无常，然后好好享受此刻的平静与自由！
2. 我们现在的每一天都有它的价值，哪怕是阳光、空气和水，都值得我们好好享受。

【思考】

1. 你最大的优势是什么？
2. 你是如何发挥这个优势的？

第五章 敞开自我

宽恕，是你对这个世界最大的包容，也是送给自己最自由的礼物。

那个时刻，你才是为自己而活，爱自己，然后才有能量带给世界爱。

这个阶段，是展现真爱、本性回归的见证。

让自己全然活在每个当下，看见自己就是那朵独一无二开放的花朵。原谅过往，与自己和解，放下局限，尊重自己的每一次敞开与绽放。

第一节　宽恕是为了还给自己自在

做错了才知道怎么做是对的，别人也是。

情绪特点：
为曾经的受伤愤愤不平，心里恨意难消，觉得一辈子不会原谅；伤得太深，再也爱不起了。这是活在恨意里。

情绪真相：
宽恕他人者，自己也将得到宽恕。——特蕾莎修女
如果你希望自己能够化干戈为玉帛，那就一起感受以下三个观点。

【生气时对方会受你影响，但你自己受的影响更大】
宽恕在表面看起来是你很大度，但实际上，你是在救赎自己。

当你生气的时候，你的怨恨也许会给别人带来一定的影响，但是影响更大的是你自己。当你将生活的不快归咎于他人时，这种负面能量会占据你的内心，自然而然你会产生一种"受害心理"，感觉别人在故意伤害你，心灵背上了一个沉重的结，在这种无形的负担下，你无法摆脱精神上的痛苦，始终在负面情绪中循环着自我折磨。

生命中发生的一切都有自己的责任，是你选择了不原谅，所以一直被困在怨恨里，原谅别人的错，就是解脱自己的心。

感受不到爱不代表没有人爱你，感受到伤害也不代表别人故意伤害你。

有些原生家庭里面，父母在某些方面的无知给你带来了伤痛，请宽恕他们，父母只是用他们知道的方式来爱你，可能不是你想要的，但是没有办法，他们只懂得那样去爱你。

小薇是一个脾气温和、积极向上的人，最近却有点小阴暗。她小学时曾被一个女同学精神霸凌。前阵子，她无意间发现了这个女同学的微博，于是就经常偷窥对方的日常，匿名给她恶评，她希望看到这个女同学遭遇不好的事，好像只有这样自己才能开心起来。她因此很苦恼，觉得自己又回到了当年被对方操控的状态。

对小薇来说，宽恕并不是忘记，而是当她选择宽恕后，那个曾经伤害她的人就

再也不能控制她了。宽恕不是为了他人，而是为了自己，放下是给自己自由。

【从愤怒到爱，中间隔着一个对不起】

当你说"对不起"，从指向别人转向看见自己的内在问题，经由和对方的互动，看见了自己的暴怒，再看见自己的包容。

有一对夫妇，在几年前失去了他们的儿子，他们难以从这份痛苦中走出来，更怨恨那个酒后驾驶撞死他们儿子的人。直到有一天，他们尝试怀抱着宽恕之心，放下心中的怨恨，去监狱看望他们的仇人。那位司机告诉他们，他在监狱里每天都做祈祷，祈愿他们的孩子能够在天堂快乐，他深深地向他们鞠躬忏悔，并感谢他们来看望自己。从监狱回来，这对夫妇终于放下心结，重新面对新的生活。

富兰克林说过："对于所受的伤害，宽恕比复仇更高尚。"只有学会了宽恕，才是对自己最大的宽容。耿耿于怀，只会让烦恼扰乱了你的心。学会宽恕，能从怨恨中解放自己，还心灵一份自由和宁静。

【宽恕就是爱自己】

诺贝尔和平奖获得者，南非黑人总统曼德拉，因为推进南非民主而被当局监禁27年，出狱后在当选总统的就职典礼上他说："当我走出囚室，迈向通往自由的监狱大门时，我告诫自己，若不把悲痛和怨恨留在身后，那么我等于仍然在狱中。"

他甚至把关押他的监狱人员请到现场做嘉宾，并真诚感谢他们对他的磨炼。

宽恕的真谛是跳出相互伤害的循环去爱自己。当错误发生的时候，也许别人伤害了我们，但是我们不能让自己为别人的错误持续买单。

宽恕是一件非常有主动权的事，你的世界，不要让别人来做主。

小丽发现丈夫有外遇，愤愤之中离了婚，心里始终怨恨着丈夫，每天以泪洗面，郁郁寡欢长达三年。后来小丽在新单位遇到了一个很不错的男人，很体贴，而且告诉她在大学时就暗恋她。正是因为丈夫的退出，才让小丽遇到了一个更好的人。面对爱人的温暖，小丽选择了宽恕，从此心里只有爱没有恨，她庆幸命运为她做了最好的安排。

宽恕别人，就是善待自己，仇恨只会永远让我们的心灵生活在黑暗之中，而宽恕却能让我们的心灵重获自由，获得解放。宽恕别人，可以让自己放下包袱，轻装待发。

【历史人物的情绪解码】

韩安国的宽恕

一、死灰复燃

西汉名臣韩安国曾因犯法入狱,狱吏田甲以为韩安国失势,常常借故凌辱他。韩安国怒道:"你把我看成熄了火头的灰烬,难道死灰就不会复燃?"田甲嘿嘿一笑:"倘若死灰复燃,我就撒尿浇灭它!"不久,朝廷赦免了韩安国,并任命为梁国内史,韩安国一下从囚徒成为二千石的官员。田甲知道后弃官逃跑。韩安国说:"田甲不回来就任,我就要夷灭他的宗族。"田甲只好脱衣负荆前去谢罪。韩安国讽刺他道:"现在死灰复燃,你可以撒尿了。"田甲吓得面无人色,连连磕头求饶。韩安国说:"起来吧。像你这样的人,才不值得我报复呢!"田甲大感意外,更加觉得无地自容。

二、宽恕是以直报怨

有人问孔子:以德报怨何如?孔子回答:不行,要以直报怨。面对"怨",有三种选择:以德报怨,以直报怨,以怨报怨。韩信当年荣归故里对使他受胯下之辱的屠中少年委以重任,这是以德报怨,高高在上的韩信有作秀的心态。李广被贬后再度领兵成为将军时,第一件事就是在军前斩杀羞辱过他的霸陵尉。李广以怨报怨,有仇必报。

韩安国死灰复燃后利用权力让田甲乖乖回来谢罪求饶,让他知罪认罪,他抑制以怨报怨的冲动,不滥用权力,不把自己降低到与田甲一样,而是以直报怨。以直报怨就是宽恕。

三、宽恕是有力量的美德

孔子曾经反问:以德报怨,何以报德?孔子反对的是以德报怨失去原则。真正的宽恕,是以直报怨,就像韩安国那样有权力以怨报怨却放弃。

宽恕有底线,绝不能以怨报怨;宽恕有原则,也不能以德报怨。以直报怨使宽恕充满温暖,也充满力量。宽恕是美德,宽恕的意义就是让美德充满温暖的同时充满力量。

【小结】

1. 人心很容易沦为一所监狱,如果深陷怨恨无法自拔,就会成为自己的囚徒,这才是人间最大的痛苦。

2.爱自己，始于宽恕自己，一切的所谓错误，都是我们成长的经历，是生命过往的体验给我们留下的成长印记，值得我们逐一感恩。

【思考】
伤你最深的那个人，如何化解才能成为你的力量？

第二节　沟通就是相互滋养

简单直达，不必让对方猜疑和承受你的情绪。

情绪特点：
沟通太难了，说着说着就吵架了；说着说着就变成跑题，有些时候沟通起来牛头不对马嘴；更多的时候是不同频，最后不欢而散。沟通不畅会制造新的矛盾。

情绪真相：
对人的了解是通过心，而不是通过眼睛或智力。——马克·吐温
想要获得高能量的沟通结果，三点心法必须了解。

【沟通之前问自己，你想要创造什么结果】
当你需要与人沟通，明确你想要的结果，才能掌握方向和沟通节奏。

有时候，交流双方说着说着就会跑偏，这样不仅你自己懊恼，还会让对方对你的意图误解，这对有效沟通是一个硬伤。

有位丈夫，想说服妻子今年去自己父母家过年，刚开始时说："哪有去媳妇家过年的道理？"妻子说："怎么不能，两家都是父母，而且去年就是在你家过年的，今年也轮到我家了，你不能总是这么自私的。""我怎么自私了，我对你爸妈不是挺好的吗？"沟通到最后，两人互不相让，把以前两家的很多事都扒出来作为吵架的资源，最后这位丈夫摔门而出，走到街上被冷风一吹才想起来自己今天要沟通的主题。

本来要讨论回哪里过年，最后却争论起谁更爱谁，谁不爱谁，甚至发生更大的矛盾，这就是沟通目标不精准的结果。

有效沟通，是人与人之间思想与情感的交流与反馈，沟通无处不在。失去有效的沟通交流，就没有和谐亲密的关系。

重点是不要用情绪沟通问题，要用情商解决矛盾。

公公和婆婆吵架了，起因是早上婆婆打算给公公测血糖，因为测血糖之前不能吃任何东西，于是婆婆就问公公："你起床后喝水了吗？"公公说："没有。"婆婆转身就去撕开一张测血糖的试纸，准备给他测血糖。没想到就在婆婆去拿试纸的时候，公公喝了一大杯水，婆婆立刻开始抱怨公公："明明昨晚跟你说了早晨要测血糖，叫你不要喝水你偏喝，这是和我作对吗？"公公却辩解："谁叫你刚刚没说清楚，我以为你是提醒我晨起要喝水。"

在沟通中，有时我们会高估自己和别人，高估自己能说得很明白，高估别人能够听懂你的画外音。

沟通是信心的传递，情绪的转移。

要让对方从你的精准表达中感受到你的决心、力量和关键。如实表达感受最重要，不加以评判，不试图掌控对方，如实说出自己的观点，不把事情说得很糟糕下危机，也不要把事情说得很迷人下诱惑，把事实呈现给对方，给对方空间和时间考虑，让对方自我负责，这样才不会后悔，也不会推诿责任，这样的沟通是扎实的。

当然，你还需要确认，确认对方已经非常清晰你的想法和目标。

【倾听让你更懂对方】

日常沟通中，会经常出现三种模式，第一种是机器人模式，你说你的，我想我的，这种最伤人，你以为对方没看出来，其实谁心里都明白，长时间的心灵分离，是造成事实分离的重要原因。

第二种，家人说话时，你心里就开始有一套又一套自己的主张，总想着怎么去反驳，心里总是处在忙碌备战状态，矛盾往往在这样的模式中滋长。

第三种，用静默的心倾听，静静察觉对方在话语中的情绪以及言外之意的需求。在关注中，默默给对方鼓励和支持，你会很惊讶地察觉到，爱的能量和温暖以及感动在你们之间流动。

的确，沟通精准是因为把对方的需求放在心里，沟通除了要达成自己想要的结果，也要清晰对方想要什么，而倾听是深度了解对方需求的重要环节，也是有效沟通的关键。

【沟通的目标，一定是共同的愿望】

因为争论是谁的责任的问题，就会纠结发生细节，想要在诸多蛛丝马迹中找到责任人，相互推诿就会让沟通卡住。

有效沟通要将焦点集中在更精细化的解决方案上。

商量着设计一个有利于双方的方案，在有不同意见和分歧时，每个人都做出小部分的让步，相信为了达成更大的目标，做一些小小的谦让，是每个人都愿意的。

确定了方案之后，一起商量一个共同遵守的规则，保障公平公正，在各自的努力推进中，能够有标准可以参考，不必为一些小细节又伤脑筋，这样，整个沟通就算完美落定。

深度沟通是灵魂裸露的沟通，是理性本真的释放，是去感受对方的能量，也把你的能量源源不断输送给对方，相互滋养。

这需要我们在彼此平等和尊重的基础上进行坦诚的交流。只有我们表达内心最真实的想法，没有虚假的伪装，才能换来灵魂的深度沟通。

爱与懂，是深度沟通的基石，是生命支持灵魂共振的沟通。

【历史人物的情绪解码】

张良的沟通

一、沟通高手张良

被称为"谋圣"的张良是位沟通高手，有三次与刘邦的对话体现了他沟通的高明和高超。

第一次，在楚汉相争僵持不下的时刻，刘邦听从郦食其的建议锻造好分封六国的金印，张良得知后一连问刘邦八个"可乎"，并借用当时刘邦吃饭的筷子当筹码，问一个"可乎"摆一根筷子，刘邦连答八个"不可"后，恍然大悟，惊呼差点误大事，立即把六国金印销毁。

第二次，刘邦攻陷咸阳，一头扎进秦二世的寝宫，乐不思蜀。张良很着急，但是张良没有急于劝谏，他知道有一个人比他更着急。果然樊哙急匆匆去劝谏，自然被刘邦一通责骂，此时张良出手，站位樊哙言之以理动之以情。刘邦虽有不舍，但最终听从樊哙、张良的劝谏，退出皇宫，驻军灞上。

第三次，刘邦取得天下后，为他披肝沥胆的功臣无数，如何分封烦琐复杂，群臣一时议论纷纷。一日刘邦和张良看到远处群臣们吵吵喳喳，刘邦问张良他们在干什么，张良说他们因为分封不上，在讨论造反。刘邦大吃一惊，问张良那怎么办，张良问刘邦平时最痛恨讨厌的是谁，他说雍齿。张良说马上封雍齿为侯就可以平息。果然刘邦最讨厌的人获封后，群臣再也没有议论，都在安心等待自己的分封。

二、沟通的高妙在哪里

张良的沟通高在何处？

第一，高在沟通方式新颖。借箸代筹，直观清晰，一根筷子一个回答"不可"，八根筷子直接让刘邦惊呼惊醒，听从他的劝谏。

第二，高在沟通效应的累加。食色，性也，刘邦陷在温柔乡里，一般的沟通没有作用，让樊哙先说，自己乘机而上，效果累加，目的自然达成。

第三，高在沟通时机的把握。群臣的议论为时已久，此时的沟通需要一个场景一个时机，有意无意偶遇这个场景，无须条分缕析，开门见山即可直达目标。

第四，高在沟通顺应人性。对陷在温柔乡里的刘邦是动之以情，晓之以理。为平息众臣的纷纷议论，以惊悚的"造反"一词引起刘邦的惊恐，又以分封雍齿化解。

三、高明的沟通，是相互滋养

沟通是相互间思想与感情的传递和反馈的过程，以求思想一致、感情通畅。

沟通要精准选择方式，精确把握时机，才能使相互间的思想和情感得到有效的传递。沟通是信念的传递，是思想与情感的互动，是相互的滋养。沟通要顺应人性，传递真善美，才能使相互间的信念和情感成为滋养。

【小结】

1.世界上最温暖的力量，便是共情。共情，是通往爱的通道。

2."爱"是人与人之间沟通最强大的力量，学会共情、学会爱、学会理解，才能实现灵魂的共振与生命的同频。

【思考】

你个人认为最难的沟通对象难度在哪里？

第三节　没有评判就是完美

为了达到完美，然后就不完美了。

情绪特点：

很遗憾自己的不完美，对自己的缺陷耿耿于怀；生活不如意，经常想假如我能拥有完美的生活多好啊！这是典型的活在对比中。

情绪真相：

刘墉说：不完美就是一种完美。

如果你也想拥有完美生活，以下三个观点是你走向完美的必经之路。

【世界很完美，评判和比较之后不完美】

这个世界不可能有完美，人也不完美。每个人都有优点和缺点，追求完美就像把人劈成两半，扔掉缺点的一半，只留下优点的一半，反而会让人觉得很乏味，很枯燥，不完美。

过于追求完美，会让你焦虑。用完美的心来看待这个世界，不去评判世界就是完美的。

这个世界不完美，是因为人的主观评判，一心要追求完美。

没有评判就没有伤害，没有比较就没有伤害，比较最终伤害的是自己。

人比人，气死人，世界上没有两片相同的叶子，花园里也没有两朵一样的花，别人的好、别人的能力，和我们没有半毛钱的关系，不要将自己卷入攀比这个游戏的怪圈，做独一无二的自己就好。

【世界可以不完美，我们的心可以很完美】

小戴想要追求更好的工作，总是不停跳槽换工作，感觉自己还可以找到更好的工作，拿更高的工资，最后却高不成低不就，一年换了五六次工作，在日复一日的环境变换中变得越来越焦虑。而一些愿意扎根一行的同学早已积累了大量工作经验，在行业中脱颖而出。

世界不是完美的，就好比气球吹大到一定程度，其实已经可以了，可是你感觉还可以吹得更大，越大越完美，于是用力吹，吹得脸红脖子粗，最后气球却爆了。气球的大小不完美，但是我们心里觉得已经够了，那么这个气球就很完美了。

【适应世界规则，创造自己的完美】

生活是艰辛的，但适者生存，成王败寇，勇于创造自己心里的完美，就能拥有美好的生活。当然，有时候某些我们无法控制的因素会严重影响我们的生活，例如人们生下来所处的环境、意外与疾病等。

但大多数时候，只要以正确的方式应对，最差的情况也能被扭转。

我有个朋友，在洗澡时狠狠摔了一跤，伤得很重，出院回家，坐着轮椅就迫不及待地要请大家吃饭，她说要庆祝一下自己大难不死，还要庆祝自己可以休长假，可以天天毫无犯罪感地泡韩剧。她整个人看起来完全不像刚出过事故，反而像中了彩票。

对于生活，有些事是出乎意料，有些事在情理之中，有些难以控制，有些不尽如人意，我们能做到的是不抱怨生活的失控，不纠结境遇不顺心。我们可以在不同的境遇中主动换一种心态去面对，心随境安，创造属于自己独特的完美状态。

【历史人物的情绪解码】

完美的刘秀

一、"完美一帝"刘秀

历史上能称得上"完美一帝"的，恐怕只有光武帝刘秀。

西汉末年，天下大乱，刘秀骑牛上阵，布衣起家。他韬光养晦，雄才大略，在云台二十八将的帮助下，建立起东汉政权，之后征战四方，仅用三年时间，一统天下，拯救国家于水火之中。东汉建国后，刘秀以柔治国，以刚治吏，善待功臣，不言战事，轻徭薄赋，与民生息，其间国势昌隆，史称光武中兴。

创业之初，刘秀先后娶阴丽华和郭圣通为妻，但一辈子钟情阴丽华，称帝后非常稳妥地解决了废、立皇后和太子等重大事件。刘秀妥善安置被废皇后郭圣通，使之得以善终。阴丽华的儿子刘庄即帝位后待废太子刘强十分优厚。

二、深情的帝王

光武帝刘秀勤勉政事，体恤百姓，发展生产，国力日强，把国家治理得很完美，成为一位贤能的君主。

"兔死狗烹，鸟尽弓藏"是封建统治者开国后的例行操作，但刘秀善待手下所有功臣，是开国皇帝中的特例，成为一位贤明的君主。

帝王家庭往往杀兄弑父，夺权篡位，血腥相残，刘秀却忠于爱情，善待废后，他的家庭和谐温馨，是一位深情的君主。

刘秀用情于国家，使国家强盛；用情于朝臣，使人心稳定；用情于家人，使家庭和睦。因为一往情深，所以刘秀的世界很美。

三、一往情深创造自己的完美

人生一路前行而一往情深，对你爱的人一往情深，对你爱的世界一往情深。深情以待，必有深情回应。一往情深深几许，深深的情触动美好的心，引发更多的美好。一往情深，美好相随而来，完美相伴一生。

【小结】
1. 是评判让自己的世界不完美。
2. 心境自己创设，完美自己创造。

【思考】
你认为自己的完美体现在哪些方面？

第四节　精致不是奢侈，是真心喜欢

尊重和讲究你所爱的那些部分。

情绪特点：
不满意自己的粗糙，觉得毫无精致可言；总感觉自己就是男人婆，天生就是平庸的代名词，和精致无缘；要是我有很多钱就好了，我就可以过精致生活了。这就是活在评判里的典型状态。

情绪真相：
所有的精致，都是你骨子里对生活的不将就。
如果你也想要拥有精致生活，只要领悟以下三个观点，很快就会体验到精致。

【精致不是奢侈，是真心喜欢】
男人喜欢通过成就事业来成就自己的一切，而女人则喜欢通过变得无比美丽来证明自己。
世上没有丑女人，只有懒女人。追求精致的女人必定事无巨细善于打理和挑选，以体现别致的品位，举手投足间都呈现出独特的魅力。
但精致不等于奢侈。

精致是你真心喜欢的。穿得精致，是你真心喜欢那些衣服，当你穿得很精致的时候，这表示你很关照自己的感觉，很关照自己的感受，你很爱自己，你在和自己的感觉做链接，同样地，为家里挑选精致的日常用品，也是在表达一种爱家的感觉。

精致不是一味追求奢侈品。

很多人以为精致是有钱人追求的玩意儿，把精致归结为有钱。其实这曲解了精致，正所谓千金难买心头好，不昂贵的东西也可以很精致，你真心喜爱的东西，就算不值钱也精致，精致的难能可贵就在于你的真心喜欢，非钱财所能衡量。

比如日本人做料理，把它做得很精致，哪怕是简单的白米饭，在日本料理里都可以把它做到雅致。而对精致的追求体现得淋漓尽致的当属我们中国的瓷器，粗糙廉价的泥土，都能够成为精美绝伦的工艺品。

【用心思去爱，才能有精致的能量】

都说好看的皮囊千篇一律，有趣的灵魂万里挑一，我想说优秀的人精致之处也各有不同。

穿衣讲究的得体、仪态端庄的气质、时尚个性的风格、尊老爱幼的善良、无须提醒的自律、艺术熏陶的品位、不亢不卑的自信。

精致是在自己认为重要的部分、真心喜欢的领域，为自己的心爱去投入精力，做到极致。这不是奢侈，也不是花大价钱，是全力以赴地用心投入，心在哪里哪里就精致了。

当你在哪个领域有感觉了，就会聚焦，那个部分就会越来越精致高级。

精致也是一种选择，不要随意评判。

有一次参加一个联谊活动，小组有位女性长相一般，穿着普通，搭配牵强，野炊时还不会调料，不善于整理物品，大家打心眼儿里看不上她。可是，当她一提笔写字，大伙儿就惭愧了，那一手漂亮的钢笔字，绝非一个懒散的人可以成就；当她上台一开口演讲，你更加惊讶得掉了下巴，她引经据典，侃侃而谈，各种说服力在娓娓道来中让你感叹不已。我们终于知道了人家绝非等闲的精致。

情绪平和、享受孤独、追求自由、享受内在的丰盛，这样的精致世界，外人的评判无法撼动。

喜欢的人会去靠近，喜欢的物品才会采购，不执迷于昂贵和华丽带来的存在感，喜欢化繁为简的安定生活，从容面对一切发生，这样的精致生活，也是自成一派。

把自己最渴望的部分修精致了，给出去的爱才不会匮乏。

杨绛先生说：想要变得精致，通常要从读书开始。

书里看过千千万万种不同的人生，心里自然就装下了无数的山河大海，自然形成了自己的气场。

【真正的奢侈，不需要花钱】

生命中很多精致奢侈的东西，用钱买不到。

比如让人心旷神怡的清新空气、让生命生生不息的清澈水流、让世界生机勃勃的鸟语花香等，大自然的鬼斧神工，精致地创造着人类舒适的环境，这一切多么珍贵，岂是奢侈能形容的。

所以这世上最珍贵的奢侈，大多都是免费的，非钱财所能衡量。

因此，不要以为精致离我们很远，实际它就在我们身边，给予我们强大的力量，我们应该向大自然学习，拥有精致的人生态度，对待自己周遭的一切，追求顺其自然的美。

【历史人物的情绪解码】

精致的孔子

一、绝不将就

他受邀而来，听说当政者杀害贤良，头也不回，走人；他在自己的祖国鲁国，看到当政者沉迷美色，大司寇也不做，走人；他与君王谈论治国理政，遇见君王心不在焉，抬头看天上飞鸟，话也不说，走人。走人，走人……周游列国，颠沛流离，但是一言不合，恕不奉陪。这就是孔子。他有一个精致的内心，优雅从容，容不得一丝马虎，绝无半点将就。

其实他多么希望能够寻找到一个人，重用他，更重用他的学问，把他的学问应用在政治治理上，为百姓造福，为后世的政治治理树立典范，但是这个世界有太多的污浊，每个大人物都尊重他，又游离他。

二、精致是因为热爱

他精致的内心，是多么的伤痛，但他又"知其不可而为之"，他不断在寻觅。因为热爱着这个世界，所以有这份执着。因为这份热爱，又绝不凑合，绝不将就。他是多么痛苦和迷茫，可他从不后悔，一直优雅安然。谜一样的孔子，他可以"累累如丧家狗"，但他的内心世界到老都保持着精致。谜一样的孔子，一直神一样照耀着我们。

三、因精致而熠熠生辉

生活可以窘迫，遭遇可以坎坷，保持一个精致的内心，终究会发出热爱、优雅的光芒。一个精致的内心世界，会慢慢发出光，会照亮自己的世界，甚至别人的世界。

【小结】

1. 一个人的优雅，可以通过文化和信仰熏陶，而精致，却是一种自发的对待生活的态度。

2. 当一个人爱自己到极致，清晰自己最想要什么生活，坚定地去达成自己渴望的部分，他的精致，就在那里，熠熠生辉。

【思考】

1. 你最精致的部分是什么？
2. 它对你的人生产生了怎样的影响？

第五节　真正的陪伴，是陪伴感受

相伴于无形处，感动于无声里。

情绪特点：

亲人的关系不贴心，感觉明明人在一起，心却很游离；天天生活在一起，却没有亲密感；天天陪伴，却是她不懂我，我不懂她，牺牲很多时间陪伴，最后却换来嫌弃。这就是不同频的状态。

情绪真相：

有人与你立黄昏，有人问你粥可温。

生活中有各种维度的陪伴，如果想要达到亲密的灵魂相伴，你需要清晰三个观点。

【陪伴有身体和灵魂两个层面】

世上最温暖的情话，不是"我爱你"，而是"我陪你"。

20世纪50年代美国威斯康大学的哈利教授，做过一个试验，把5000个刚出生的猴子每个都单独隔离，给它们制造了两个假妈妈。一个是钢丝网的带奶瓶的冷硬妈妈，一个是毛巾做的柔软又温暖的妈妈。实验室发现，除了实在饿得不行，猴子才去钢丝妈妈那里喝奶，其他时间大多是紧紧抱着毛巾妈妈，特别是受到惊吓时。后来实验室给绒布妈妈安装了钉子和喷水，小猴子即使受伤，也紧紧抱着绒布妈妈不放。

这个实验让人们坚信，相比生理需要，爱与温暖、安全情感的寄托和陪伴，是人们更大的需求。

真正的陪伴，是陪伴他的感受。

孩子作业做不完时，你只需要说一句：是啊，作业真的太多了，心疼你。

当朋友抱怨挣钱的艰辛，你只需要说：是啊，不容易。

陪伴就是允许他的一切情绪释放，让他觉得他可以，可以难过、可以忧伤、可以焦虑。

陪伴就是告诉对方，你可以。

陪伴并不是单纯的"在身边"，也不是待在一起时间越长越好，它更多体现在灵魂上的共鸣，假如陪伴在身边的人与你貌合神离，格格不入，只是单纯跟着你或者跟你处处作对，谁会在乎这样的陪伴呢？所以真正的陪伴一定是带着爱意的，是感受与感受之间的链接，让对方的心慢慢被你融化，双方在彼此的陪伴中，进入灵魂陪伴层次。

【牺牲的陪伴，换来的是嫌弃】

现代人谈到陪伴的时候，总是带有刻意。

小孩学习成绩差是因为家长陪伴少；夫妻离婚是因为对方忙于工作没有陪伴自己；更甚者是那句悲怆的"子欲养而亲不待，树欲静而风不止"。

很多人会出于亏欠心理，开始进行时间上的弥补，推掉加班应酬，然后早早回到家中陪老人孩子，但是可能只是简单说上几句话后，双方就开始处于无言状态，不一会儿，各自玩各自的手机。

陷入这样的怪圈，是因为我们忽视了陪伴的内涵，以亏欠的心理强迫自己去进行刻意的陪伴。

刻意的陪伴，骨子里的感受是你觉得亏欠他。

现实生活中不乏父母天天陪伴孩子写作业到深夜，但孩子成绩仍不理想，父母就会陷入崩溃，牺牲了这么多时间，但是没有收获，就会想着用更多时间来陪伴孩子提高成绩。实际上，那已经不算陪伴，只是一种沉溺于牺牲的自我感动。

【万物皆有灵，有缘常相伴】

除了人与人之间的相互陪伴，我们与万事万物的陪伴，也是无处不在的。

我们的好朋友有很多，比如一只小狗，一朵花，陪伴多年的办公桌，或是一支喜欢的笔，每天出门就会看见邻居家的小猫咪在晒太阳，还有那爬满葡萄架的紫藤。打破局限，就会感恩生命中所拥有的每一个小小的陪伴。

所有的陪伴，都来自内心的发现，而当你发现这一点，你内心的能量就会无限提升。

就像所有的旅程都是暂时放下压力游山玩水，最终留下美好回忆的，是万事万物的陪伴。

而更神奇的是，生命的旅程中，有一种心灵之旅，是由不同的大师陪伴，每次都能让你看到这个世界很多截然不同的奥秘。

就像笛卡尔说的：读一本好书，就是和许多高尚的人谈话。

在那些充满神奇的未知世界里，不同时空的人，都会来陪伴你，会让你的认知边缘无限扩大，遇见更好的自己。

【历史人物的情绪解码】

不一样的陪伴

一、触龙说赵太后

赵国被秦国围攻，向齐国求救，齐国要求以赵太后宠爱的小儿子长安君为质。赵太后心疼难舍，拒不答应，并说谁来劝谏就唾谁的面，赵国危在旦夕。智慧的触龙去拜见赵太后，以想为自己的小儿子谋一个职位，顺势谈起对儿子的教育。触龙告诉赵太后一个道理，父母真正的爱是为孩子长远考虑，真正的陪伴是心的陪伴，是让孩子有能力有机会为国家建功立业。赵太后醒悟后听从他的建议，让长安君质于齐，赵国之围遂解。

二、陪伴有两种

陪伴有两种，一种是生理层面的陪伴，看到他的冷暖饥饱，让他有锦衣玉食，看到他的音容笑貌，时时给他轻言细语。始终陪伴在他身边，亲眼看着他一天天地长大。一种是心理层面的陪伴，给予他锦衣玉食的同时，更给予心理的支持，情感的温暖，精神的抚育。这样的陪伴不一定在身边，即使千里之外也能感受到他生命的不断成长。第一种陪伴是陪他长大，第二种陪伴是陪他成长。

三、陪你走完一生的，只有你自己

小鸟在树上的巢穴里学习飞翔，可能会摔下树枝，但它终将飞离鸟巢，飞向天空，那里才是它的召唤。一个人的一生，会有很多人的陪伴，但陪伴他走完一生的，只有他自己。孩子属于未来，属于他自己，他的成长比长大重要很多。

人生道路漫长，不一样的陪伴，有不一样的未来。

【小结】
1. 陪你走完一生的，只有你自己。
2. 找到与自己相处的节奏，做自己最忠实的陪伴者。

【思考】
回忆父母给你的陪伴，让你感受最深的是哪一种？

第六节　尊重不是委曲求全，而是坦诚相告

活出自己相信的一切，用结果来证实自己的独特。

情绪特点：
没有获得尊重就会产生委屈；为了尊重别人，忍住不情愿；有不甘心却无法说出口；对别人表面尊重，感觉没有敬畏心。这是活在假我的状态。

情绪真相：
当我们真正开始爱自己，才会懂得，把自己的愿望强加于人，是多么的无礼。如果你也想满足自尊，一起来感受三个观点，让你更加懂得如何爱自己。

【尊重就是真诚，就是尊重真我】

对他人毕恭毕敬客客气气，这只是尊重的表面，真正高维度的尊重实际上是对一个人诚实，同时尊重也代表对自己诚实。连自己都蒙骗的人是没有从尊重自己的角度去爱自己。

举个例子，你的父母日常喜欢喋喋不休给你讲大道理，面对这种状态其实你非常烦躁，但是你觉得要尊重父母，于是你隐忍着不发火，憋着什么也没说，心里却是满腹牢骚。你只是任凭父母唠叨你。这种状态不是在尊重父母。不诚实，所以你们进入了两个"假我"对话状态。

真正的尊重首先是尊重自己的感觉，不强迫和指责自己，有拒绝的权利，有可以转身离开的潇洒；其次，真正的尊重指不强迫和指责他人，允许别人有拒绝你的权利。

比如你可以直接告诉对方：妈，这个话题有点压抑，我们换个话题吧？或者说：妈，我们换个频道，这个话题以后再聊，好吗？也可以你自己找一个话题把它转移掉，不想听就可以不听。自然对方接收到了你内心的感受，就知道如何尊重你的意愿。

尊重自己，就是做真实的自己，尊重自己的感受，尊重自己的情绪，不因为满足他人的需要而委屈自己，也不因为他人的眼光而轻易改变自己。

而尊重他人，不是讨好、不是忍受，而是接纳，接纳他人的不完美，接纳每一个不同的灵魂。

聪明的女人，会给自己的男人保留四分之一全然的空间，让他觉得自己拥有不被打扰的权利，让他沾沾自喜。给他自由的同时，其实也给自己保留了一个自我愉悦的空间，比如交友、看书、听音乐、购物，何乐而不为呢？

电影《海上钢琴师》里，优秀的小号手是丹尼1900唯一的好朋友。小号手是世俗的，站在他的角度，他知道下船可以让1900赢得荣誉、金钱、爱情和生命，所以直到1900生命最后一刻，小号手都希望他能下船去享受这一切。但也只停留在希望，最后他成全了1900，让他留在了船上，留在了大海上。

丹尼1900的真我，就是无欲无求，大船就是他的出生地，就是他的家，他想要留在大船上，过纯粹的海上钢琴师生活，直到生命的终点。小号手展现了对1900真正的尊重，不理解他，但不强迫他，成全他真我的想法。

【忍受不是尊重，接受才是】

尊重的出发点是尊重自己的想法，不强迫自己做不愿做的事情，也不自责自己做得不够好。自己选择的路，和其他人不一样，要超越别人的看法，遵循自己的指引而行。

当我全心全意创作的时候，就连最尊敬的老师都敢"得罪"，我告诉老师，我正处在感觉最鼎盛的创作期，不想分身和分散自己的精力，请老师原谅，等我的作品完成了，一定负荆请罪。老师也不是一般人，立马说：尊重你的真我。

当感觉来了，我们就要听从真我的召唤，灵感就会滔滔不绝。尊重自己的每时每刻，干自己想干的事情，就会觉得很舒服很愉悦，能量很高，智慧迸发，结果自然也是令人惊喜的。

就像我们跟随尊敬的老师学习，除非获得自己所需的有利于自己成长的知识，其他的，你是有权利不接收的，这也不是不尊重，而是更尊重，不欺骗自己，也不欺瞒老师。

你会因为尊重自己的意愿而更加懂得尊重他人。

【越尊重，越谦卑】

允许自己认知范围以外的世界存在，清晰自己认知范围有限，不以自己的认知去判定人与事，这就是谦卑之心，而谦卑之心正是由尊重生发的。

雪山脚下，老一辈说大声喊叫会触怒山神，但一些胆子大的年轻人不信邪，跃跃欲试，认为自己可以破除迷信，在雪山脚下敲锣打鼓、长鸣汽笛，结果声音的震荡导致了积雪的松动，这群年轻人付出了惨重的代价。

遵守一个自己还不能理解的规矩并不愚蠢，对自己不认可的事物或理论依旧保持尊重，这实则是大格局的表现。尊重自己，尊重别人，尊重规则，以谦卑之心去看待周遭，才能让自己拥有洞察之心，成就自己主观世界以外的价值。

【历史人物的情绪解码】

士的尊重

一、王与士的对话

《战国策》有一段非常著名的"王与士"的对话。

齐宣王召见颜斶，说："颜斶上前来！"颜斶也说："大王上前来！"宣王很不高兴。左右近臣说："大王是人君，你是人臣。你这样可以吗？"颜斶回答说："我上前是趋炎附势，大王上前是礼贤下士。与其让我趋炎附势，不如让大王礼贤下士。"宣王生气得变了脸色说："王尊贵，还是士尊贵？"颜斶回答说："士尊贵，王不尊贵。"宣王说："可有什么道理吗？"颜斶说："有，从前秦国进攻齐国，秦王下令说：'有敢在柳下季墓地五十步内砍柴的，判以死罪，不予赦免。'又下令说：'有能砍下齐王的头的，封邑万户，赐金二万两。'由此看来，活王的头，还不如死士的墓。"宣王听了一声不吭，最后无奈而又敬佩地说："哎呀！君子怎么能侮慢呢，我是自找不痛快呀！到现在我才听到了君子的高论。希望您收下我做学生。"

二、真正的士有骨气，有智慧

在齐宣王和颜斶的一问一答间，我们看到古代士的气节，不卑不亢，不畏权势，不慕利禄。在王的威势下，士勇敢智慧，应对有理有据有节。齐宣王对颜斶的态度从开始的不尊重、不高兴，到后面的无奈而又敬佩，这是一位真正的士对高高在上的权势者的智慧应对。真正的士，有骨气，有智慧，令人尊敬。

三、真正的尊重是活出自己的价值观

尊重是自己赢得的，你身上有德行，利禄无法束缚你，无欲则刚；你头脑中有智慧，权势压不倒你，有智乃强。尊重自己内在的价值，才能活出自己的尊严。真正的尊重是活出自己的价值观。

【小结】

1.最高层次的自尊，应该是对自己灵魂的尊重；活出自己的价值观，活出自己相信的一切；用结果来证实自己独特的价值观。

2.对自己不知道的部分，保持尊重，承认存在，这是对谦卑的滋养，更是大智若愚的境界。

【思考】

1.你最气愤是在哪个方面对你不尊重？

2.你是怎么处理的？

第七节　过度依赖等于失去自己

不要用自由的代价，换取一时的懈怠。

情绪特点：

过度依恋，失去依赖就不知道怎么活下去；情感寄托就是生命的全部；就像妈宝男，什么都离不开妈妈。这就是过度依赖的状态。

情绪真相：

古龙说：一个人若是到了没有任何东西可以依赖时，往往会变得很坚强。

一起来感受以下三个观点，让你内心强大，摆脱依赖。

【不要赖上别人：没有谁可以填补你内心的虚空】

有依赖就会有恐惧和担忧，担忧失去，就会产生信任危机。

李梅屡屡遭受家暴，但无论家人怎么劝，都不愿意离婚，令人费解。除了暴力威胁等因素存在，还有一个很重要的原因，就是她没有经济独立，她感觉离开丈夫就会生活困难。更可笑的是，她说觉得丈夫长得帅气，离婚了以后找不到这么好的，让做调解的我哭笑不得。

依赖就等于将自己的力量给了别人。

依赖有两种，一种是肉体的，一种是灵魂的，肉体的依赖很好理解，比如说小孩子依赖妈妈的照顾，需要妈妈给他喂饭、给他交学费。

精神上的依赖比物质依赖更可怕，比如有些认可依赖，要依靠别人的赞美和夸奖才会活得很开心，说他不好不漂亮，他就不服气会难受。好像他够不够自信，全取决于别人怎么说，这种就叫作精神依赖。

精神依赖相比于物质依赖更难摆脱，PUA是一种从美国流行的所谓搭讪艺术，在我们的生活中也很常见，它其实就是一种先夸后贬的情感控制，而容易被PUA的人其实就是没有摆脱精神依赖的人，他们极度依赖别人的赞美和欣赏，对自我价值的评估不准确，依靠别人的认可才有自信，从而容易受人控制。

当你发现自己在一段关系中逐渐变得丢掉自己，完全被对方牵动着情绪与精力，那么你就要警惕了，你是过度依赖情感了。

丽丽是一位优秀的社会新女性，事业和个人IP都经营得非常成功，是很多女性朋友的楷模。可是，在家里她却很抬不起头，丈夫觉得她不如婆婆贤惠，没有小姑会持家，不像朋友的妻子那么会做菜。丈夫的挑剔，让她感觉自己作为一个女人很失败，光会挣钱好像没有多大意义，感觉很内疚，觉得对不起家庭对不起孩子，于是只有更加努力地去工作挣钱来弥补。直到她看见PUA这个词，才恍然大悟，她是被丈夫的男权PUA了，她的男人是在女强男弱的情况下，不由自主地采取了这样的精神掌控，让她这么多年都活在愧疚里。

【有一种爱以分离为目的】

世界上的爱大多以聚为目的，只有一种爱是以分离为目的，那就是父母对子女的爱。

电视剧《人世间》中周家儿女们长大后，各自走向远方，追求爱情或者理想或者学识，与父母相聚的时间越来越少，父母也渐渐学会放手，并且给予他们正确的价值观引导，最终儿女们都在各自领域发挥了自己的价值，过好了自己的人生。剧中还有一个人物叫作蔡晓光，他一直爱着周家二女儿周蓉，不管是周蓉去追寻自己的爱情还是其他什么事情，他从来不阻挠，而是默默提供帮助，希望她过得好就行。这就是爱，不是想要占有，也不是依赖对方。

爱是希望他飞得更高更远，依赖是把他拴在身边。父母不是我们赖以依靠的人，而是让依赖成为不必要的人。

我们经常把依赖误会为爱，你爱孩子是给到孩子正确的引导，是希望孩子飞得更高，飞得更远，更开心喜悦，而不是你离了他就难过，然后却说孩子离不开你。

同样，伴侣的依赖也是一样，比如说老公有外遇要离婚，然后这个女士就觉得"我很爱你，我不能没有你，满脑子都是你，离了你就活不了"，其实这不是爱，是一份依赖，所有的爱，只要你更好我都可以转身离开。

【活成太阳，成为他人的依赖】

自信是自我相信。别人说你好，你就自信，那个不叫自信，那叫他信，你是在相信别人，相信他人，你是将权威让给了别人，你是在树立别人的威信。

小王刚毕业的时候，父母成天干涉他的决定，不管是恋爱还是找工作都要插上一嘴，还经常数落他，让他感觉自己一无是处，但是他还是选择相信自己的价值，找工作、租房子、谈恋爱。当他带着女朋友一起按揭了一套新房准备结婚时，父母才觉得他真的长大了，开始尊重他自己的任何选择。

靠自己的双手，赢取想要的一切，完成生命的蜕变。当我们不再依赖时，才是真的自信，拥有真正的力量。当你终有一天被依赖，那就是实力的见证。

【历史人物的情绪解码】

田单的依赖

一、田单复国

战国最神奇的故事非田单复国莫属。

燕国攻齐，只剩下两座城池，其中田单孤守即墨三年，危在旦夕。

为了振奋民心，鼓舞士气，田单向即墨城的居民宣布：梦中神明告诉他有神人降临，做他们的军师，协助他们击退燕军。于是拜一位小兵假扮神人为军师，每次发号施令，都说是神人的指示。城中军民信以为真，士气大为提振。

接着规定即墨城的居民，每次吃饭前，先将食物摆在庭院中祭祀祖先。结果，引来许多飞鸟入城里觅食，燕军看到，大感神奇，城中军民更加相信有神明相助。

田单派出间谍，到燕军阵营散布说：齐国人最怕鼻子被割，祖先的坟墓被挖，这样的话即墨城中的军民一定会毫无斗志，开城投降。燕军听了这个消息，马上把投降的齐人鼻子全部割掉，并挖开城外齐人的祖坟。燕军的暴行激起即墨军民敌忾同仇的心理，个个咬牙切齿，都想出去和燕军拼个你死我活。田单看到即墨军民杀敌的意志沸腾到极点，在一个晚上用火牛阵出其不意攻破敌营，斩杀了敌军主将骑劫，并乘势收复齐国所有的失地。

二、唯一的依赖

即墨被围外无援军，内缺粮草，唯一的依赖就是城中军民的人心，田单依赖人心就激发人心。第一招用神明激发军民的信心，使军民对齐国复国充满希望，同时对田单的发号施令言听计从。第二招设计飞鸟入城的神奇，进一步增强了即墨军民取胜的信心。第三招散布谣言用魏军的暴行激起即墨军民的向心力和战斗力。田单连施妙计最大限度焕发出即墨军民内心的力量，当爆棚的信心和超强的求战欲结合在一起，军事史上的奇迹就诞生了。

三、真正的依赖是自己

被困三年，已然陷入绝境，但田单还有唯一可依赖的资源。大千世界有万千资源，我们每个人可凭恃依赖的有很多，找到自己最可靠的依赖，唤醒它，激发它，伟大的奇迹就会在你手中诞生。

【小结】
1.依恋中充满爱,骨子里却不能没有独立的意识;依赖是因为信任,而担当需要勇气;永远不要因为有依靠,就放弃了自我成长。
2.拥有小鸟依人的似水柔情,又有坚韧不拔的钢铁意志,才能一生立于不败之地。

【思考】
1.你一生最强烈的依赖是什么?
2.它给你的生命带来什么样的启发?

第八节　爱情是一个人的事

我们既是爱情的创造者,也是使用者和维修者。

情绪特点:
怀疑爱情,物质时代真的有爱情吗?感觉对爱情无法辨别真假,这么现实的时代真的有爱情吗?这是活在自我怀疑中。

情绪真相:
波士顿思想家爱默生说:爱情的本质,是一个人的自我价值在另一个人身上的反映。

如果你不想让爱情被油盐酱醋的现实淹没,如果你也想营造心动的感觉,三个观点,正好给你参考。

【你从来没有爱过任何人,你爱的永远是你的真我】
为什么那么多的男女在情关中渡劫?因为爱情是生命中不可或缺的极致真实的体验。

爱情是一种富有激情的真感觉,于千万人中,在时间的无尽荒崖里,恰好一眼看见了你,而你也恰好看见了我。其实我们看见的不是别人,而是看见了对方身上那种和自己的理想化非常吻合的部分,因为不够了解,你还积极地将这个部分加以美化,加入自己的想象和以为,所以当我们千帆历尽,到最后才发现,我们真正爱的是自己的那份感觉和理想。

所以，当你发现事实不是那么回事，也请不要责怪对方的变迁，其实最初就是你的自以为是误导了你。你懊恼地发现对方身上并没有你以为的那个部分，说明一开始就是你误会了对方。

爱情，让你看见了真实的自己。

你之所以喜欢一个人，觉得他对你很重要，是因为对方对你来说，就像是一面镜子，他身上有些东西能给你答案，能够解读你，也许你们还相互照见，互相答疑和解惑。

心理学有个可见性原则，我们之所以会持久爱一个人，本质上就是因为我们心理上需要被一个人"看见"，那个人就像一面镜子可以照见我们，所以当你发现有人的看法和我们内心深处的真实想法是一致的，而且对方也有这样的感觉，和你感同身受，我们就会有一种深深被"看见"的感觉。也就是说，当你的灵魂被深深看见，你的软弱、幻想和执着都被对方看清，你就会爱上这个人，所以，爱情就是两个人互为镜子，真实地去展示自己，回应对方。

所以在爱情里，尽情展示真实的自己，尤其重要。

那么爱情是怎么消失的呢？

出于各种各样的目的，我们在现实的交流中过于伪装，把很多真实的想法藏于心底，彻底增加了彼此被真正"看见"的难度，如此，爱情便很快消失了，相互之间都会出现一句内心独白：他不再懂我了。

爱情就是这样残酷地被现实打败的。

【爱情是一个人的事】

你一定会以为，爱情是两个人的事，其实，爱情确实是一个人的事。

爱情，是源于自身的圆满。

只有具足了爱自己的能力，才能将快乐和幸福传递给对方。

真正的爱情，不是崇拜和仰视对方，也不是卑微到失去自己，而是双方平等，不会因为爱而一味迁就对方。

当你发现需要降低尊严和底线去挽救一段爱情，这份爱情其实就已经失去平衡，而你需要的，不是追逐，而是找回失去的自己。

因为，在爱情里，你有多好，对方就有多爱你。

好的爱情，就是让对方一次又一次地爱上你，这需要你独自去默默经营。

独立和自信，是爱情的基本筹码。

小丽离婚了，坐在我面前哭得天昏地暗，她说当年违背父母意愿嫁给他，如今居然要忍受背叛的屈辱，真的很不甘心。

我告诉她，这正是你成长和改变的好时机，让你拥有了换一个活法的机会，过去没有他的世界，你美美地活了二十多年，今后没有了他，你照样可以活得有滋有味。

两个完全平等的、有独立人格的人，各自都需要不断成长，否则就会掉队，而且另一个人，你并不能左右和掌控，所以，爱情，就是你一个人将自己经营成自信和实力。

爱情不用问对方爱不爱你，也不用患得患失，而是努力提升自己、经营自己。

所以，比得失更重要的，是你过好每个当下，当你拥有爱的时候，不要迷失自己，当你失去爱的时候，更要找回自己。

好好爱自己，是你给自己最好的承诺，也是给爱人最好的礼物。

【恋爱的本质是情感交换，婚姻的本质是价值交换】

很多人很多事，婚前婚后完全是两回事。

恋爱阶段是相互取悦，相互依恋，两个人在一起，开心就好了，不开心的事情，都利用不在一起的时间去干了。

而婚姻，却是需要同时交换价值的。

艾莉爱上了会弹吉他的大可，每天下班他们都会黏在一起玩音乐，感觉非常快乐。结婚后，很快有了孩子，艾莉又要上班又要带孩子，感觉很累，每天下班，大可的吉他声简直就是她发飙的导火线，大可非常不能理解，为什么艾莉婚后像变了一个人。

这就是一个典型的案例，对于艾莉来说，她更需要大可每天回家帮她做点家务带会儿孩子，这就是核心利益的转换，能持续提供给配偶有用的价值，才是婚姻长长久久的保障，如果婚姻的另一方对自己没有了任何存在价值，那这个婚姻就名存实亡了。

低等婚姻相互消耗，中等婚姻相互协调，高等婚姻相互成就。

婚姻中的失望，来自对恋爱状态的无止境依恋。婚后的我们，不再是过去的我们，爱的方式，也不再拘泥于激情，它们融化在每个常态细节中，体现在为对方提供更多的帮助和成全中。

一个真爱你的人，一定是成全你梦想、让你成长的那个人。

小甘是一名高中教师，工作稳定收入高，每年暑假、寒假还有超长假期，是人人羡慕的对象，可是，小甘一直心有不甘，因为，她的梦想是出国去进修学习，做一名心理专家。

她很幸运，丈夫非常支持她，在孩子两岁时，为她安排了出国的事宜，她心里觉得很过意不去，让丈夫一个人又要上班又要照顾孩子，总觉得放心不下。

爱人对她说："人一生有个梦想是很了不起的，我不想让你将来有遗憾，你的梦想，就是我们家的梦想，让你开心快乐，也是我和孩子的愿望。"

爱一个人的最高境界，就是去成全她所有的梦想。

【历史人物的情绪解码】

苏东坡的爱情

一、两情相悦

相传，苏轼读书时，老师王方的书院里有一个鱼池，人一拍掌，池中鱼就会出现，甚是有趣，王方要学生们给鱼池取名字。学生纷纷取名，王方都不很满意，直到苏轼取名"唤鱼池"，才点头称赞。恰巧这时女儿王弗的丫鬟匆匆跑来，送来一纸条，上面是小姐为这水池取的名，竟然也叫"唤鱼池"。众人啧啧称奇，惊叹道："不谋而合，韵成双璧。"

1054年，19岁的苏轼与16岁的王弗喜结连理。两情相悦，他们在最好的年华，一个满心欢喜地娶了自己心爱的女孩，一个满心欢喜地嫁给了如意郎君。

王弗容貌端丽，知书达理，温婉贤淑。婚后二人琴瑟和鸣，恩爱有加。可惜天妒红颜，结婚才11年，年仅27岁的王弗就一病不起，带着对亲人深深的眷念英年早逝。

二、千古绝唱

十年后王弗忌日，苏轼做了一个梦，梦中的苏轼泪流千行。

"十年生死两茫茫，不思量，自难忘。千里孤坟，无处话凄凉。

纵使相逢应不识，尘满面，鬓如霜。

夜来幽梦忽还乡，小轩窗，正梳妆。相顾无言，惟有泪千行。

料得年年肠断处，明月夜，短松冈。"

恩爱夫妻，撒手永诀，梦中依稀又相逢，醒来一夜垂泪到天明。泉下若有知，年年肝肠断；人间有情人，日日痴痴语。字字垂泪，句句泣血。有多么深的爱，就会有多么深的痛。

三、爱情是相互的成全

九百多年前四川眉山的爱情如彩虹般绚丽，九百多年后还是如此耀眼。这段爱情成就了王弗深情的文学形象，成就了苏东坡的千古绝唱。

相信爱情，历千百年来犹情真意切，催人泪下。相信爱情，过千百年后还情意绵绵，感人至深。

【小结】

1. 爱情是相对占有，绝对自由，爱是给你力量，做你的依靠，让你更好地飞翔。

2. 爱一个人，就像爱上完美，所有的一切，我都愿意接纳和包容，就像爱你自己那样。

【思考】

1. 你认为爱情是什么感觉？
2. 这份感觉给你什么样的力量？

第九节　你所拥有的，都是礼物

每一个际遇都是礼物，或有利于成长，或有利于觉醒。

情绪特点：

对自己的生活不满意，总是羡慕别人拥有的；觉得上苍对自己不公平，想要得到更多的眷顾；总是羡慕别人的美好。这是活在匮乏的状态。

情绪真相：

世界上大部分人，都把不值一提的当作最好的，而最好的礼物却不被人赏识。

如果你觉得自己收到的礼物不够多，那么，三个观点会让你看到，其实你拥有的礼物已经非常丰厚。

【越嘉许，就越获得】

我们一生中会收到各种各样的礼物，有些普通，有些名贵；有些很喜欢，有些不在乎。这些礼物，都是用肉眼看得见的，还有很多生命礼物，是只有心才看得见的。

世间一切遇见和你所拥有的一切都是宇宙给你的礼物，都是时间给你的礼物。

生命中遇见的所有人，都会教给我们一些东西。有人让我们成为更美好的人，有人逼我们成长为真正的大人，有人教会我们什么是爱，然后转身离开。

一个人请你吃饭，你说"谢谢，真好吃，我喜欢"，那他下回还会请你吃。你送给别人一个礼物，他说"这种礼物我不稀罕"，那你就会觉得很扫兴，下一次再也不给他买礼物了。

我朋友和我说，她有两个侄儿，老大脾气很臭，老二嘴巴很甜，每次她回娘家，都会给他们买礼物，而几乎无一例外的，礼物会被老大的挑剔贬值，被老二的感谢增值。后来侄儿渐渐长大，朋友和老二越来越亲近，家里有什么事，也都是老二出面，而她则全力以赴给予他帮助，对于大侄子，后来几乎没什么来往了。

所以，去嘉许你的孩子，去嘉许你的爱人，嘉许自己的身体样貌，嘉许你自己现在拥有的金钱，嘉许一切，你会获得更多回馈！

【善于发现生活中的礼物】

美好到处都有，不是缺少美，而是缺少发现。

从小到大，每个人得到的爱其实数也数不完，说也说不尽，但是很容易被我们忽略。从小到大你受过的伤害都像芝麻绿豆那么小，可能是别人比你多拿了一盒糖，可能是你在乎的人多看了另一个人一眼，可能长辈抚摸了另一个孩子的头而没有体会你的感受，很多人永远记不住别人的爱，但却记住了别人对自己的所谓的伤害。

从来没有人想伤害你，爸爸妈妈、隔壁邻居，老师同学。所谓有伤害，只不过是有些事情有点遗憾，有些事情没有按照你心中的剧本去发展而已。

小文特别爱吃新鲜的波罗蜜，妈妈每次都让海南的朋友邮寄，然后一块一块剥好，给小文下班回来慢慢吃。有一次妈妈病了，小文决定自己动手，吃了几年的波罗蜜，第一次剥才知道不容易，外壳又大又笨，黏液搞了一地，一件新衣服也沾上果汁报废了，还搞得手背过敏发红，又痒又疼，小文去病房看妈妈，抱着妈妈哭了。

很多人不知道爱的背后都是有人做出牺牲的。

而有些伤害，通常都是没得选择，或者只是不凑巧而已。

媛媛一直对母亲耿耿于怀，是因为高考前一次模拟考没考好，心里难过又被老师点名，红着眼睛回到家，妈妈却一反常态，对她无缘无故暴跳如雷，那一夜，是媛媛最深的痛，从此和母亲冷漠相对。而她不知道的是，那天的妈妈，也遇到了人生最大的坎，她发现媛媛的父亲有外遇，伤痛之余，不知道如何自处。

我们遇见的每一件事情都是礼物，只是有的礼物的包装自己不喜欢，如果我们能够耐心地拆开包装，我们就能看到蕴含在这件礼物中的美好。

有个人搬新家的第一天就遇到停电，因为找不到蜡烛心里很懊恼。突然有人敲门，原来是邻居小孩，问他有没有蜡烛，他没好气地说："对不起，没有。"马上把门关了，心里想，刚搬来就来借东西，以后麻烦不会少。

可是，那小孩又敲门了，这次递给他两支蜡烛和打火机，他说："妈妈说你刚搬来，一定没有准备蜡烛，我们今天刚买的，给你两支。"

所以，善待每一个礼物，放下那些自以为是，通过挖掘，就能看见它们美好的一面。

【过去的一切都是生命最好的礼物】

过去的一切都是生命最好的礼物，庆幸自己无数次的体验，才拥有了今天的优秀。

也许你认为自己还不够好，认为过去的自己还不够努力、不够拼。

正是因为对过去的照见，才有了今天的觉醒，一切都是生命的礼物。

小赵非常厌倦朝九晚五的消磨，痛定思痛离职下海，每次谈判、每个决策、每项执行，都会让他想起原单位领导和师父的指导，他不由得感叹，那些日子，并不是自己想的那般颓废，一切都是礼物，岁月就是财富。

为现在的拥有感恩过去的累积，为未来的美好感恩现在的努力。

一切都是岁月最好的馈赠，都是生命最好的礼物，相信自己拥有的一切，都是为了让你变得更好而做的准备，那么，你就会发自内心地坦然接受，珍惜眼前的所有。

【历史人物的情绪解码】

李世民的礼物

一、上天的礼物

一次李世民气冲冲地从朝堂回宫，边走边骂："总有一天我要杀了这个乡巴佬！"长孙皇后一听，立刻换上朝服，向李世民郑重地行礼。李世民很惊讶，长孙皇后说："臣妾是恭贺陛下啊！"李世民更奇怪。长孙皇后说："臣妾听闻'君正臣直'，陛下是千古一遇的明君，才出现魏徵这样的直臣。这是上天赐给陛下的礼物啊！"

魏徵自少孤苦贫寒，最早投靠李密，李密兵败后投降李渊，魏徵于是成为太子李建成的谋臣。李世民发动玄武门之变，剿灭李建成集团。李世民看重魏徵的才能，没有诛杀他反而擢升为谏议大夫，魏徵此后一生忠心耿耿，直言进谏，辅佐李世民共创"贞观之治"。

魏徵去世后李世民很悲伤，说："夫以铜为镜，可以正衣冠；以史为镜，可以知兴替；以人为镜，可以明得失。朕常保此三镜，以防己过。今魏徵殂逝，遂亡一镜矣！"

二、越嘉许越宝贵

魏徵对李世民来说，得之不易！

魏徵两降李唐，可谓反复无常。最后投靠的是李建成，成为李世民的对手。玄武门之变，魏徵变成阶下囚，生死在李世民的一念之间。魏徵在生死间的淡定从容，赢得李世民的欣赏，阴差阳错中收下这个来之不易的礼物。之后魏徵直言敢谏，向李世民面陈谏议五十次，奏疏十一件。李世民欣赏魏徵的才识，对魏徵充满了嘉许和肯定，使这个"礼物"更加熠熠生辉。

三、生命的礼物

宇宙每天都给我们礼物，我们的生命如果没有因此而丰盈充沛，一定是因为我们缺少欣赏的眼光。生活中有无数的真善美，但我们的生活如果没有因此而熠熠生辉，一定是因为我们缺少了嘉许和肯定。如果我们对这个世界充满欣赏、嘉许、肯定，生命中所有的到来都是礼物，越嘉许、越肯定就越获得。

【小结】

1. 所有的来到，都是礼物。
2. 所有的到来，让你看见自己、看清自己，让你知道如何更好地享受生命。

【思考】

1. 你所收到的最有爱的启发是什么？
2. 你认为这是最好的礼物吗？

第十节 活着的每一天都值得庆祝

危机就是转机,它也许就是你人生的转折点。

情绪特点:
怀念流逝的岁月,觉得如今的生活太乏味,没有值得庆贺的事;抱怨生活没有仪式感,对过去的时光无限留恋。过去再也不会回来,不必活在缅怀中。

情绪真相:
生命本身就是一件值得庆贺的事。——伊丽莎白·斯特劳特

如果你想每天都获得仪式感,那只要理解以下三个观点,就可以做到每天欢呼。

【活着的每一天都值得庆祝】

生命是值得庆祝的。

新年的钟声准时响起,圆圆对着母亲的遗像深深鞠躬,深情地说:"妈妈,我又多活了一年,我一定听您的话,认真配合医生,好好活下去。"

圆圆得了肾衰竭,母亲为了救她,不顾心脏病执意把自己的一个肾移植给了女儿,没过一年就离开了圆圆,临终前,母亲嘱咐圆圆一定要勇敢活下去。

所以,生命本身就是一件值得被庆祝的事,珍惜生命,热爱生命,这是我们给予生命最大的回馈。

所有的仪式感都是庆祝。

鼓掌是庆祝,歌舞是庆祝,笑是庆祝,哭是庆祝,活着就是庆祝。

什么时候你会去庆祝呢?涨工资的时候还是孩子考高分的时候呢?

闺密在浴室摔了一跤,眉毛缝了几针,手臂还摔断了。没想到刚出院她就要请大家吃饭说要庆祝一下,庆祝自己的眼睛没有伤到,庆祝自己还活着,庆祝老公终于把自己喜欢的地砖给换上了。

生命本身就是一件大大的礼物,让我们好好庆祝,每天欢呼。

【庆祝失去迎来更好，庆祝缘分源源不断】

曾经以为，失去是一件多么痛苦的事，直到后来才慢慢发现，那些所谓的失去，无非是为了让我们更好地开始，更是为了让我们更好地拥有，遇见更美好的自己。

当危机来临，应该庆祝！

遇到危机，说明你触碰到了自己认知的边缘，好好利用这个机会，突破局限，你会发现从此又打开了一扇未知之门，你的世界又多了一份觉知。

所以，危机就是转机，它也许就是你人生的转折点。

我们一生会遇见很多人，陌生的人突然成了朋友，熟悉的人逐渐成为过客。

有的人带给你心跳和眼泪，教会你什么是爱情，也教会你什么是痛苦。他对你笑一笑，你就觉得全世界都美好了。

有的人带给你友谊和伤痛，教会你亲密无间，也让你体验背叛，想起他，就会一阵伤感。

无论遇见谁，他们都是你生命里该出现的人，都有原因和使命，绝非偶然，他一定会教会你一些什么。喜欢你的人给你温暖和勇气，你喜欢的人让你学会爱和自持；你不喜欢的人教会你宽容和尊重，不喜欢你的人让你知道自省和成长。

所以，没有人是无缘无故出现在你生命里的，每一个人的出现都是缘分，都值得庆祝。

【庆祝自己活成一道光】

网上有这么一段话："当你点亮蜡烛，黑暗会自己消失。"忘掉所有萦绕在你脑海里的负面的东西，只要点燃一根蜡烛，就能点亮自己内心的光。

看见你的负能量思维，面对它，感受它，转化它，没有比转化负能量到正能量这样的旅程更值得庆祝了，每一个微妙的转化，都像一道微光，照亮你前行的路。

情绪管理的91堂课程，就像91支小小的蜡烛，照亮我们的内在世界，让负面思维如同黑暗般瞬间消失，愿无数情绪管理指导师，像繁星点点，闪烁夜空划破黑暗。未来无数的人，会因为你们而走出困境，走向光明。

圣人王阳明临终前表示自己"吾心光明"，内心光明，世界就会灿烂无比。

人，终其一生都是为了活成一道光，点亮自己，温暖他人。即使人间每一道光的存在都很微小，世界也会变得更明亮、更透彻。

【历史人物的情绪解码】

叔孙通的庆祝

一、用礼仪来庆祝

刘邦建汉称帝后,每次召见群臣的时候,"群臣饮酒争功,醉,或妄呼,拔剑击柱",朝堂之上乌烟瘴气,就像集贸市场,市井无赖出身的刘邦也感到难以忍受。叔孙通向刘邦出谋划策:"愿征鲁诸生,与臣弟子共起朝仪。"不通文墨的刘邦答应他试一试。通过半年训练,叔孙通在长乐宫进行朝贺礼仪演习。"引诸侯王以下至吏六百石以次奉贺,莫不振恐肃敬。至礼毕,无敢欢哗失礼者。"接受忠臣朝贺的刘邦不由感慨:"吾乃今日知为皇帝之贵也!"在叔孙通的调教下,这群曾经呼酒买醉、我行我素的大臣们一个比一个守规矩,只见朝堂肃穆,群臣俯首,刘邦不由感慨今天才知道当皇帝的尊贵。

二、庆祝的意义

在汉初百废待兴的时候,萧何为刘邦营建的长乐宫极尽奢华,引来刘邦的质问,萧何告诉他"非壮丽无以重威"。只有宏伟壮丽的殿堂才能体现出皇权的威严,刘邦听后默然称是。叔孙通另寻蹊径,用朝贺礼仪使朝堂位次有序、尊卑有礼,刘邦从中感受到了帝王的尊贵。中华自古为礼仪之邦,《论语》有"不学礼,无以立",强调礼仪可以培养品节,使性情坚定,为立身之本。通过礼仪体现"皇帝之贵",只是它的表象,更深层的意义是,礼仪使汉帝国今后的管理者进退有度,举止有礼,建立起制度样本,形成规则意识,达到教化人的作用。这是再恢宏壮阔的宫殿都达不到的深度。

三、庆祝充满力量

一个新王朝的诞生值得庆祝,用什么来庆祝?用恢宏壮丽的宫殿来庆祝,显示威仪,体会珍贵,感受到的是震撼。用礼仪礼制来庆祝,能敦化人伦,教化人心,使规范规则深入人心,把建立新王朝的胜利转化为一种内在的精神力量,使新王朝稳定地发展,不断地延续。可惜平民皇帝刘邦只是感受到帝王的尊贵,没有去发现发掘礼仪庆祝的真正力量。

【小结】

1.庆祝是放大拥有,感恩获得;庆祝是呼唤同频,吸引缘分;庆祝是欢送离开，迎接新生。

2. 每一个庆祝之后，安心放下，清空自己，开始全力关注下一段里程，带着纯然的喜悦启航前行。

【思考】
1. 你的每一天最值得庆祝的是什么？
2. 它给你带来的是怎样的喜悦？

第十一节　敞开心扉，遇见崭新的自己

吵架，是一个契机，是用最脆弱的方式呈现埋藏内心的渴望。

情绪特点：
自我封闭，感觉总是活在自己的世界里；觉得自己无法融入他人，别人也不喜欢和自己在一起；一个人，默默忍受格格不入，又无法破局；人家说我高冷，也有人说我很包裹。这是一种自我封闭的状态。

情绪真相：
水泥地长不出植物，是因为失去了土地的敞开和柔软。

如果你也想打开自己，重新设定绽放的人生，那只要清晰以下三个观点，瞬间可以转念破局。

【敞开，就是尽可能真实】
为什么我们会害怕敞开？因为过往的经验让我们体验到，一旦我们敞开就会被压制。

我们经常被教育不要说这个，不要做那个，从小被要求不要随意展示各种形式的爱或者愤怒等。所以很自然地我们就学会了关闭自己，这是为了保护自己。问题是这份封闭会让我们处在隔离的状态，也让我们感觉很孤独。

心灵封闭，内心就会一片黑暗！

水泥地和肥沃土地的区别，是封闭与开放的区别，是匮乏与丰厚的区别，是抗拒与接纳的区别，放下我执，才能柔软开放，才有播种和收获。

放下自己对自己的"人设"预想，面对世界打开自己，滋养自己。

"敞开"不是要人家告诉你秘密。真正的敞开是我在你面前可以做自己。说自己想说的，不想说就可以不说。

我们看到小孩子都会很喜欢，除萌萌的外表，孩童有一种敞开性和自发性。他们的感情是开放的，欢喜就会笑，难过就会哭，会主动表达感情。所以，孩子的世界是开放的，而成年人的世界则经常是充满防御的，所以会发生丈夫和妻子之间无话可说但是两个人都很喜欢和自己的孩子说话的情况。敞开的第一步，其实是真实。如果包裹自己，就始终难以做真实的自己。

【敞开能让我们更好地做自己】

敞开让我们能够与他人产生共鸣，彼此的关系也就能够更进一步。

在沟通环节中，当你能够真实地表达内在的感受，能够鼓励自己更多地敞开，也能够更接受搭档的坦诚，对方就会接收到并且反馈给你，这样就能够彼此敞开。

小芳说她曾经对父母长辈屏蔽朋友圈，主要是不想他们发现自己经常熬夜加班，但前些日子不小心解除了屏蔽。那天她分享了一篇关于重生的文章，一会儿就收到舅舅的微信，说他相信小芳可以做好任何事，小芳听了有些感动。"非常优秀的医生伯伯也给我点赞，令我很意外。那些我以为的可能跟长辈会发生的冲突，并没有发生。"虽然我们在微信发的内容各有不同，但并不影响相互敞开自己，需要提升的，是与他人的沟通和相处能力。

哪里有爱，哪里就是天堂，"亲密"的结果是通过真实和敞开来表达爱。

著名文学家林语堂曾经说过：要有勇气做真正的自己，不要想做别人。

【允许最坏的结果，就是允许有最好的发生】

当我们不允许一件事情出现，就意味着我们也放弃了更多可能性的出现。

我们会在任何问题出现的时候，下意识地回避，这会让我们变得越来越局限。人一旦习惯性回避，逃避就会成为我们的信念。

我们之所以会担忧，源自我们内在对自己的不允许。我们害怕别人批判我们，也害怕别人不认可，甚至害怕我们做错了就再没有机会翻身了，根源其实都来自我们自己对自己的不认可，我们封闭了自己。如果我们能看到好的一面，意味着我们能够允许更多可能性发生。

任何事情都是两面的，只有同时接纳一体两面，事情的发生才是完整的。敞开我们的心，允许最坏的结果发生，就是允许最好的结果到来。

【历史人物的情绪解码】

廉颇的敞开

一、将相和

蔺相如奉命出使秦国，不辱使命，完璧归赵，被封上大夫。接着陪同赵王赴渑池之会，使赵王免受秦王侮辱。赵王为表彰蔺相如的功劳，封蔺相如为上卿。老将廉颇认为自己披坚执锐，战无不胜，蔺相如只凭口舌之功却封官比他大，心中很是不服，所以屡次对人说，以后遇见蔺相如，定会羞辱他。蔺相如知道后以国家大局为重，请病假不上朝，尽量不与他相见。路上遇见，叫仆人将车赶到小巷躲避。仆人不解，蔺相如说："出使时残暴的秦王我不怕，难道会怕廉颇吗？秦国不敢进攻赵国，是因为有我们两人。我是以国家为重啊！"廉颇得知后，惭愧不已，当即向蔺相如负荆请罪。之后两人同心相处，竭力辅佐赵王治理国家，使赵国成为当时的强国。这是历史上著名的典故"将相和"。

二、一切因为敞开

"将相和"这段佳话首先来自廉颇的敞开。当廉颇心有不服，产生不满，性烈如火的他完全敞开自己，把不服不满直接表达出来。蔺相如同样以敞开自己来回应，他的敞开以退为进，先在行动上退让，然后在言语上敞开自己。蔺相如的敞开是珍惜，是尊重，是无私，是大局。这是一种智慧的回应，接纳廉颇的刚烈，尊重他的不满，进而化解他的不服。当廉颇这些负面情绪消融后，性烈如火就成为豁达大度。一位战功卓著的老将军上门负荆请罪，需要何等的气度。这是再一次的敞开，真诚、彻底、感人。

三、敞开让一切更美

敞开产生了一种美好的情感叫"和"。致中和，和为贵，贵在使秩序归于顺遂，使关系趋于融通，使整体走向协和。和，需要敞开，没有敞开就达不成和。敞开是情绪的管理，需要策略。智慧地敞开让情感至真，让一切变美。

【小结】

1. 冲突是因为抵制和抗拒，而抗拒的心，无法再感受美和爱。
2. 敞开就是毫不设防地将埋藏内心的渴望吐露，从此不再匮乏。
3. 相互敞开，就是让彼此的阳光照亮对方。

【思考】
1. 你的亲密关系里，是否还有不够敞开的部分呢？
2. 它给你带来的是什么困扰？

第十二节　平衡力就是驾驭力

熊掌是爱，鱼是现实，兼得是功课。

情绪特点：
理想很美好，现实很残酷，差距太大，感觉自己总是做不好；觉得生活难以平衡难以驾驭，和自己想象的完全不同。这样的情绪叫失衡状态。

情绪真相：
伏尔泰说：平衡，是苦乐取其和，是自由和法则取其中。
如果你也想平衡苦乐，驾驭人生，那以下三个观点可以助力你。

【平衡力就是驾驭力，所有成功的人都是平衡玩得很好的人】
平衡，是平稳衡定，所谓天道制衡，天道会自然平衡。
平衡力也是驾驭力，我们做的所有事情基本都有平衡的思考在，比如说我们选择文科还是理科，选择在小城市工作还是闯荡大城市，我们婚后做家庭主妇还是出去工作。这些所有的考量和选择其实都有平衡的思考在。
一旦我们有足够的平衡力，相对应就是有了驾驭力。
在一个团队里面，有魅力的领导者是很会制衡的人，他们能够解决好家庭和事业的平衡，能够平衡下属之间的工作和关系，达到一种积极和向心力。
在一个家庭里面，一位母亲如果能够将孩子、起居和各种零碎的生活细节和琐事安排妥帖，那我们也可以认为，这是一位对自己的生活有平衡力、驾驭力的母亲。
所以平衡力就是驾驭力。
法国哲学家狄德罗说：伟大往往是各种对立品质自然平衡的结果。
所有你身边发生的一切，都是为了让你成为更好的自己，所以，凡是发生过的事情，都是来平衡你的，如果你承载不了，就会让你受磨难，提升你的能量和品行，直到你能够承受为止。

一张八仙桌，需要四脚平衡才能稳。所有成功的人，都是平衡做得好。

如果该工作的时候你在犯困，该休息的时候你在拼搏，身体就会失衡。

梦想和现实之间也需要一个平衡点，该行动的时候，如果还在做梦，人生就会失衡。

【关注自己的能量平衡】

能量平衡，是指肌体制造的能量必须及时适当地释放出去。释放得太少，会感到堆积；释放得太多，同样也会感觉匮乏虚弱。

有个自己开公司的总经理朋友，在体力持续透支达半年之后，他决定连续休14天假，除了吃和睡，其他什么都不干。结果在第五天开始生病，头疼、腿有点麻，连视力也下降了。医生告诉他是"压力太大，建议多休息"。可是一直休息到假期结束，他还是感觉浑身不舒服。奇怪的事发生在假期结束、坐在办公室的第一天，随着电话铃的频频骚扰，公司里大会小会的不断挤压，他身体里的一切不适竟然烟消云散。上班的第一个晚上，他比前14天哪一天睡得都香。就是说，他的身体创造的能量在他休息的14天里没有被散发出去，所以他的能量失衡了。

能量平衡，就像身体健康才能够让我们感受到美好的生活，头脑清醒才能够让我们在复杂的问题面前保持冷静，新知识的吸收才能够满足能力的释放。

【平衡情绪，是生命应有的常态】

这个世界有些事情真的是无法改变的，我们唯一能做的，就是找到一个平衡点。

生活的平衡术对一生的快乐幸福是很关键的，它对处理好各种社会关系起到了至关重要的作用。

其实我们正面临着一个巨大的考验，一个自我调节系统的新挑战。

我们所面临的心理压力和情绪压力，远远大于体能的压力。

我们要意识到：大部分身体不适的背后，是各种负面的信念和情绪在作祟，比如担忧、恐惧、抑郁和焦虑，当我们充分了解了这一点，就会放下抗拒，学会接纳和面对，学习接受事实，平衡情绪，妥善处理。

【历史人物的情绪解码】

失去的平衡

一、范雎的恩怨情仇

范雎本是魏国中大夫须贾的门客，因被诬陷通齐卖魏，差点被相国魏齐鞭笞致死，后来在郑安平的帮助下，潜随秦国使者王稽入秦。秦昭襄王重用范雎。范雎辅佐秦昭襄王上承秦孝公、商鞅变法图强之志，下开秦始皇、李斯统一帝业，成为秦国历史上继往开来的一代名相。

范雎恩怨分明，一饭之恩必报，睚眦之怨必仇。掌权后不忘雪耻，他乔装打扮，精心设局只为羞辱须贾。他动用秦国国家的力量让魏齐走投无路，只为杀魏齐。他也不忘报恩，他明知王稽和郑安平两人才干不足，先举荐水平有限的郑安平担任秦国大将，后让能力平平的王稽出任河东郡守。最后郑安平兵败投降，王稽叛乱被杀。

二、情感的极端

范雎为报仇可谓费尽心机，用尽手段。为报恩可谓权力用尽，任性而为。范雎，在事业成功之后情感走向了两个极端。滴水之恩，报之以汪洋大海，滥权滥情，走向感恩的极端。仇雠之恨，追至于天涯海角，无情绝情，走向复仇的极端。

无原则的感恩和极端的复仇让范雎无颜面对信任有加的秦昭襄王，最后被赐死。

三、选择平衡

仇恨是深度的心理创伤，复仇是对心理创伤的修复，但极端复仇，走向无情，会产生更多的心理纠缠。滴水之恩涌泉相报，感恩是对恩泽心存感激的表达，但感恩无度，走向滥情，会使关系陷入混乱，局面不可掌控。

感恩有度，复仇有节，情感可以深情似水，也可以平静似水，在情感的回应里寻找平衡，选择平衡，让情感充满张力，充满动力。

【小结】

1. 平衡就是找到一个中心点，平衡力就是驾驭力，平衡力就是承载力。
2. 在奔向世界和觉知内心之间，有一个平衡点，所有成功而幸福的人，都是因为掌握了这个点。

【思考】
1. 生活中失衡现象比较普遍的是哪些?
2. 你认为如何平衡才好?

第十三节　花开就是为了绽放

让潜能像钻石那样发光，才是生命最高级别的意义。

情绪特点：
感觉自己很渺小，优点太少，总觉得还没准备好；看着人家在舞台上闪闪发光，感觉自己就是一根小草，心里想等我准备好了，我也去绽放一下。这是一种遥遥无期的等待状态。

情绪真相：
你不需要等待，你只需要绽放。
如果你也想让自己呈现最好的状态，三个观点正好可以唤醒你。

【你不需要含苞怒放，你需要彻底绽放】

绽放通常用来形容一朵花盛开到极致的样子，完全地敞开，全然地信任，等待着蜜蜂来采蜜，这就是绽放的状态，是一种喜悦的状态。

完全地接纳自己、接纳生活、接纳不完美，这种状态才叫全然绽放。

绽放是一种让别人一下子就看得出来的敞开，所以你不需要含苞待放遮遮掩掩，你需要彻底地绽放，完全释放过后就会带来彻底的绽放。

绽放是一个人最高级别的沉淀。

很多人在自己的领域很努力，却没有呈现出自己的状态，你去激励她，她会说："我还没准备好，再沉淀一下。"其实你可以察觉一下你是沉淀还是自我评判，对自己的评判，是不相信自己可以做好，其实我们不需要做太多的准备，你只需要马上绽放，马上去释放你自己内在的能量，你可以一边绽放，一边积累。

其实绽放，是对自己最高级别的确认。

我曾经和一位演讲高手聊天，我说："老师，您独创了这么多演讲技法，可以出一本书了，可以帮助更多人学好演讲了。"他说："不行不行，我还没准备好，再等等。"可是，他都快 70 岁了，还要等到什么时候呢？

如果你有一缸水，可以去帮助那些只有一桶水的人；如果你有一桶水，可以去教给那些只有一杯水的人；如果你是只有一杯水的人，你可以给那些没有水的人。你只要去找到能够帮助的对象就好了，为什么一直在等待？为什么想要变得再厉害一点才去绽放呢？

所以，不要做虔诚的学者，要成为绽放的英雄。只要你绽放了，你就会很有力量，世界就会给你开路，你可以马上绽放，成为自己的英雄。

【只要你绽放，世界都会为你开路】

许多人终其一生去寻找、追求完美。这虽然是一种积极向上的表现，但如果过分地追求完美就是一种病态，是一种自我折磨。非常遗憾的是这个简单的道理并不是所有人都知道，至少我周围很多人都是完美主义者，他们无论做什么事都"必须"尽善尽美，眼里容不得一点瑕疵。

其实，你本来就是一个完美的个体。

就像一个璀璨的夜晚，我们每个人都是一颗小星星，不需要去和别人比较，更加不需要去和月亮比较，不需要学着成为谁，你就是一个独特的完美的作品。人生没有对错，只是选择的不同。当你确认自己就是一颗独特的星星，你自己就可以选择马上绽放，你就会很有力量。这个时候你去做任何的事情，全世界都会给你让路的。

罗大佑的《童年》和《恋曲1990》等经典歌曲感动了一代人，而他本人原来是学医的，后来发现自己对音乐情有独钟。

莎士比亚原来是一个梳羊毛的打工者，因为在家乡待不下去，流亡到伦敦，却因为爱好诗歌，成为不朽的诗人。

不要在一棵让自己消沉的树上吊死，不认死理，找到适合自己的方式，你就一定能活出自己的风采。对大多数人来说，缺乏的是信心，是相信自己能够突破的信念。

【花开不是为了花落，花开就是为了绽放】

花开不是为了花落，而是为了开得更加灿烂，人生也是一样。

花在开放的那一刻起，就注定它会凋零。但是它还是选择了勇敢地绽放，就是为了自己更加绚丽的一生，能够让世人记住。

人生也是这样，有开始就有结束，不断努力就是想让自己的一生更精彩，把平凡的人生过得有意义，不辜负来过这个世界。

【历史人物的情绪解码】

曾国藩的绽放

一、头悬梁锥刺股

曾国藩天资平平，有个故事说曾国藩背书一晚上，躲在房梁上的小偷听得倒背如流了，他还没有背会。23 岁时第七次赴考才考中秀才。两次参加会试，都名落孙山，只好回家苦读，终于在第三次会试中，以同进士（相当于进士）成功登第，被选为翰林院庶吉士。不断的失败反而使他发奋努力，在别人觥筹交错往来应酬时，他悬梁刺股，埋头苦读。凭着刻苦在翰林院之后的朝考和散馆考试中名列前茅，得到军机大臣穆彰阿的赏识，从此踏上仕途，步步升迁，官至二品。太平天国运动爆发后，他凭借自己的才识，训练湘军，平定天下，成为清王朝中兴名臣。

二、六分才，发十分光。

梁启超说曾国藩"在并时诸贤杰中，称最钝拙"。如果把人的才智评为十分，曾国藩恐怕只有六分。曾国藩自知"生平短于才"，所以他读书学习"一字不通，不看下句；今日不通，明日再读；今年不精，明年再读"。他用一颗至诚之心对自己，用最笨的办法，反复用功，笨鸟先飞，终成大器，绽放自我。他只有六分才，却发出了十分光。

三、绽放生命的充分释放

何谓绽放？绽放就是充分发挥自己生命的天赋本性。

"唯天下至诚，为能尽其性"，"拙而诚"的曾国藩以不懈的努力和坚忍，使自己生命的潜能得到最大的绽放。有一颗至诚之心，方沉得下心，吃得起苦，耐得住寂寞，经得起失败，即使给你六分才，也照样绽放出十分光。绽放就是生命天赋本性的充分释放。

【小结】

1. 你的潜能像钻石那样发光，才是生命最高级别的意义。

2. 绽放是最高级别的自我确认。绽放里没有评判和沉淀，你不需要等，你只需要马上绽放。

【思考】
你最绽放的时刻是什么情况下,这样的绽放给你的人生带来什么影响?

第十四节　真话是让别人觉得滋养的话

当你每时每刻去滋养他人,最后你会很尊敬自己。

情绪特点:
不会说好听话,因为感觉说起来很假;不知道如何表达才能让氛围融洽,自己说的话别人很难接话,经常很尴尬。这是因为不懂得滋养。

情绪真相:
好言一句可解千年积怨,一语不慎能结累世深仇。
如果你也想口吐莲花,字字珠玑,掌握以下三个观念能让你如愿以偿。

【学会去别人的频道滋养对方】
每个人都有自己最清晰的人生规划路线,每个人每时每刻都在自己的信念系统里忙碌着,很难顾得上别人,但是良好的人际关系又是如此的重要。

既然说话是说给别人听的,那就要说别人爱听想听喜欢听的,这样关系才会好。

楼道里张阿姨在和李大妈聊天:"今天累死了,儿子去参加总经理上岗培训,媳妇去北京考什么察,俩崽子都扔给我。"李大妈马上说:"是啊是啊,我女儿女婿下个月要出国,我也不省心。"张阿姨又说:"我儿子说去给找个保姆,工资高点儿没事,反正也不缺钱。"停了一会儿,只听李大妈说:"我要去做饭了。"我知道她们聊不下去了,因为,据说李大妈家为了女儿女婿出国,房子都抵押了。

每个人都有自己的频道,要学会走出自己的局限,走进对方的频道,对话对方专属的喜悦,滋养对方的生命,当你回到自己的频道,你依然是真实的自己,但是暖流可以流经他人,流向自己,流向你的世界。

说真心话可以滋养对方。

那什么是真心话呢,就是说出去能够加持别人能量的话,能够让别人感受到开心、喜悦、能量满满的话。

凡是说出去让别人感到难受、厌恶，感到没有能量或拉低能量的话都叫造口业，你去给别人种心锚，你去给别人下负面的评断，说别人是不好的人，说让别人难过担忧的话，这种都叫造口业。

真心话就是真心希望别人开心的话，人与人之间，如果都说真心话，那该有多好！

让别人知道你有多优秀，并不能博得别人的好感，相反，让别人知道他在你心里有多优秀，才能真正让别人对你刮目相看。

所以，不要再逢人就证明你有多牛，而是要发现别人的牛，然后与你共赢天下。

管理好自己的情绪，多说疗愈别人的话。

当你能够站在别人的立场，去别人的频道里说滋养他的话，你离成功就非常近了。

多和说真心话的人在一起，你会得到很多确认，可以增加更多自信。

【经常说让人难受的话，就是和世界对立】

经常说让人难受的话，是种下一颗颗对立的种子。

觉得指出缺点是为了别人好，但是，指导和否定常常会带来反感，所以，尊重别人的生活哲学和习惯，非常有必要。

《了不起的盖茨比》中曾说："每当你觉得想要批评什么人的时候，你切要记着，这个世界上的人并非都具备你特有的条件。"

尊重他人的生活方式与自己不同，不随意地评价别人，尊重他人和自己的不一样，才是最高级的修养。

为什么要谨言慎行呢？

如果对面的人疑心重警觉高，又比较敏感爱来情绪，你的每句话，都会引起他们不同的情绪反应。

只要你发出语言或行为信息，别人经过解读，就会有不同的心理反应，反馈过来送给你的信息，就会对你造成非常大的影响。

我们会发现，一见面就能谈工作的人不多，往往寒暄或赞美一下可以让对方情绪稳定，再来谈工作会比较有效。

有个词叫修己安人：修己就是先把自己的情绪稳定住；安人就是让对方情绪也稳定。

自己稳定了，就可以疗愈对方，大家都没有情绪了，再好好商量。团结力量，就能把事情做好。

【真心话比真相更重要】

很多时候，你以为的以为，不是你以为的以为，你以为的真相，是你活在自己的频道里，在别人那里，根本就不是这么回事。

分享三句话，修炼到家了可以让你说真心话达到炉火纯青：

1. 将焦点集中在正面意识上，听到非正面的事件，为它做一个正面的注解，让它发光。
2. 每天送给别人真心话，让别人觉得他很优秀。
3. 即使对方目前没有太多优点，也要看到即将有的改变，将爱的光芒送给对方。

【历史人物的情绪解码】

方孝孺的真话

一、一句真话

方孝孺是明代天下无双的大儒。他的一句真话，酿成了历史上最大的惨剧。

1399 年，燕王朱棣发动靖难之役，1402 年 5 月，建文朝覆灭，方孝孺拒不投降，被捕下狱。当初，朱棣答应军师姚广孝不杀方孝孺，"杀了方孝孺，天下的读书种子就灭绝了"。朱棣要方孝孺为他起草即位诏书。方孝孺不答应，并大骂朱棣篡位。朱棣大怒："不答应我灭你九族。"方孝孺昂首道："灭十族又何妨！"愤怒的朱棣命人用刀割方孝孺的嘴，从嘴巴割到耳朵处，方孝孺嘴里吐着鲜血继续痛骂。暴怒之下，朱棣把方孝孺的朋友门生列作一族，连同宗族合为"十族"，将逮捕的方氏族人和朋友都一一送到方孝孺的面前，一共杀了七天，总计 873 人。方孝孺强忍悲痛，然始终不屈，最后被凌迟处死。

二、真话激发最大的恶

这是历史上最血腥的一幕。当朱棣推翻建文帝的政权后，方孝孺就抱定以一死谢旧主。既已决然一死，面对朱棣灭九族的威胁，又有何惧。"灭十族又何妨"是他当时最真实的表达，他把一切已置之度外，要舍生取义，杀身成仁。真话表达了他当时真实的情感，却是对朱棣最凶暴的恶的激发。明朝的钱士升在《皇明表忠记》中就指责方孝孺："孝孺十族之诛，有以激之也。愈激愈杀，愈杀愈激，至于断舌碎骨，湛宗燔墓而不顾。"（方孝孺被诛十族，是他激起来的。越激越杀，越杀越激，最终粉身碎骨，灭族掘墓都奋然不顾了）最终酿成史上最惨不忍睹的悲剧。

三、有滋养的才是真话

可见语言的力量多么强大。语言的力量来自它所蕴含的情绪，语言激发情绪，情绪产生力量。真话可以激发美好，也可以激发罪恶。方孝孺用真话表达自己忠诚忠贞、视死如归的情感和信念，但激发的不是善和美的力量，而是恶的力量。以一个文坛领袖的才情，他完全可以把自己的生命献祭建文帝的同时，智慧地保全无辜而至亲至近的生命。方孝孺的真话凭一时之勇，逞一时之快，很真实、很自私、很残忍。

真话在表达"真"的同时，一定要让它激发出"善"和"美"的力量，从而滋养生命，这才是真话的魅力。

【小结】

1. 要为受窘的人说一句解围的话，为沮丧的人说一句鼓励的话，为疑惑的人说一句提醒的话，为自卑的人说一句自信的话，为痛苦失意的人说一句安慰同频的话，为积极奋进的人送上一句赋能的话。

2. 无论是雪中送炭还是锦上添花，只要是真心滋养的话，都是你慈悲的见证，见证你像一道光，活在别人的心里。

【思考】

1. 你听到过最感动你的话是什么？
2. 是什么滋养了你？

第六章 立志人生

　　来到这个阶段，能够纯粹地链接自己热爱的和自己渴望的人生，为自己定制想要走的路径和版图，让自己成为常态化的爱，去创造和感召自己想要的样子，活成一道光、一个意志力的象征，用一颗臣服的心，奉献于自己想要的愿景和人群。

第一节　热爱的才能让你激情澎湃

满足自己的渴望，是看不见的激情。

情绪特点：
渴望激情洋溢，却感觉生活很没劲；没有动力，打不起精神，很迷茫；没有自己喜欢的事，感受不到人生的乐趣。这是源于没有找到自己喜欢和热爱的事。

情绪真相：
渴望和热爱，是最接近灵魂的真实感受。
如果你也想享受激情澎湃的人生，三个观点带你享受激情人生。

【关注自己的感受，找到热爱与渴望】
　　热爱，发自内心，来自自己的情绪和身体的感受，你一做就觉得开心的事，就是你激情的源头。当你纯粹关注热爱时，你就有激情。
　　激情源于真实，缺乏激情是因为不纯粹，伪装太多。当你去做让自己感觉不好的事情，那就需要伪装，太多的伪装限制了你的激情。
　　工作如此，谈恋爱、交朋友也是如此。所以，一个人再有钱，对他没有感觉，那就不来电；一个女人，她再贤惠再体贴，男人说对她没有感觉，就不可能在一起。所以没有感觉就没有激情，一定要去选择让自己有感觉的事情，有感觉心才会敞开，不舒服心门就会关闭。
　　比如我，平日里是一个很沉默的人，当我谈起情绪管理的时候，整个人就会充满热情和力量，这个发现，让我确信自己找到了余生的方向。
　　你可以找一个放松的时刻，回忆往事，看看哪些事情曾经让自己废寝忘食，持续地让自己投入，兴奋，有成就感，并记录下来。或者当自己想起什么样的事情，会感到兴奋和喜悦，想要立刻去做，以及早上睁开眼睛，你会想到什么有趣的、喜悦的事情。这些都可以是你一做就很开心的事。情绪是自己的指示器，尝试中如果觉得烦躁、苦闷，也许这并不是自己热爱的事情。

【梦想让你的能量彻底被激发】

当人有了一定的阅历，才知道自己真正热爱的是什么。这是一种洞察世事后的返璞归真。

赵杰从小热爱艺术设计，但是在家人的推荐下学了计算机专业，毕业后顺利进入 IT 行业，成为一名工程师，不过这份工作虽然给他带来了不菲的收入，却没有带来生活的激情，他每天浑浑噩噩地过着。看着自己日益变少的头发，他决定为自己找回真正的热爱，40 岁那年他选择出国留学学设计。几年后，赵杰顺利成为一名优秀的服装设计师，每天过着自己热爱的生活，感觉自己越活越年轻。

热爱的最高境界，就是忘我。

1858 年，瑞典的一个富豪欢天喜地生下了一个女儿。然而没过几年，孩子患了一种无法解释的瘫痪症，丧失了站立和走路的能力。几年后，女孩和家人乘船旅行，当她听了船长关于天堂鸟的故事，她迷恋了，为了看天堂鸟，她居然从轮椅上慢慢地站起来，不知不觉拉着船长的衣袖要走向甲板，从此，女孩的病便痊愈了。女孩凭借这种强烈的愿望驱使，又忘我地投入文学创作中，最后成为世界上第一位荣获诺贝尔文学奖的女性，她就是茜尔玛·拉格萝芙。

怀揣热爱，忘我投入，是走向成功的一条捷径，只有在这种环境中，人才会超越自身的束缚，释放出最大的能量，才能将自己点燃，让自己的小宇宙爆发。

我们每个人都蕴含着巨大的潜能，而只有少数人能够找到激发自己潜能的方法，大多数人不知道，热爱就是激发自己最大潜能的力量，你所热爱的，终将给你惊喜。

【热爱的，无须坚持】

纪伯伦的一首《先知》，很好地诠释了"热爱"：生活的确是黑暗的，除非有了渴望；所有渴望都是盲目的，除非有了知识；一切知识都是徒然的，除非有了工作；一切工作都是空虚的，除非有了爱。

想想那些成功的人，支撑他们的是什么？是对自己所做事情的热爱。因为热爱不知疲倦，没有对错，外界的评价都与你无关。

当你热爱，一切都会来为你服务，你就掌握了主动权，主动出击、主动做事、主动服务，凡是你想要做的，你都会主动，都不需要监督，凡是被动的，都不是你想要干的，被动的勉强永远不可能成功。凡是你渴望的，都会自发自动，再苦再累也是一种享受，自然而然越干越欢。

【历史人物的情绪解码】

书圣的热爱

一、墨池

被称为"天下行书第一人"的王羲之,从小就非常酷爱书法,七岁跟大书法家卫夫人学习书法,每天刻苦练字。长大后他遍游名山大川,到处寻找古人留下的碑文篆刻去临摹,天天坐在碑前仔细琢磨古人写的一撇一捺,领悟每个字的特点。

王羲之练习书法很刻苦,甚至连吃饭、走路都不放过。没有纸笔,他就在身上画写,久而久之衣服都被划破。由于他时常临池书写,就池洗砚,以至于池水全部变黑了,后人称之为"墨池"。

他的家乡修建"飞云阁",请王羲之题字。他答应下来,一连写了几幅总不满意,于是他便刻苦练习三个月,三个月后,王羲之凝神静气重新书写,"飞云阁"三字,龙飞凤舞,独具特色。石匠临刻时,惊讶地发现墨迹竟渗透入石中。

二、有热爱才有爆发

因为热爱,王羲之遍访名山大川,寻找碑文篆刻,不分南北临之摹之;因为热爱,他以衣为纸,以池作砚,无昼无夜书之写之,池水为之变黑,石头为之透墨。因为热爱,所以一支小小的毛笔充满激情;因为热爱,所以一段短暂的人生充满喜悦。热爱会让生命内在的小宇宙彻底地爆发。王羲之的热爱让生命不断成长,使书法成为不朽。

三、热爱是最恒久的喜悦

热爱使生命呈现最原始、最热烈的激情;热爱使生命找到最纯粹、最恒久的喜悦。愿每一个生命都关注自己的感受,找到自己的热爱。

【小结】

1. 想要真快乐,只有从热爱开始。
2. 如果你愿意活在热爱中,那你将在生命的每一刻,都体验到喜悦。
3. 怀揣热爱,奔赴山海,允许小草以它的方式生长,允许花儿以它的方式开放,允许自己用热爱的方式去获得喜悦。

【思考】
1. 你的热爱是什么？
2. 它给你带来怎样的激情？

第二节　换环境就是换能量

只有一个地方的生态，你需要负全责，那就是心境。

情绪特点：
感觉周围的人都过得比自己好，我真失败；可是生活环境不好，所以我没有成就，这不是我的错呀。这是一种无价值感导致的空虚。

情绪真相：
世界上出人头地的人，都能够主动寻找他们要的环境，若找不到，他们就自己创造。——萧伯纳

都说环境造就人，你是否也想要一个滋养你的环境呢？以下三个观点，可以帮助你找到方法。

【外在环境滋养内在灵魂，内在环境改变外在际遇】

蓬生麻中，不扶自正。我们都知道，环境造就人，圈子改变人。每一个环境，都有一种能量，不同的环境，能量是不同的，当你想要改变自己能量场的时候，一定要注意去改变环境。

外界的环境对你内在的影响是源源不断的。皮肤好可以滋养你，会影响到你的心情；着装干净清爽，也会影响你的内心世界。不同的家居装修，有不一样的滋养；小区的环境鸟语花香，住得心情舒畅。你居住的城市的文化内涵，能促进你内在的和谐；国家的福利制度以及人文风貌，能激发你的家国情怀。

庸人抱怨环境，凡人适应环境，能人利用环境，贤人改变环境，伟人创造环境。也许我们做不了伟人，但也绝不能做庸人自扰的傻瓜，至少也要做个能适应环境的凡人。

【换环境就是换圈子换能量】

环境改变思维，思维改变行为，行为创造结果。

人这一辈子，都离不开环境，我们的人际环境就是圈子，老乡圈、朋友圈、同学圈、同事圈。不同的圈子，带给我们不同的生命体验。接近什么圈子，就会受到什么圈子的影响。圈子是一个能量场，接近正能量你就会变得积极，勤奋；接近负能量你就会变得消极，懒惰。

孟母三迁，择邻而居，就是为了不让孟子受到周遭恶劣环境的影响，从而给孟子一个好的学习环境。可见，这个母亲的眼光独到，思维睿智，是一般人不能比的。

只有同等能量的人才会成为朋友知己，才会相互吸引，相互欣赏，彼此接近，彼此成就。

一个人如果不满足现状，想改变自己、提升自己，就要离开舒适区，让自己接近高层次、对自己有帮助的圈子。一个人最大的幸运，不是拾到钱，或者抽到大奖，而是有人时刻鼓励你、引导你、帮助你，和你一起打拼，共同成就一番事业。

终日和鸡混在一起，鹰也会变得和鸡一样，根本没有飞的欲望了。

【物随心转，境由心生】

人生的悲欢离合，酸甜苦辣，皆系于心，种种烦恼或欢喜，也是皆由心生。

当我们遇到失恋、事业滑坡或者痛失亲人时，就会有"看山山无色，看水水无情"的感受，这种情形下任何美景都会黯然失色，反之，当我们春风得意时，即使是万物沉睡的冬天，看在眼里也是生机勃勃。

当我们能够真正理解并领会物随心转、境由心造的内涵，我们即使不能完全调控情绪和理智，也可以在很大程度上掌握主动性，不让情绪左右心境。

没有人有义务时刻给你提供成长环境，也没有人有办法帮你做自我管理，有些环境是靠自己去创造的。

【历史人物的情绪解码】

田单的不同

一、田单攻狄城

田单将要进攻狄城，去拜见鲁仲连，鲁仲连说："将军进攻狄城，会攻不下的。"田单说："我曾以区区即墨城，带领残兵败将，打败拥有万乘战车的燕国，小小的狄城怎么攻不下呢？"他没有告辞就登车而去。随后，他带兵攻打狄城，一连三月却没有攻下狄城。田单很疑惑，只好再去拜见鲁仲连："先生说我攻不下狄城，请让我听听您的道理吧。"鲁仲连说："将军从前在即墨时，坐下去就编织草袋，站起来就舞动铁锹，身先士卒，在那时，将军有战死的决心，士卒没有幸存的想法。这就是当初您打败燕国的原因。现在，将军您，东可收纳夜邑封地的租税，西可在淄水之上尽情地欢乐，只有活着的欢乐，而没有战死的决心。这就是您不能取胜的原因。"田单说："我有决死之心，先生您就看着吧！"第二天，他巡视城防，激励士气，选择敌人的石头箭弩攻击范围之内的地方擂鼓助威，狄城终于被攻下。

二、心随境迁，是被动地适应

田单在即墨艰苦卓绝的环境里，有的是决一死战的勇气和决心；进攻狄城时，只有欢乐和享受，这是环境改变人，心随境迁。环境影响人、改变人，影响和改变的是人的内在环境，内在心态。内在心态也可以受环境之外的因素影响，田单在鲁仲连的劝说下，有了决死之心，内在环境改变，战局就改变了。心随境迁，是被动地改变，是最低阶的环境适应。

三、境由心生，让环境滋养自己

外在环境不可改变，就改变心态，改变内在环境，从而改变外在际遇，进而改变命运。不管环境恶劣与否，都有生命的养料在。境由心生，环境能否成为滋养自己的磁场，一切由心态决定。

无惧外在的环境，积极培养自己内在的环境，一切都会随之而变。

【小结】

1.生活要想有所突破，就必须走出去，不断尝试新的领域，不断切入新的环境，不断获取新的理念。

2.要勇于从原有的环境、思维、观念、圈子中跳出来，走出去，这样才会有崭新的出路。

【思考】

1.你最大的局限是什么？

2.想一想如何破局。

第三节　心灵愿景就是你未来的精神世界

让你每天充满力量的，唯有梦想。

情绪特点：

不知道自己的梦想是什么，不知道自己活着是为什么；对未来惘然而担忧，内心空虚没有力量。这是丢失梦想产生的迷茫心理状态。

情绪真相：

一个人若是没有确定航行的目标，任何风向对他来说都不是顺风。——（法）蒙田

如果你也想活出自己想要的未来，三个观点可以让你目标更明确。

【愿景成就你未来幸福的样子】

巴金曾说过："理想并不能够被现实征服，希望的火花在黑暗的天空依然闪耀。"

愿景，不只是目标，也不仅是计划，而是自己美好愿望的画面感，是你对未来生活最美好状态的描述。

一对夫妇想请一位朋友帮忙训练小狗，驯狗师问："你们训练这只小狗的愿景是什么？"

夫妻俩面面相觑，他们实在想不出训练狗还有什么愿景，驯狗师极为严肃地说："训练每只小狗都得有一个你们想要的结果。"

夫妇俩商量之后，为小狗确立了目标———白天陪孩子们一道嬉戏，夜里要能忠心守护家园。

之后，小狗被成功地训练成了孩子们的好朋友和家中财产的守护神。

这对夫妇就是美国的前任副总统阿尔·戈尔和他的妻子迪帕。他们牢牢地记住了一句话：每只小狗都要有愿景和训练目标，何况人？

我们不断会听到、看到身边各种各样的负面因素，比如世界经济危机、朋友在工作中的坎坷、新闻报道中某个家庭的困苦生活。可是，为什么你要被周围这些负面因素拉扯，最终离初心越来越远呢？

稻盛和夫说：世间万物始于心。心不想，事不成；心不唤物，物不至。

内心不渴望的东西，它不可能靠近你。

人生是自己思维的产物，当我们的渴望足够强烈，当我们的热情燃烧的程度足够热烈，才能将目标呼唤到可能实现的射程之内。

有一位语文老师的愿望是考上北京某名牌大学读研究生。据说他考研的目的是为了能当官，于是，同事们便送给他一个绰号叫"市长"。有的同事有时当着学生的面就叫他"市长"，叫得他脸红到耳根。

当他沮丧地坐在我对面，抽出愿景这张牌，我告诉他，只有你自己知道你要什么，这和别人无关，别人想要什么，以及他们的看法，只代表他们自己，也和你无关。

后来，他终于考上了那所名牌大学，开始读研究生，过了几年，他成为一所名牌大学的教授。虽然一直没有当上市长，但他无疑是成功的，而促使他坚持到最后的，正是那一声声"市长"，让他一直没有忘记自己的梦想。

我们每个人都可能受到冷嘲热讽。这些嘲讽是一块块砖头，成功者能把它们码在前行的路上，填平前面的坑坑洼洼，而失败者却将嘲讽砌成了一堵墙，挡住了自己的去路。

【所有的积极行动都来源于强烈的愿景】

罗曼·罗兰曾说过："一种理想，就是一种力量！"

愿景是在精神内在的画布上描绘出自己的想法、梦想和希望，是由心灵活动所产生的意图或意志。

也就是说，人的一切行动，都产生于"愿望"，如果不"想"，任何事情都不可能在现实中出现。可以说，人类所构筑的现代文明，其基础就是心中描绘的强烈愿望。

现在的我们，似乎已经忘却这种愿望的可贵。我们变得只重视用头脑进行的"思考"，而轻视了由心而发的强烈愿望的动力。

我们不得不承认一个事实，只要怀抱强烈的愿望，并让这种愿望持续，那么，即使当时被认为根本不可能做到的事情，最终也能变为现实。

可以说有什么样的愿景，就有什么样的人生。

一个三年级的学生，他说将来的志愿是当小丑。有老师斥之："胸无大志，孺子不可教也！"而另一位老师则说："愿你把欢笑带给全世界！"

实现自己喜欢做的事，过程中虽然有困难，但为了理想而拼搏的人肯定会比没有理想的人幸福很多！

【所有被确认的愿景，都是为了开发你最大的潜能】

生活中没有理想的人，是可怜的人。——（俄）屠格涅夫

当一个人的潜能被允许像一朵花一样绽放，像一颗钻石闪耀自性的光芒，才能体会生命终极的喜悦，而一个没有被释放潜能的人生，是挫败的人生。

大多数人都觉得自己的意志力薄弱，可能自控是短期能够达到的行为，而力不从心似乎成为常态。

在真实渴望面前有一层纱，那就是现实中的各种诱惑，它会使你看不清你的本质需求，然后你就容易在诱惑面前投降。看清情绪了解情绪背后的驱动，明晰你其实最想要什么，意志力就在那一刻发生作用，让你充满坚毅的能量。

因此，愿景就是为了开发你更大的潜能。

正如美国著名学者奥图博士所说的那样："人脑好像是一个沉睡的巨人，我们只用了不到1%的脑力。"如果我们能开发大脑的一小半潜能，就能轻易学会40种语言，记住一整套百科全书，获得12个博士学位。

可惜的是，很多人终其一生，都忽略了如何有效发挥自己的潜能，不知道如何在潜意识中激发出自己最大化的力量。

所以，先确定自己想要的未来吧，让潜意识激发你的斗志。

【小结】

1.成长是生命不断提高的目的和意义，我们是借由更高的目标来运作，达成人生更大的成长。

2.明白自己的愿景是什么，你才能知道你的方向和步骤，才能不畏艰难，喜悦前行。

【思考】

1.说到未来，你有什么样的画面感?

2.把它用文字描述下来。

第四节　随时给自己按下确认键

义无反顾，就会所向披靡。

情绪特点：
每天左思右想、摇摆不定，经常后悔自己的选择；今天定了明天又反悔，不知道为什么。这是信念不坚定的典型。

情绪真相：
知人者智，自知者明。——老子
如果你也想对自己坚信，对人生笃定，以下三个观点必须明确。

【明晰目标的本质才是真正的开始】

当你确定了目标和计划，一切就会顺理成章，会是一个好的开始，也意味着成功了一半，因为目标明晰才能创造动机、意图，以及核心目标，才能让目标成为可视化，成为图片，然后从桌面移到你的意识里，扎根在你的每个念头里，因为图像化目标，是意识层面的定海神针，所以很多人喜欢画思维导图，或者在谈业务时喜欢做思维笔记，这样容易核对和确认。

然后下一步你需要知道，真我的确认和本质的确认更容易达成目标。

小薇来咨询怎样给老公戒烟，为这个事，家里不知吵了多少次，都是为他好呀，不知怎么好心就变成了驴肝肺。

我问她："给老公戒烟是为了什么？""就是为了老公的健康和生命品质呗。""好吧，知道了这个真相之后，你觉得怎样的环境和心境，才能让他开心、放松、快乐，而且比戒烟更容易更快达成呢？"

让我没想到的是，小薇的悟性这么高，执行力也是一流，第二天就发来一段视频。

视频中，她陪着老公在风景秀丽的千岛湖钓鱼。她说："我明白了老师，陪他做开心的事，比戒烟更让他愉悦和身心健康。"

明晰本质让你更加确认目标，而且更有信心做到，因为简单。

【相信每个当下都是最好的选择】

选择之前谨慎，选择之后笃定，可就是有些人会活在对过去的懊恼中。

我们一生中总会面临大大小小的选择：高考填志愿，选哪个学校，报考哪个专业；毕业后选择稳定的国企，还是选择不稳定的具有挑战性的互联网行业；是听从家人的话，在二十五六岁就结婚生子，还是在社会中多磨炼几番……

每一个选择，都充满未知性，每一个选择，结果都不一样。你的人生，可能就是因为这么一个小小的选择就发生了天翻地覆的改变，也有可能只是大海中扔进了一颗小石头，掀不起一丝风浪。

事情既已发生，就不必后悔，一切都是体验和成长。要相信自己，当时心中的那个选择，就是你那时那刻最想要的。

【从坚定的信念中获得强大的原动力】

最可怕的敌人，就是没有坚强的信念。——罗曼·罗兰

谈迁，明末清初的一位寒门学子。他凭着信念，克服重重困难，战胜命运的挑战，付出一生的心血，完成了一部史学巨著——《国榷》。

是坚定不移的信念，给予谈迁无穷的力量，不顾体弱多病，不顾生活艰辛，据一袭破衫、一盏孤灯、一支妙笔，成就了一段辉煌的人生。

除了谈迁，海伦、霍金、贝多芬、张海迪……命运对于他们来说是残忍不公的，然而他们中的每一个都活得那么精彩，他们让自己的生命之花开得格外绚烂。为什么？因为他们都有厄运打不垮的信念。

所以，坚定的信念是一种无穷的力量，信念不倒，则希望永存！

【历史人物的情绪解码】

李克的确认

一、谁更适合当宰相

魏文侯问询李克，魏成和翟璜谁当宰相更适合。李克推辞不过，便道："君弗察故也。居视其所亲，富视其所与，达视其所举，穷视其所不为，贫视其所不取，五者足以定之矣，何待克哉！"大意说：国君您没有仔细观察呀！看人，平时看他所亲近的，富贵时看他所交往的，显赫时看他所推荐的，穷困时看他所不做的，贫贱时看他所不取的。仅此五条，就足以去断定人，又何必要等我指明呢！李克说

得很有技巧，很有分寸。魏文侯说："先生请回府吧，我的国相已经选定了。"魏文侯最终任用翟璜为相。翟璜为相三十余年，在翟璜的辅佐之下，魏国终成战国一霸！

二、人才的五维确认

李克没有确认谁更适合当宰相，但是给了魏文侯一个确认人选的体系。这个体系就是把一个人放在"居、富、达、穷、贫"五维中去确认。有了这个体系，纠结的魏文侯从无从确定到恍然大悟："吾定也。"这个体系就是一把尺子，一个工具，让魏文侯有识人之才，进而有用人之明，成为一个贤明的君主。

三、幸福人生的确认

人才的确认需要体系，人生的幸福同样需要体系。《大学》给我们提供了一个幸福人生的确认体系：格物、致知、诚意、正心、修身、齐家、治国、平天下。概而言之就是通过格物、致知、诚意、正心、修身使我们的人格得以完善，通过齐家、治国、平天下使我们的潜能得到最大的发挥，进而达到儒家的理想之境：内圣外王。

幸福人生就是人格完善，潜能发挥。按下这个幸福人生体系的确认键，人生从此不迷茫。

【小结】

1. 当你的潜能被激发，其实意味着对愿景的明确和认定。
2. 你想要解决问题，就会有一千个方法，你若不确定，就会有一千个理由让你偷懒。
3. 明晰人生的终极目标，可以使你少奋斗好多年，也可以使你少走很多弯路，少吃很多苦。

【思考】

1. 你最坚定想做的是什么事？
2. 它给你什么样的力量？

第五节　你的常态就是你一生的模样

每个人的日常状态里，都藏着一生的命运。

情绪特点：
厌倦重复的生活，没有新意；感觉生活总是一成不变，缺乏动能；总是忙忙忙，却很迷茫。这是关注点出现了偏差。

情绪真相：
心理之父威廉·詹姆斯说：我们的一生，不过是常态习惯的综合。
如果你也想通过习惯培养丰盛的人生，那以下三个观点很有必要了解。

【快乐需要常态化】
每个人的日常生活状态都是截然不同的，即使表面看起来同样两点一线的两个人，内心世界也千差万别，因此造就了完全不同的人生。

你的常态，就是你的生命状态。微调你的日常状态，就可以改变你的生活乃至命运。

伏案多的人，养成一个舒展的习惯，就可以避免颈椎病。经常笑一笑，该绽放就打开，管他三七二十一。经常和家人聊聊，敞开自己，就会避免包裹。

每一个小小的改变，都是你生命丰盛的开始。让好感觉成为常态，那么快乐就不是一件困难的事。让爱自己成为常态，成长的喜悦就能让你始终保持高能量。

有人的常态是虐心，让自己常年被折磨在负面情绪中；有人的常态是虐待身体，让自己日夜为欲望奔忙。

有位老太太请了一个油漆匠粉刷墙壁。油漆匠一进门，看到她的丈夫双目失明，顿时流露出怜悯的目光。可是男主人开朗乐观，所以油漆匠在那里工作的几天，他们谈得很投机，油漆匠也从未提及男主人的缺陷。

工作完毕，老太太发现账单打了一个很大的折扣。油漆匠说："我跟你先生在一起觉得很快乐，他对人生的态度，使我觉得自己的境况还不算最坏。所以减去的那一部分，算是我对他表示的一点儿谢意，因为他使我不再把工作看得太苦！"

油漆匠对丈夫的推崇，使这位老太太流下了眼泪。因为这位慷慨的油漆匠，自己只有一只手。

总是不满足，就总会有痛苦；总是看见美好，就会很幸福。

所以，就让快乐成为一种常态吧，时刻觉察和链接自己的好感觉。

【让爱自己和关心自己成为常态】

周依慧老师说，我们内心中都有一个小孩，他是我们生命中最初的那份美好，要尝试接纳她、拥抱她、爱她。

其实，生活究竟能够过成什么模样，很大程度上取决于我们爱自己的程度。爱自己，接纳自己的不足，宽恕自己曾经的唐突，也要欣赏自己的勇气和进步，更要关心自己每一个需求和渴望。

爱自己是一种能力，爱自己才能爱世界。

依婷有两个妹妹两个弟弟，她像一台救火车一样，谁家有事奔谁家，搞得心力交瘁，自家的事反而没人管了，经常在家里为了弟弟妹妹流眼泪，觉得对不起父母的在天之灵。我们见面的时候，她已经焦虑得失眠了。

我让她写出近期自己三个情绪基调，她说是着急、担忧、自责。我问她哪一个情绪对弟弟妹妹有帮助，她回答干脆："没有。"我们又设计了三个相反的情绪状态：信任、体验和欣赏。信任弟弟妹妹，让他们自己去体验和试错，看见他们的创造力。三个月后我回访依婷，她回复我说："我现在很好，每天都能看到弟弟妹妹的成长，我自己也是。"

爱人先爱己，这是一个基本常识，试想，一个人连自己都不爱，怎么有能力去好好爱别人呢？只有让自己变得更优秀，其后才有能力和资格去爱别人。

爱满自溢，让爱自己、成长自己，成为一生的好习惯。

【让好习惯成为常态】

奥斯卡·王尔德说：最初是我们造成习惯，后来是习惯造就我们。

能保持常态的事，来源于你认定那都是日常需求。而如果被你认定是特殊的事则很难成为常态，比如锻炼、学习、减肥、创业。

有人觉得减肥很难，那是因为她把减肥当作一个冲刺阶段，是一项特殊任务；有的人则终生保持苗条，源于她将保持瘦身的饮食等习惯视为常态。

将减肥的食谱和模式，融入日常生活，成为常态瘦身法，这其实是减肥的最高境界，是爱美女士需要终生奉行的法宝。

有人觉得锻炼很痛苦，又累又耗费时间，锻炼了一段时间，就再也坚持不下去了；而有的人，将保健融入日常生活，能走路就不开车，能站着的时候就不坐，能坐着就坚决不躺着，把每个锻炼都均衡在生活的细节里，这也是保健的最高境界。

有人觉得成年后再学习没有必要，为了职称或者职业考证要求，没日没夜学习冲刺，结果证书拿到后就再也不碰书本了；而有的人，床头、马桶旁、沙发边、车上都放着书，随时利用小碎片时间充实自己，这也是学习的最高境界。

一个人的习惯里，藏着他的命运，好习惯成就好人生。

【历史人物的情绪解码】

周亚夫的常态

一、细柳营的真将军

汉文帝一次亲自到细柳营慰劳军队，只见官兵披戴盔甲，手持兵器，戒备森严。皇上的先行卫队到了营前，不准进入。镇守军营的将官说："将军有令：军中只听从将军的命令。"不久，皇上驾到，也不让入军营。皇上派使者拿符节去告诉将军，周亚夫这才传令打开军营大门。守卫营门的官兵对皇上的武官说："将军规定，军营中不准驱车奔驰。"于是皇上的车队只好拉住缰绳，慢慢前行。到了大营前，将军周亚夫手持兵器，双手抱拳行礼说："我是盔甲在身的将士，不便跪拜，请允许我按照军礼参见。"皇上因此而感动，派人致意说："皇帝敬重地慰劳将军。"出了细柳营的大门，文帝不停感叹："啊！这才是真正的将军。"

二、常态的力量

周亚夫让军营的日常管理成为战时管理，并且使之常态化。因此汉文帝才能够偶然看见。"真将军"时刻保持军队的战备状态，使军队挥之即战，战之能胜。正是这位"真将军"日后成为汉景帝时国家危难之际力挽狂澜的第一功臣。常态是细节，细节里面有魔鬼。常态化的力量，足以使成为习惯的常态产生核聚变，形成即战力、决胜力。"真将军"的功夫在细节。

三、让高能量成为常态

在生活的日常上下功夫，平常的细节将变得不同凡响。

对世界充满热爱，让好感觉成为常态，每天的太阳都将从心头升起。

对世界满怀感恩，让爱的流动成为常态，每天的温暖都会从心头拂过。

对世界充满真诚，让喜悦成为常态，每天的你都是世间最丰盛的那一个。

在细节上下功夫，让自己的热爱、感恩、真诚成为常态，你就是人生的"真将军"。

【小结】

幸福无须寻求，它不存在于过去，也无须寄托将来，幸福就发生在每个当下的体验中，享受每个真实的觉知，当这份觉知成为常态，一个片刻又一个片刻，每一个这样的喜悦就成为永恒的幸福。

【思考】

你的生活里，有哪些是你的常态？

第六节 今天的你是过去定制，未来的你是现在预定

每句话，每个念头，都是你预定的，包括你的人生。

情绪特点：

不知道今后要做什么，要往哪里走；总是想一出做一出得过且过，很迷茫地向前，不知道自己做事的意义。这是对未来缺乏希望，失去了激情。

情绪真相：

一个有梦想的人，是对自己最负责的人。

如果你也想私人定制一个自己想要的人生，那以下三个观点可以给你参考。

【每天定制好心情】

定制，是特别提供的个性化服务，是量身定做的专属品。

我们的前半生，是父母定制的，后半生，需要自己预定，自己设计和制作。

前几年网络上有句话被推上了热搜："我觉得自己好像被监视了，所有人怎么都和我一样。"

想想也是啊，我们每天过的都是雷同的生活，偷懒、玩游戏、看电视，不想学习不想写作业，明知道自己胖还忍不住大吃特吃，手机不离身，朋友圈微博来回刷，熬夜到天亮。

世界上的人千千万，普通平庸的人更是一抓一大把，每天重复过着被动的生

活，无风无浪，成群结队讨论着明天吃什么，哪个明星离婚了，还有，真不想上班。

每天，当太阳升起来的时候，非洲大草原上的动物们就开始奔跑了。狮子妈妈在教育自己的小狮子："孩子，你必须跑得再快一点，再快一点，你要是跑不过最慢的羚羊，你就会活活地饿死。"在另外一个场地上，羚羊妈妈也在教育自己的小羚羊："孩子，你必须跑得再快一点，再快一点，如果你不能比跑得最快的狮子还要快，那你就肯定会被它们吃掉。"小狮子和小羚羊的一生，就这样被命运定制了。

人生，要定制成自己想要成为的样子，甚至可以量化到每一天的定制，过着自己定制的日子，就像穿着量身定制的服装，合体、美观又舒适，这样的日子，才是心甘情愿和愉悦的。

比如今天要外出旅行，那就买一张车票走起来；今天想约一个朋友吃饭，打个电话约起来；想要在家睡一天，直接躺在床上就实现了；想要码一天的文字，那就从早到晚对着键盘敲起来，最多中间起来活动活动。只要精心定制，就一定会实现。

当意识到可以设计自己的人生，我们的每一天都可以由自己量身定制，那一刻，你就觉醒了。

怎么样让坏心情转化成好心情呢？这时候我们就需要进行定制。

有人选择邀上三五朋友，去一处既能享受美食也能畅谈心事的饭馆，将心中烦闷一吐为快；有人选择订上一张飞向远方的机票，去全新的环境中释放自己，丢掉心灵的尘埃；有的人选择买上一张喜剧电影票，抱着一桶爆米花，喝着冰爽的可乐，让烦恼在欢笑声中灰飞烟灭。

【私人定制心灵的满足】

也许我们不能做到随意定制奢侈，但完全可以为自己定制好感觉。

万事万物中，没有什么是绝对的，你认为重要的，那就会成为你的私人定制。

好感觉，就是真享受。

每天给自己私人定制一份好感觉，那是一种福气，每天给自己定制受气的感觉，那是傻瓜才干的事，我还想说，这个世界上这样的傻瓜还真不少。

有对夫妻，大吵一场，然后来找我咨询，起源是老公说："老婆，你现在每天忙些啥呀，好像朋友比我重要。"老婆听了勃然大怒："我就这点爱好，你也想剥夺？我对你还不够好吗？每天端茶递水，衣来伸手饭来张口，家务事哪件要你做了？气死我了。"

所有的请求，其实都是爱的呼唤。

本来老公想在老婆这里撒个娇，求个关心，想要一个恩爱的场景，却没想到被老婆误会，女主因为自己的不自信和匮乏，把请求理解成了抱怨，把爱设计成了恨。

活在每个当下，感受被爱的体验，链接心灵的同频，定制美好的状态。

【定制一个专属的梦想】

有句话说得好：有志不怕年高，无志空活百年。

如果此刻你正处在迷茫期碌碌无为，那不妨正视这个问题，好好规划，唤醒心中的渴望，定制一个让自己沉醉其中的梦想，用来奋斗和追求。

俞敏洪说：如果没有一个造房子的梦想，即使你拥有全天下所有的砖头，也只是一堆废物。

我想说，如果你有一个清晰的梦想，每一天，你都会为靠近梦想一小步而欢呼。

马云当初若没有梦想，就不可能拥有实力雄厚的阿里巴巴。

马化腾若没有当初的梦想，就不可能有腾讯集团。

雷军当初若没有梦想，就不可能成就国产手机的崛起。

商业界著名女性董明珠 36 岁时才追逐自己的梦想，她从格力底层做起，一直为之奋斗十多年终于成为格力的总裁。尽管她起步时间比较晚，却依然实现了自己的梦想。

定制自己的专属人生，相信这样的你会拥有更具价值的一生。

【历史人物的情绪解码】

谁定制了楚怀王的悲剧

一、悲剧的楚怀王

楚怀王继位时，楚国和秦国、齐国三强鼎立。楚、齐结盟，秦国如芒在背。公元前 313 年秦国派张仪出访楚国，谎称只要楚国和齐国断绝关系，秦国愿意把六百里商于之地归还楚国。楚怀王竟信以为真，毫不犹豫地断绝与齐国的关系，发现受骗后大怒，发兵攻打秦国，结果遭遇丹阳和蓝田两次大败，导致国力衰败。楚怀王对张仪恨之入骨，愿意用土地交换张仪，结果张仪并不惧怕主动入楚。楚怀王将张仪下狱准备千刀万剐，想不到张仪买通楚怀王宠妾郑袖，楚怀王被枕头风一吹，竟然做出让自己后悔不已的事，释放了张仪。

公元前299年，楚怀王再次轻信秦国，赴秦国武关与秦国修盟，结果被不讲武德的秦国囚禁。公元前296年，愤恨郁闷的楚怀王在囚禁中气得吐血而亡，死在秦国。

二、楚怀王的悲剧是自我定制

司马迁评论楚怀王："身客死于秦，为天下笑，此不知人之祸也（这是不识人的祸害）。"他认为楚怀王的悲剧是因为疏远屈原等贤臣，任用上官大夫等奸佞所致。其实楚怀王的悲剧是自己情绪化所定制。因为情绪化，所以他会轻易被张仪六百里商于之地所骗；因为情绪化会大怒不顾后果地发兵致败；因为情绪化会一再被秦国所骗。"误国误得荒唐，爱国爱得卓绝"。楚怀王没有定见，没有原则，不顾一切，一切由情绪控制。楚怀王的悲剧人生是情绪化的人生。

三、美好，自我定制

管理好自己的情绪，不要被情绪掌控从而定制你的不幸。管理好自己的情绪，让情绪服务你，滋养你。美好人生，自我滋养，自我定制，无关他人。管理好自己的情绪就是定制一个美好的人生。

【小结】

1. 如果你重视成长，那你就定制一个让自己能够看见每个事态背后真相的功能。
2. 为自己定制一个叫"欣赏"的工具，它会让你每天在关系中体验到爱的流动。

【思考】

想一想让你最得意的一件事，最初是一个怎样的念头定制的？

第七节　人生最大的功课，是成为爱

让自己成为自然，顺应心流法则。

情绪的特点：

人生很被动，活成了自己不想要的人生；没有爱的日子，活得很没意思。这是缺乏相互滋养导致接收不到爱的信息。

情绪真相：

当你滋养他人时，你就是爱。

如果你想要成为自己想要的那个样子，那你的改变需要以下三点做参考。

【被人改变是痛苦，自我改变是快乐】

自我改变的时候你就掌握了主动权，是一种来源于内在的生命力，所以你感受到的是努力中的喜悦和快乐；被人改变则是一种外在的力量，被驱使着改变，往往是极其不情愿的，或者带着怨气的，没有人喜欢被人控制，所以被人改变是痛苦的。

小王结婚20年了，每天都因为夫妻之间的一些习惯不同而吵架，小王总是希望老公能够顺应自己的习惯，比如炒菜火不能太大，说了的事情必须立马做。可是老公希望小王不要那么着急，事情可以休息好了慢慢来，世界不会塌，炒菜火大一点儿菜更香。两个人都不想改变，都期望对方改变，整日因为这些问题重复吵，最后来到我这里，是做离婚调解的。

其实如果小王和老公能够明白每个人都只能够检查自己，自我改变才是有效的，改变他人是痛苦且不现实的，互相尊重彼此的习惯，就不会有那么多痛苦。

当你想要改变他人的时候，其实是带着评判的目光去看他的，因为你觉得他某个思想或者行为习惯不对，你是以自己的角度在评判别人的生活和信仰，也许，在他自己的角度里，在他的世界里，那些你想改变的东西可能有自己存在的理由，对他来说是刚刚好的。

我们能做的就是改变自己，然后活出自己，当你活出了自己，当你变得强大，你就能够影响他人，而使他人自发地做出改变。

注意，不是你改变他，而是你的光辉影响了他，使他主动地想去改变，这是自然而然的过程，没有期待和压迫。

比如，那些被性侵后克服恐惧勇敢站出来的女孩，她们把恶魔送进监狱，受到她们的影响，会有越来越多的人站出来，也会有越来越多的人关注女性安全。

所以，最大的爱就是活出自己，然后去影响他人。

【今天的你是过去定制的，未来的你是现在预定的】

如今你的气质里，藏着你走过的路，读过的书和爱过的人。——《卡萨布兰卡》

如果想知道一个人的过去如何，看看他的现在大概就能略知一二。我们都知道原生家庭会影响一个人的成长，现在我们身上多少藏着原生家庭的影子。但是，除了原生家庭，过去的每个选择也都参与造就了现在的自己。

比如，几年前的你选择了追剧外卖疯狂宅，那么你收获了肥肉和不太满意的外貌，如果你选择学习穿搭，锻炼身体，学会化妆护肤，那么现在的你对自己的身材气质应该都比较满意。

过去的你造就现在的你，现在的你反映出你的过去。

当你担忧未来时，你的未来就是让人堪忧的；当你创造未来时，你的未来是让人憧憬的。

龙虾与寄居蟹在深海中相遇，寄居蟹看见龙虾正把自己的硬壳脱掉，只露出娇嫩的身躯。寄居蟹非常紧张地说："龙虾，你怎可以把唯一保护自己身躯的硬壳也放弃呢？难道你不怕有大鱼一口把你吃掉吗？"

龙虾气定神闲地回答：谢谢你的关心，但是你不了解，我们龙虾每次成长，都必须先脱掉旧壳，才能生长出更坚固的外壳，现在面对的危险，只是为了将来发展得更好而做出准备。

过去我们弱小，无法抵御原生家庭的影响，过去的我们无知，所以做出错误的选择。但是现在的你已经拥有力量，可以抵御诱惑和压力，可以做出更好的选择；现在的你预示着你的未来，改变现在的你，就能塑造未来的自己。意识到过去的影响，就意味走出了创造的第一步，专注于当下的自己，自我改变，就能拥有美好的未来。

【最高级的功课，就是成为爱】

允许他人和自己不一样，让他人按自己的方式体验自己的人生。

我们经常给爱掺杂太多的功利，比如孩子认真学习，取得好成绩，才会获得母亲的喜爱和微笑，这对孩子来说其实是很受伤的，且很多时候达不到想要的效果。只有你真正无条件地爱他接纳他，不因为别的，只是因为他是他时，才会让他真正感受到爱，才会激发他最大的动力。

大李因为懊恼小时候自己家里穷，没能有机会上大学，总想着让孩子继承他的志愿，能够学好英语专业出国。可是他的女儿一心想学幼师，想做孩子王。长期的拉锯战，使女儿得了严重的抑郁症。经过诊断，我提出和父亲交流的要求。所幸经过沟通疏导，这位明智的父亲尊重了女儿的意愿，帮助女儿实现了她自己的愿望，他明白了：尊重，才是对女儿最大的爱。

真正的爱生发的时候，就是对周围的人最好的滋养。

【历史人物的情绪解码】

成为不幸的徐文长

一、徐文长的不幸

徐文长才华横溢，诗书画无一不奇绝，但性格狂放不羁，命运坎坷。

徐文长出生三个月父亲去世，十岁时生母被正夫人当作奴仆卖掉。二十岁入赘绍兴富家，二十六岁时发妻病亡。二十岁中秀才，之后八次科考不中。自负才略的他在三十八岁得到闽浙总督胡宗宪赏识任幕僚，累出奇计，才华得以施展。尔后胡宗宪免官入狱，徐文长郁郁不得志，性情忽变，便放浪恣情，眼空千古，对达官贵人、骚士墨客，皆叱而奴之，耻不与交，进而愤益深，佯狂益甚，九次自杀，竟不得死，锤杀妻子被判入狱，七年后经朋友力解下出狱，七十三岁去世。"古今文人，牢骚困苦，未有如先生者也。"

袁宏道评价："无之而不奇，斯无之而不奇也哉！悲夫！"（正因为没有什么不奇绝，因此命运坎坷！可悲啊！）

二、终究成为自己不想成为的人

徐文长成长过程中不幸的经历，使他需要情感寄托，特别需要被人肯定。他才华横溢，却科举不中。胡宗宪给了他肯定和欣赏，但又何其匆匆，仅有的一丝阳光瞬息而逝。他的诗书画奇绝，却成不了他情感的最后寄托。他才情汪洋肆意，却又一生固穷困顿。最后他拒绝他人，怀疑一切，拒绝爱，愤世嫉俗，走进了一个死胡同，一步一步想要被肯定想要安全感，却一步一步走向不幸，走向孤独，成为一个厌世者、弃世者。他最终成为自己最不想成为的人。

三、走向爱，成为爱

拒绝爱，就会走进情感的死胡同，步步走向不幸，成为悲剧。链接爱，走向爱，走进的是一条情感的坦途：那里有温暖，有美好。人生最高级的功课，就是走向爱，成为爱，那里有绽放，有创造。

【小结】
1. 不划地自限，倾听和感受来自灵魂的创造性指引。
2. 尊重每一个当下链接，成为爱，成为影响力，成为自己最想要成为的那个人。

【思考】
1. 你最想成为什么样的人？
2. 你为它做了什么？

第八节 你的一切源于你的创造

你可以创建让自己每个片刻都欢愉的结果。

情绪特点：
没有自己的主见和想法，总是跟风模仿；没有自己的见地，还每天否定自己，创造负能量。这是一组让自己意志溃散的情绪。

情绪真相：
世界上所有美好的事物都是创造力的果实。——米尔
如果你想换个活法，创造不同的人生，那以下三个观点必须清晰。

【一切来源于念头的创造】
创造是把自我意识层面的需求，显化成存在的事实。
我们身边的一切都是基于我们的创造。凡是我们肉眼可见的都是自己创造的。创造了一幅作品，创造了一盘好吃的菜，创造了丰盛的家产，这个是物质创造。那些匮乏、负面、不开心，喜悦、快乐和激情，是一种精神的创造。
你每天都在想什么呢？
如果你每天都想着爱，则吸气时是创造爱，呼气时送出爱；如果心里想着怨，吸气是创造抱怨，呼气是输出怨气。
一切都是你的念头创造的，要么丰盛，要么匮乏。
有位老公身家过亿的富太太问我一个问题，什么人最幸福。因为她不缺钱，但

是感觉不到幸福，她说如果有人给她幸福感，她愿意出很多很多钱。

我给她做了一次简单的催眠，我们一起回忆她生活的种种不如意和伤心，她泪流满面，激动得满脸通红。我们休息了一会儿，等到她慢慢安静下来，我就引导她聊宝贝女儿，再聊当年的恋爱时光，渐渐地，她脸上有了笑容，还时不时带着害羞，最后我们在非常愉悦的状态下，结束了催眠，我引导她说感受，她说，前后是地狱和天堂的区别。

当下你的念头里是爱，你就是最幸福的，当下你的念头里是怨恨，那你就是不幸的。

有什么样的念头，就有什么样的创造，所以，管好每一个念头，让它创造最幸福的你。

【一切创造都在为你的快乐服务】

请记住，既然你可以创造自己身体出问题，你也可以创造自己的健康，你可以创造肥胖，你也可以创造完美的身材。你可以跟婆婆关系不合，创造一个乌烟瘴气、鸡飞狗跳的家，就可以创造和谐、美满、幸福的家。

你的生活都是你的能量创造的，不要抱怨父母，跟父母一毛钱关系都没有，一切都是你创造的，你哭你笑，别人又没有强迫你，任何时候你都在自我设计。

吵架，生气，猜疑，不开心，都是你自己创造的，你在哭，你在抱怨，那你就在创造负能量，不用评判，只要你看见了，就是觉醒了，你觉察到了自己在创造负能量，醒悟过来去创造正能量就好了。

小依是一位资深美容师，她的初心是为客户提供和创造美的方法，在她的职业生涯中，她发现有太多的女性不快乐，内心有很多情感的卡点，导致失眠、焦虑、抑郁，所以会长斑长痘痘。于是她通过美容中的聊天进行心理疏导，由此帮助很多客户走出了情绪困扰，她乐在其中，非常享受这个过程。25年后，她报考了心理学硕士，成了一本情绪管理畅销书的作者。

对你的生活最有影响力的人就是你自己。决定你是否成功的，就是你是否喜欢你的工作，是否乐在其中，因为只有快乐和激情，才是最好的创造。

【你会作茧自缚，也一定能破茧成蝶】

当你创造匮乏和负面的时候，那也是一种创造。

小波喜欢画画，当他画出自己想要的作品时，就感觉非常喜悦。当他学习自己不擅长的数学的时候就觉得非常痛苦，但是这也锻炼了小波的思维。这些都组成了小波独特的人生体验，都是他自己的创造，没有好坏。

所有的过程，都是创造的小结果，只要你一直不断地创造就一定能够创造出奇迹。

都说游戏让人玩物丧志，济南1987年出生的小伙子，五岁开始玩游戏，十二岁成为中国少年科学院首批小院士，三十多岁登上了富豪500强，财富达到553.5亿，成为最富济南人。

只要愿意尝试，不断挑战，每天改变一点点就是创造，是你的创造将各种能量输送到你的未来。一个可以创造痛苦的人，就一定可以创造美好；能创造悲剧的，就一定能创造喜剧。只要你觉醒，一切都来自你的创造。

【历史人物的情绪解码】

创造的李冰

一、一位郡守的创造

世界上有没有一项工程历经两千多年还滋养着人类，焕发着生机？有！都江堰就是其中之一！

公元前256年李冰被秦昭王任命为蜀郡太守。在之前，岷江流经灌县玉垒山，如脱缰野马，泛滥成灾。李冰到任，考察地形，总结前人治水经验，提出"深淘滩，低作堰"的治水原则，创造性地构筑"鱼嘴"将岷江分为内江和外江，挖筑"飞沙堰"沉淀分流泥沙，构筑"宝瓶口"引流内江浇灌成都平原，使堤防、分水、泄洪、排沙、控流相互依存，共为体系，自此成都平原变成天府之国。时至今日都江堰依然担负着四川盆地中西部地区1130万余亩农田的灌溉、城市生活供水、防洪、旅游、环保等多项目标综合服务，是四川省国民经济发展不可替代的水利基础设施。它最伟大之处是建堰两千多年来经久不衰，而且发挥着越来越大的效益。

二、创造你的正能量

李冰是郡守，郡守的职责是安民治吏，收税纳粮。治水是他主要职责之外的一项可为可不为的工作，但他一心治水，只因岷江之水泛滥成灾让百姓生计困顿，他只想解百姓于水火之中。李冰心中有一个大我：蜀郡的百姓。他不安于衙门的闲适，不沉溺于郡守的安逸，他长锸在手，携子共行，他走在岷江两岸，探求于百姓之中，他要寻求一个治水的方略，他要创造治河的秘诀。长期的探究，不断的实践，他有自己的体验，形成自己的思想，终于创造了一项世界最伟大的工程。

三、爱是创造的源头

世界上所有美好的事物都是创造力的果实。创造力来自大我的正能量，心中有爱才会有创造。将爱、意愿和意志力结合，就会有无限创造的可能，这是对自己最好的爱。

【小结】

1. 如果你总是看见他人的过失，那是你的心创造了挑剔；如果你每天都看见他人的优秀，那是你的心在创造和谐。如果你疼惜自己，就能够在每个片刻创造欢愉。

2. 将爱好、意愿和意志力结合，就可以创造无限可能，这是对自己最好的爱。

【思考】

这个世界，属于你创造独一无二的杰作是什么？

第九节　潜能无法释放的人生是挫败的人生

你并不一定知道自己有多厉害。

情绪特点：

觉得自己平庸无奇，找不到闪光点；每天工作、生活两点一线，没有突破口；羡慕别人完美的人生，沉迷在纸醉金迷，跳不出舒适圈。这是没有释放自己潜能的状态。

情绪真相：

沃尔多·爱默生说：去做你害怕的事，害怕自然就会消失。

如果你也想激发自己的潜能，探索喜悦的本源，请记住三个观点。

【挑战制约，释放潜能】

潜能，潜在的能力和能量，是人类本具有而没有被开发的，包括身体素质能力和智慧的能量，是人的本能意识，每个人的潜能都是无限的。

德国诗人歌德说过：人的潜能是一种强大的动力，它所爆发出来的能量，会让所有人大吃一惊。

一个运动员的培养激发，就是他的潜能不断被开发的过程。

当我们挑战自己极限的时候，就是激发潜能的时候。

然而，过多的制约，让我们的视野越来越狭窄。

曾经拜访过一位知名作家和讲师，每次去听她讲课，首先都会被她着装的典雅精致折服，她是我心中内外兼修的完美女神。我有幸被邀请到她家做客，见面地点是她家的书房，当我走进书房，没有被她高高的几排书架惊呆，而是看到一个穿着家居服素面朝天扎在一堆凌乱不堪书籍中的中年妇女，这位老师抬头笑了笑："欢迎看见真实的我，创作的时候，我会忘记所有的规则和包装，请不要介意。"

对于社会约束，你就要像穿光鲜亮丽的衣服那样，回家就脱掉，换成舒服的家居服，这样，真实的你才会存在，才能有机会去唤醒你自己，激发你自己，而不会总是被束缚。

所以，一边臣服于各种制约，一边绽放生命的潜能，让自己人生的每一面，都像钻石一样闪闪发光。

【比较会摧毁你的自由】

比较是人性的常态，妈妈拿你和别的孩子比，老师拿你和同学比，你成人之后也传承了父母长辈这一套，让你的孩子饱受比较之苦。

当你了解了自己的独一无二，当你深深感激你的拥有，当你不再比较，你既不会觉得自己美，也不会觉得自己丑，既不会觉得自己伟大，也不会觉得自己卑微，安然无恙地做纯粹的自己，你的生命之花，就会在宁静中悄然开出喜悦。

生活里我们经常会这么想：

如果我考上理想的大学，那就妥了；如果我进了知名的外资企业，那就好了；如果我还清了住房的贷款，那就太好了；如果我退休了，那我就可以享受人生了。总是活在对未来的期待和担忧里，会让你产生无谓的焦虑。

低下头看一看，你脚下就是过去所期盼的路，你所呼吸的，就是你过去期待的未来的空气，每一个片刻，都是你曾经渴望的，你已经获得了过去所期待的未来，为什么不好好享受呢？

【看清目标本质，唤醒强大潜能】

每个人来到这个世界，都有自己的使命和目标，只不过有些人直到离开，还没有看清，有些人一开始就清晰自己的终极目标，并明晰它的本质是什么。

形式和本质的区别，是外在和内在的区别，是物质和精神的区别。

如果你的目标是想要开创事业，那真相就是你想要获得尊敬，因此很多上了财富榜的大佬，最后捐赠了自己一生的财富，成为受人尊敬的慈善家；如果你想要得到财务目标，那真相就是你想要富足，所以很多事业成功的顶级大咖，最后成为公益事业的领头人，被更多弱势群体所需要。

所有挫折的真相都是在锻炼你的意志，在激发你更大的潜能。

【历史人物的情绪解码】

十三将士的潜能

一、十三将士归玉门

公元 74 年，汉朝重新设立西域都护，任命耿恭和关宠为戊己校尉，留三千军队镇守。次年，北匈奴单于派兵两万进攻车师，杀死车师后王，转而攻打耿恭驻地，将其围入城中。此时正值汉明帝驾崩而无暇发兵，救兵不至，车师国又背叛汉朝，与匈奴合兵进攻耿恭。耿恭粮尽，陷入困境。他们煮铠弩食其筋革，拒绝匈奴的招降，坚守城池。直至章帝继位，出兵战败匈奴。当援兵来到耿恭守城时，城中仅余二十六人。待随汉军回至玉门关时，仅剩十三人，而且衣服洞破褴褛，形容憔悴枯槁。玉门关守将郑众感动得亲自为他们沐浴更衣。这就是悲壮艰难的"十三将士归玉门"。

二、绝境激发的潜能

是什么让耿恭他们在弹尽粮绝的情况下坚守下来的？正是在绝境之中，迸发出他们无限的潜能。

面对人数十多倍于己的敌人，绝境激发了他们退敌的智慧。耿恭用毒箭射中敌人，剑伤化脓发臭，用邪异来恐吓匈奴，使惊惧的敌人后退，并乘机利用雷雨交加之时突袭敌营，使匈奴一路败退。

面对敌人长期的围困，弹尽粮绝水断，绝境中激发了他们坚忍不屈的意志。他们煮铠弩食其筋革，挤马粪汁而饮。一年多时间，从三千将士到最后二十六人，他们"出于万死，无一生之望"，"衣屦穿决，形容枯槁"，但他们"不为大汉耻"，誓死不降。

三、潜能绽放，就是人生绽放

"十三将士归玉门"，是一曲精神的颂歌，是三千将士精神潜能的绽放。精神潜能的绽放激发了每个人头脑的智慧和身体的坚忍。敌军五万算什么？弹尽粮绝水断怕什么？人的潜能绽放，可以惊天地泣鬼神。

【小结】

1.从熟悉到陌生，从舒适到挑战，从已知到未知，一切冒险和艰辛，都需要勇气去面对。

2.当你勇敢时，无畏就会产生，喜悦的潜能就会被开发，就像从心里开出一朵花，一朵独一无二的生命之花。

【思考】

你知道自己最大的潜力是什么吗？

第十节　高能量源于情绪稳定

让身边的人很舒服，这个能量不是一般的高。

情绪特点：

有时开心，有时郁闷；有时激情澎湃，有时跌落低谷。这就是能量不稳定的表现，容易导致心乱。

情绪真相：

爱因斯坦说：百折不挠的意志，比物质的威力更强大。

如果你也想成为一个情绪稳定的高能量的人，那么以下三个观点尤其适合你。

【情绪起伏源于你想改变别人】

高能量的重点不在高，而在于稳定，在于你的能量一直让身边的人很舒服。

有时候你的能量很高，激情洋溢；有时候你的能量很低，低到什么也不想做，什么人也不想见，这个时候，你就要警觉，要尽快转换环境，调整念头，走出消极状态。

最好的能量状态是情绪平和稳定、积极乐观。

能量稳定的人，综合能力特别强，身体的感受性、预知性、直觉性爆棚，他们好像料事如神，别人花好久才能搞清楚的事对高能量的人而言，就是分分钟的事，那是因为，他们始终不会受外界的影响，总是处在理性和感性的中心地带不偏不倚，即使遇到挫折和打击，也会很容易恢复稳定状态。

能量不稳定，源于你把注意力放在别人身上。

网络上有句话说：改变自己是神，改变别人是神经病。

生活中我们会发现，我们很想去改变别人，最后吃力不讨好。

有一次我调解一对夫妇，女主一直说："我也是为他好，他怎么就不听呢？为什么他就不想改呢？到底要怎样做，他才会改呢？"男主分明不爱听跑到办公室外面，冷不丁冒出一句"多管闲事多吃屁"，把女主气个半死："你看你看，他就是这个态度，死不悔改。"

我连忙岔开话题，问女主最近在看什么书，我们俩聊起一本共同喜欢的书，一边吃着点心一边喝着茶，慢慢地，她脸上的愤怒回归到了宁静，还透出淡淡的书香味，男主也不知道什么时候来到茶桌前倒茶喝，他老婆很自然地给他满上，突然男主说话了："老师，我就喜欢我老婆现在这个样子。"

只要你想改变别人，你就会淹没在各种抗拒和抱怨里。

改变自己是享受的，被人改造是痛苦的。

谁也不想被改变，每个人都想根据自己想要的样子去活，于是就会有冲突，会有矛盾，除非他自己想要改变。

都说管别人之前，先管教好自己。

去期待别人改变，换回来的只能是失望和难过。说到底我们也没有权利去改变别人，别人的人生只能掌握在他们自己手上。你之所以能量起起伏伏，是因为把太多的时间和精力花费在别人身上，花费在没有把握的事情上，却常常忽视了自己内心的笃定。

【当你将注意力放在自己身上，能量就会稳定】

很喜欢一句话：世界上最听你指挥的，不是别人，是你自己。

山若不过来，我便过去呗。

既然我们改变不了别人的看法和行为，不如花时间去调整自己，通过改变自己，再慢慢地影响别人。

英国威斯敏斯教堂有个闻名世界的墓志铭：年轻的时候我想改变世界，后来发现我不能，于是我决定改变国家，后来还是不行，于是，到了暮年，我准备改变家庭，结果，这也不可能。行将就木的我躺在床上，突然意识到，如果一开始我仅仅去改变我自己，我就有可能改变我的家庭，在家人的鼓励和帮助下我可以为国家做一些贡献，然后，谁知道呢，也许我就可以影响世界了。

当你改变自己之后，你会发现，别人变了，世界也变了。

佳佳特别讨厌夫家的批判氛围，凡事都要讲个细节和规矩，一有偏差，就会被家人群攻，偏偏佳佳是个马大哈，从小被父母放养惯了，恋爱的时候很羡慕男朋友的修养才嫁给他，没想到却带来这么大的压力，晚上都失眠了。

经过两个小时的咨询分析，她决定改变自己，我们一起设计了整改方案。

回到家里，她开始自我反省，不但见错认错，还反守为攻，看见公公婆婆做的规矩的事，就连声夸赞，大拇指竖到发酸，当老公指出她的所谓的不足，她也乐呵呵说："老公还是你厉害，这都被你看出来了。"

当佳佳变得更有礼貌、更有欣赏力、更具包容性的时候，她发现，家人不再那么爱挑剔她了，遇到老公对她有评判，婆婆还会包庇她："算了算了，没事没事，不要紧。"

其实，她那些所谓的毛病，一件也没改，她也不想改变自己几十年的生活习惯。公公婆婆他们也没改，还是那么严谨刻板。

可是她改变了自己和家人的相处模式和语言结构，于是就获得了支持。

如果将注意力放在他人身上，期待他人的改变，期许他人的赞赏，在乎他人的评价，渴望他人的爱，这样做只会让自己活在期待的焦虑中。

当你把注意力放到自己身上，才能真正发现自己内心的渴望，挖掘自己的潜力，能够找到方法去满足自己，这是世界上最有把握的事，也是最值得用心去做的事。

【平衡就是高能量】

平衡是适度而非极端，就像没有不开心就是开心。

平衡就是一种权衡，是在无比现实的社会中，用靠近自己灵魂的方式去达成喜悦。

叶紫是文艺青年，她喜欢游历山河，经历波澜，喜欢创新与突破，可是，阴差阳错爱上一个宅男，他无比坚决地想方设法阻止叶紫出门，让她无比抓狂。

她到减压中心来找我，我了解了她对爱人的放不下，我们一起做了折中处理——宅家进行文学创作。在三年一万多个日夜里，她网购了几十本专业书籍，与无数圣贤大师心灵相通，出版了自己的第一本书，在不违心的情况下，也满足了家人的愿望。

时刻让能量聚焦在当下和内心，在平衡的状态里，建立自己的意志力中心，让稳定、平和、喜悦的高能量，成为自己的生命常态。

【历史人物的情绪解码】

班超的高能量

一、人杰班超

公元 73 年，年近四十在抄写文书的班超毅然投笔从戎，率领三十六人出使西域，从此开始了一段名垂青史的传奇。当时整个西域被北匈奴控制，出使西域危机四伏，险象环生。在鄯善国，不入虎穴焉得虎子，夜袭敌营，斩杀匈奴一百多人，使鄯善归附。到于阗，破巫术，杀巫师，于阗国王心悦诚服投东汉。奔袭疏勒，智擒国王，疏勒归顺。班超当断则断，有勇有谋，威震全西域，带领三十六勇士，以高超的外交和军事才能，最终降服西域五十多个国家，维护了东汉的安全，加强了与西域各属国的联系，为西域的回归做出卓越贡献。

班超超人的胆略，卓越的才能，展现出感染人、征服人的能量。后世评价他："超真一人杰矣哉！"

二、高能量的征服

班超首先征服的是部下三十六人，在鄯善身处险境中，他以超人的胆略要"入虎穴得虎子"，三十六人齐声回应"死生从司马"，这是对班超一种由衷的佩服。三十六人迸发出无限豪气，夜斩匈奴一百多人，而无一伤亡。匈奴围困疏勒，三十六人以一当百，以一敌千，凭区区三十六人坚守一年多。他以真诚和勇略感动收服西域人民的心。当汉明帝下旨班超回京，于阗、疏勒百姓拦马劝阻，哭声震天，于是他勒马回身，再战匈奴。他的能量又以智谋和勇猛展现在战场上，他纵马奔驰、横扫千军，让匈奴闻风丧胆。

三、高能量源自你的内在

高能量是水，安静柔顺，滋养万物。它随物赋形，内蓄力量，时刻警觉，充满斗志，发现时机，立即全力一击。

高能量是风，温情脉脉，吹拂万物。它遇物则鸣，内力十足，可以摧枯拉朽，可以横扫一切。

高能量是光，明亮温暖，照耀自己，照耀他人。它光耀千里，可以使水枯河干，也可以滋养万物。

高能量是水、是风、是光，一切源自你的内在。

【小结】

1.当身边的人能量不稳定时，我们会不由自主去响应，也会变得不稳定；当别人能量非常稳定时，我们也会不知不觉被影响，在稳定中能量升高。

2.每天活在自己的中心，那个能够使自己喜悦的、热情的、稳定的高能量中心。

【思考】

1.你的情绪在什么情况下是最稳定的？

2.想一想为什么。

第十一节　你的光，可以让别人走出黑暗

点亮自己，是一生的功课。

情绪特点：

总觉得自己没有闪光点，感觉生活毫无得意处；消沉自卑，感觉永远得不到喝彩。这是因为看不清自己的优势。

情绪真相：

如果你说不曾见过太阳，撕开云雾你就是光。

如果你也想活出太阳的光芒，请参照以下三点，活出自己的温暖。

【你的优秀，要让自己知道】

你这么优秀，自己知道吗？

你的很多闪光点，自己清晰吗？

如果你认为优秀是通过别人的评价获得的，是要证明给别人看的，那大可不必，那不是真正的优秀，那是虚荣心，用别人的眼光来衡量自己是否优秀，那是对自己最大的打压，一百个人一百种标准，累趴了，你依然还会觉得自己不符合别人

眼里的所谓的优秀标准。

有人来减压中心找我，说她有个情结找我化解，她说毕业后从来没有参加过同学会，但其实非常想念老师和同学们。问她为什么不参加，她拿出一张照片，第一时间找到自己，指给我看，你看："我当时就是这个丑样子，我没脸见他们。"我定睛一看，原来她当时刚巧做了一个摸鼻子的小动作，有点儿像在挖鼻孔。当她拿到这张毕业合影，整整哭了两天，要知道，这是全班四十五人都有的合影呀。她耿耿于怀，并默认这个形象会被所有的同学看到并记住。

我让她拿出通讯录，假装是学校记者抽查毕业照满意度，给她的同学打电话，并故意报出几个名字让对方描述在合影中该人的形象。十个人有九个都说没印象，只有一个人说："哦，她呀，挺秀气的，当时我们班还有男生暗恋她，不过，合影上的形象不记得了，我反正觉得自己当时拍得还不错。"

事实是，每个人都忙着在意自己的形象，对别人的形象，人家并没有认真看待。

我们经常纠结于他人的反应，积极于他人的认可，不满于自己在他人眼中的表现。但事实往往是，你费心琢磨那么多，别人却没有你想的那么在乎你。

早上起晚了，因为着急出门没有化好妆，于是你感觉周围的人好像都盯着你看，都敏锐地察觉到你妆容的异常，一整天你都拘谨，不自在，甚至怯于以面示人。

饭局上为别人夹菜时，不小心将菜掉在了桌子上。虽然大家谈笑风生，好似完全没有发现，但你自己心里直犯嘀咕，甚至事后很长一段时间想起来都觉得很尴尬。

不要高估自己在别人心里的重要性，最在乎你的，是你自己。

做好自己，胜过取悦他人。你无法做一个人人喜欢的橘子，别人爱吃苹果香蕉，那不是你的错。

我们真正所缺少的，是打破常规，拥有不做众人做自己的勇气。

【盲人点灯不会白费蜡】

一个人走夜路，看见有个盲人提着灯笼向他走了过来。他很好奇，于是就在和那个盲人擦肩而过的时候问道："你真的是盲人吗？你眼睛都看不见，点灯笼有用吗？"盲人说："我是盲人，什么也看不到，但我从来没有被人撞到过，因为我的灯笼既为别人照亮了路，也让别人看到了我，这样他们就不会因为天黑而撞到我了。"

古人云：与人有路，于己有退。善待他人，就是善待自己。

帮助别人的同时，也成就了自己。

当你成功地走过了人生中灰暗的时光，所有你吃过的苦、受过的累、扛过的难、忍过的痛，终将成为你成熟的标志，就像一盏属于自己的灯，照亮你前行的路。

【你永远不知道，谁会借你的光走出黑暗】

小时候，我们都以为自己将来会是一个很不平凡的人，长大后才发现自己并没有想象的那么厉害。

我们不够成功，不够自律，有时候甚至竭尽全力去做的一件事，在别人看来却是轻而易举。为此，我们茫然无措，彷徨无助，总是怀疑努力的意义，无法接受自己的不足和平凡，但即使这样，我们依然要活出自己最真的样子。

一个人最好的模样，就是自己独一无二的本真。

有个小女孩在全国演讲大赛上获得了第一名，主持人问她为什么这么自信，女孩说："我妈妈脸上有一块很大的胎记，几乎长满了半边脸，但妈妈从来没有因为这个而难过，我每天看到的，永远都是妈妈最美的微笑，而我，如此的完美，有什么理由不自信呢？"

台下的母亲顿时泪流满面，所有的伤痛，此刻都被孩子疗愈。

无论是爱还是被爱，都应该活出自己的真我模样。

因为爱你的人会喜欢你所有的本真，你无须为他改变；而不爱你的人，即使你为了他努力改变，终究还是不爱，反而让你迷失了自己。

请保持你的光芒，因为你不知道，谁会借着你的光走出黑暗；请保持你的善良，因为你不知道，谁会借着你的善良走出绝望；请坚信自己的梦想，因为你不知道，谁会借着你的这个信仰走出迷惘。

不管你承受了多少委屈，请保持对这个世界最大的善意，因为，你所做的一切，最终都会循环到自己身上。做好纯粹的自己，让更多人相信，每个人都是自己的明灯！

请相信自己的力量，因为你不知道，谁会因为相信你，开始相信自己，愿我们每个人都能活成一道光，绽放出所有的美好。

【历史人物的情绪解码】

孔子之光

一、天不生仲尼，万古如长夜

孔子有很多封号。从鲁哀公的"尼父"，到清朝顺治皇帝的"至圣先师"，两千多年的时间里，孔子不断受到加封。封号的表述不同，但内在的含义一致：圣人、先师。各地的孔庙、文庙，都能看到左右各有一个牌坊，一边是"明并日月"，另一边是"德合天地"。孔子就是明并日月、德合天地的圣人。"天将以夫子为木铎"，孔子是一道照耀千年的光。

二、身负使命，熠熠生光

孔子的学问可用两个字概括即"天道"，就是自然法则、宇宙运行之真理。符合天道的方式有很多，但又都是既定的，做对了的情况只有一种。这种个别的又既定的、正确的顺应天道的方式，就是德。孔子就是那个明白天道、通晓万物之德的人，这种人身负天命，自带光芒。

他明并日月，把人当作政治的目的，就像一道闪电，从他开始人为贵而民为本。他德合天地，开始周游列国，推行仁政，教化万民，他要实现他的天命，他身负使命，熠熠生光。

三、做自己的太阳

光是什么？是明亮。明白自己身负天命的人，像夜空中的闪电，自带光芒。

光是什么？是照耀。为实现使命，知其不可而为之的人，像明灼千里的火炬，虽千万人吾往矣。

光是什么？是温暖。启智明慧的圣人，以人为本，知行合一，光耀千古。

【小结】

1.没有目标的人，羡慕有目标的人；有小目标的人，追随有大目标的人；有目标的人，仰望有梦想的人。

2.心中有光的人，就像心中有梦想的人，他会点亮你的信仰，和你一起，熠熠生辉，照亮世界。

【思考】
1. 你知道自己的闪光点吗？
2. 它带给世界的影响是什么？

第十二节　不是你被感召，就是你感召别人

当你感动了自己，就一定能启发他人。

情绪特点：
对自己将信将疑，每天被低俗冲刷，看不见理想；感觉这世界套路太多，总是被割韭菜。这是对自己做的不符合现实的过低评价。

情绪真相：
所有发生在我们身上的事，都是由自己当下的认知和心念感召而来的。
如果你也想感召更多的美好来到你，那么请仔细斟酌以下三个观点。

【一切都是自己的感召】
感召是激发他人的理想，从而自愿采取相应的行动，达成共同的理想。
人生，就是一场感召游戏，游戏背后是心灵的碰撞和认同，是启发和邀请，是让别人感受到你有一个更有意义更大的游戏。
没有一个自我怀疑的人，可以感召到别人。
有感召力的人，在别人眼里是信念坚定的，意志坚强的，当你感召失败，没有人愿意追随你，或者不愿意受你影响，那你就要检讨一下自己，是不清晰自己的理想，还是你的理想过于狭隘，还有，自己的人格魅力是否内外一致，值得追随？
唐僧感召了孙悟空、沙和尚和猪八戒三个武艺高强的徒弟追随，最终完成取经大业；马云感召了十八罗汉，把自己的梦想变成了大家的梦想。
有句话叫："物以类聚，人以群分。"
人和人是相互吸引的，一个人只会和自己相似的人走在一起。你是什么样的人，就会有什么样的人想和你在一起，没有谁会选择和自己三观不同、思想不一致的人长期相处。所以说，人世间都是有法则的，很多时候，你是谁就会遇见谁，除此之外，都是貌合神离。

你是什么样的人，就会吸引什么样的人。

如果你很爱读书，你就会吸引一个读书的圈子，或者进入读书会，如果你不喜欢唱歌，却被加入一个学习唱歌的群，相信没过两天你就会退出，因为那个圈子不适合你。

优秀的人只会被优秀的人吸引，那些只知道玩乐的人也只能交到玩伴。

当你变得更优秀，就会去接触那些优秀的领域、优秀的人和事。总有一天，你会发现周围的人个个都是志同道合的好朋友，都是三观一致的人。

【你有什么念头就会感召什么到来】

古人云"祸福无门，唯人自召"，我们每个人无时无刻不在和世界下订单，将我们想要的感召和吸引过来。感召不是说服，不是强迫，而是通过自身的魅力去感化和召唤别人。

人生就是一场大型感召，不是你感召别人，就是别人感召你。我们为什么读书？为什么买房子？为什么追求成功？这都源于我们被父母感召，被环境感召，被社会感召。

一个开服装店的，每天会吸引想买新衣服的人来到他店里，一个卖酒的，每天会吸引很多酒仙到来，一个舞蹈教练，身边围绕的都是舞蹈爱好者，一个情绪管理指导老师，会吸引很多想要走出困扰的人以及更多想要持续帮助别人答疑解惑的学习者。

你想要学习什么，就会被拥有这项技能的人感召；你拥有怎样的才华，就会不知不觉感召需要的人来到你的身边。

无论在哪个方面，感召者永远是认知维度高的人，是在某个领域的先知先觉者；被感召的人，永远是后知后觉的跟随者。

所以，你想要抢占先机，就要有先知的敏感，还要有先觉的悟性，更要有践行的行动力，知行合一，方为领袖。

有这么一则传说，有位大师和教书先生讲："要是把你的祖先葬在这个地方，你家会代代出豪杰，代代出大官。"教书先生是这么回他的："我不能把祖坟迁这儿，光我们家兴旺不行啊，我要把这个地方改成学堂，多给国家培养栋梁之材。"后来他把那个地方建成学堂，学生个个都是人中龙凤，他的家族也是人才辈出。

心量有多大，就能成就多大的事业！让我们心怀善意，相信生活是美好的，你就会吸引更多的美好！

【只要你想要，你就一定能】

《格言联璧》说：志之所趋，无远弗届，穷山距海，不能限也。意思是，只要有志向，就没有不能到达的地方，即使山海尽头也不能限制，意志所向，即使是精兵坚甲也不能抵挡。

我们的信念，决定了我们的行为和结果，如果相信自己可以做到，就会有更大的勇气和动力去尝试，去实现自己的梦想，相反，如果我们认为自己不行，就会放弃尝试的机会。

拿破仑说：只要心中相信，你就一定能做到。

有位资深心理学家到一座学校做调研，他在一个班里通过几轮的沟通，挑出三位成绩一般的学生，石破惊天地向老师宣布，这三个学生的情商、智商、逆商综合水平偏高，只不过还没有正常发挥，很快就会翻盘出挑。

一年后，专家再次来到这个学校，不出意料，这三个学生果然成绩大幅度提升，更让人意外的是，三个孩子的综合能力和表现都有了全面的提升，表现非常突出。

最后心理学家向校长透露，其实这三个孩子，只是他随机选择的一般的孩子。

你相信自己非常健康，那你一定非常健康，疾病会悄然自愈，因为身体本身就有自愈功能，潜意识会按照你的意愿调整身体状态和健康行为。

相信自己很优秀，就一定能成功，坚持相信就一定能出现奇迹，相由心生境随心转，一切感召，由心而发。

【历史人物的情绪解码】

曾国藩的感召

一、打造湘军

曾国藩"非有超群轶伦之天才"，以一介书生而剿灭当时横扫千军如卷席的太平军，凭的是什么？是他的感召力。他在《讨粤匪檄》中打出的不是"勤王护国"，而是"卫道护教"的旗号，感召当时大批文人士子投奔到他的麾下，护卫儒家文化这面大旗。这批人成为击败太平天国的中坚力量，他培养的人才仅文官有督抚以上67人，三品以上125人。同时大量的穷苦百姓也被招募到他的湘军中，从开始办团练时只有1万人的队伍，到后来湘军鼎盛时期达到35万，取代了清朝正规军的位置，成为击败太平天国的主力军。

二、感召是信念的植入

他的感召力具体体现在把他的理念灌输给所有的士兵。曾国藩每逢初三、初八、十三、十八、二十三、二十八，召集士兵亲自训讲。用士兵听得懂的语言，跟他们讲一些朴素的道理，并把它们编成军歌：《戒骚扰歌》《爱民歌》《要齐心歌》。这些歌通俗易懂，慢慢地深入人心，被士兵接受。

他教士兵读书、写字、学文化，"常教士卒作字读书，书声琅琅，如家塾然。又时以义理反复训谕，若慈父之训其子，听着潸然泪下"。他把军营当成学校，又像父亲教育自己的孩子一样，很多人被他感动得泪流满面。

三、一切因你而来

感召是信念的植入。曾国藩用最通俗易懂的语言把他的观念慢慢地灌输给他的士兵，让这些观念进入他们的潜意识，形成他们的信念。感召力就是战斗力。

所有发生在我们身上的事，都是由自己当下的认知和心念感召而来的。区别是你在感召别人，还是别人在感召你。

【小结】

1.潜意识才是掌握你命运的核心，你察觉不到它，可是它永远都在影响和操控你。

2.运用自己的意识，将我们的信念植入心底，并无限坚定地去运用它，你感召的能量，就会如洪荒滔滔，奔涌而来。

【思考】

1.你曾经被谁感召？

2.那是一种什么力量？

第十三节　感恩是高级别的吸引力法则

感激的背后，是对自己深深的嘉许和爱。

情绪特点：

抱怨没得到，抱怨被抢走；抱怨受苦，抱怨受伤；总觉得自己活得很冤。这是

第六章　立志人生　｜　275

没有关注收获和成长导致的匮乏状态。

情绪真相：

受害者会成为施暴者，感恩者会成为施恩者。

如果你想做一个慈悲者，为世界带来美好，那以下关于感恩的三个观点，有必要了解。

【越感恩，收获越增多】

如果你感觉疲惫和心烦，如果你感觉消极和焦虑，你可以试着换一个频道，试着去感谢那些给你带来美好的人和事物，你会发现，你的能量很快会得到转变。

当你表达感恩的时候，就像被施了一道魔法，你能迅速接收到来自对方的愉悦感，深深滋养你的内心。

感恩是人与人连接能量的法器，越感恩越拥有，越感恩越快乐，因为任何人都愿意帮助一个懂得感恩的人。

旅行途中，有位同伴特别内向，当她知道我是情绪管理师，就悄悄告诉我她的故事。她觉得自己很自卑，我没接这个话题，直接传递给她我对她的感觉："你安静、自在、从容，这是很多人都梦寐以求的境界呢，你的简单，就是你的特别，很让人羡慕，请一直保持。"

她很开心，旅途中用各种理由各种方式感谢我，也让我看见了她越来越多的优点，很惊讶她居然都不知道自己的这些社交优势，一直以为自己"社恐"。

旅游结束后一周，我收到她的电子邮件，她详细阐述了这次旅游的心得，她说仿佛挖掘了一个宝藏，从来不知道自己有这么多的优点，她说非常非常感激我。

我回了邮件，最后一句话是：非常感谢你，让我知道了，看见美好及时回馈给对方原来如此的重要。

每个人，都喜欢和懂得领情、懂得感谢的人在一起，当你给人们提建议，他们会说"真的谢谢你，你说的这个对我很有帮助"，于是你就会想要向对方传递更多的心得；当你送给别人什么，对方很珍惜地使用，你就会想要送他更多，以体现你存在的优越感。

【越感恩，关系越亲密】

我们的身体，包含着亿万个有感情的小存在，就是细胞，当你决定要赞赏别人的时候，全身的细胞都开始活跃起来，进而你会满血复活，能量满满；当你进入负面消极时，你的细胞就会消沉，所有的能量就会跌落，让你进入萎靡不振。

当你心存赞赏、满怀感恩时，你的每一个细胞都在觉知美好，每一个细胞都在提升能量，感激之情可以带动你的情绪，进入镇定和安静，而你越镇静，就会越获得智慧，越容易获得你想要的。

感恩是最高水平的道歉，最高级别的欣赏。恩爱恩爱，有恩才有爱。

关系中的恩情，也许是生病时的一杯水，难过时的一个拥抱，下雨时送的一把雨伞，在深夜为你留的一盏灯，这些实实在在的大恩小惠在生活的点滴中，你来我往，绵绵不断，是将两个人联系在一起的最牢固的纽带。

也许，你们会经常意见不合，也会相互埋怨各自的不足，但一个相处多年的关系，一定也有相互成全的深恩，比如为你所受的委屈，和别人狠狠打了一架，遍体鳞伤还不敢告诉你；比如为了成全你的爱好在背后默默支持；比如在你失意时坚持鼓励，在艰难的日子里相濡以沫，不离不弃。

婚姻里的相互成全和回报，既有两情相悦的相亲相爱，更有互恩互惠的实际支撑，所以，在爱的世界里，还需要懂得知恩图报的道理，这是人性无法磨灭的真理。

【越感恩，内心越强大】

意志力，是一种高能量，懂得感恩的人终会让感恩的力量回到自己的身上。

感激，能够让人的意志力增强，让你的心更有爱，更有力量。

生养之恩、知遇之恩、知己之恩、陪伴之恩、相守之恩，人生恩情数不尽，记住了这些恩情，就代表你的人生每天都在释放善意，你的本身就是一个庞大的能量场，不断吸引美好，吸引恩泽。

感恩那些事那些人，能使你更喜欢去做那些事，更有意愿去做得更好。

你的感恩，会激发你的动力，你越欣赏自己，感恩他人，感激自己在生活中的每件事，就越发能够激发意志，这将会帮助你走向人生最高目标。

【历史人物的情绪解码】

悲剧的吴起

一、吴起的悲剧结局

齐国攻打鲁国，鲁国想任用吴起为将，但吴起的妻子是齐国人，鲁国猜疑吴起。于是，吴起杀了自己的妻子，求得大将，大破齐国军队。有人在鲁国国君面前攻击吴起杀妻求将是个残忍缺德的人，吴起惧怕鲁国治他的罪，就投奔魏国。魏文侯重用吴起，任命他为大将。吴起为魏国开疆拓土立下大功，引起魏国国相公叔痤的忌恨，于是挑拨魏武侯猜忌吴起，吴起害怕又投奔了楚国。楚悼王重用吴起，进行变法。在吴起的励精图治下，楚国愈加强盛，威震天下。然而吴起变法得罪了楚国的王亲贵戚，埋下杀身之祸。楚悼王刚死，吴起就被贵族国戚和大臣作乱射死，尸体被处以车裂之刑！

二、一切源自没有感恩

吴起因为才干，在鲁国、魏国、楚国都得到重用，但在三国都不得善终，杀妻求将是他的硬伤，刻薄寡恩是他的致命伤。一个人为求名利竟然可以杀害相濡以沫的妻子，还有什么值得他感恩和珍惜的？鲁国人说他残忍缺德，寡恩无情，是一个可怕的人。因为才干君王会重用他，但因为寡恩大家会忌惮他，鄙视他。他得不到信任，得不到尊重，一切源自这里。所以他到哪里都不受欢迎，都不得善终。

三、感恩使生命丰盛

寡恩无情，就无法建立信任，就得不到尊重，生命之路将越走越窄。感恩使关系亲密，使内心强大，使生命丰盛。越感恩，关系越亲密；越感恩，内心越强大；越感恩，生命越丰盛。

【小结】

1. 感恩是吸引力法则最好的表现形式，感恩是最高级别的欣赏，当你将焦点集中在别人内在的优秀上，你也会成为别人心里的优秀。

2. 通过感恩生活，你的心会越来越宁静，直到领悟生命的真谛：看见美，成为爱。

【思考】

1. 除了父母，你最感恩的一个人是谁？
2. 为什么？

第十四节　链接的能力是爱的管道

感受到被他人深爱，是幸福的关键。

情绪特点：
感觉很孤单，有些人看不上，有些人够不到；怕麻烦，不想社交，不想与他人有过多交集。这样就会慢慢丧失链接的能力。

情绪真相：
每一个链接，都是心与心的连接。
如果你也想链接更多的资源，拥有更多的收获，那请一起感受以下三个观点。

【多一份体验，就多一个链接】

我们刚出生的时候，第一个链接的是我们的母亲，我们住的第一座房子就是母亲的子宫！我们通过母亲的吃喝来汲取营养，我们通过脐带跟母亲链接，跟这个世界链接，当我们呱呱坠地的时候，我们就有了独立生存的能力，睁开眼睛我们开始自己来链接。

慢慢地长大，我们开始爬，开始站起来，妈妈和照顾我们的大人会指着天空，指着一切东西教我们，这是什么，那是什么，我们就开始跟这样那样的物件相链接。第一次走路，第一次叫妈妈，第一次闻鲜花的味道，第一次摔倒，第一次被桌子角磕伤，第一次吹风扇等，好多好多的第一次尝试，都是你与一种物体产生了链接！

所以，每一种体验都是一次链接，让我们享受每一次链接带来的新感受、新体会。

【有什么样的链接，就会有什么样的收获】

所有的链接，都是一种体验，所有的链接，都是为了让你从中获得快乐或者痛苦，都是为了让你觉醒。当你体验过快乐，你记住了快乐，下次还要继续，因为这是你想要的方向，如果体验不快乐，那你就要知道这个是痛苦的，以后不能这样做了。

链接也是有维度的，有浅表的，有深入的，比如说交朋友，有泛泛之交点个头打个招呼，相互认识而已，也有灵魂伴侣、闺密知己的深刻交流与链接，这是与人的链接。与物的链接也是一样，比如说很痴迷画画的人成为画家，热爱音乐的人成为钢琴家，成为音乐家，成为歌唱家，都是因为你和它产生了深度的链接，所以有更多的收获。

所以，有什么样的链接，就会有什么样的收获。

一个人越厉害，他所具备的链接思维越明显。

链接是一种财富，如果你没有从链接中得到你想要的，往往说明没有发掘出链接的优点。我们每个人都是一个链接点，你能够链接的人越多，说明你的影响力越大，所得到的财富越多。

比如我们现在常说的中间商，他们的存在就是链接了足够多的资源，他们能够整合客户资源与生产商资源，凭借自身的优势从中获益。中间商拓宽了厂家的销售范围，也丰富了我们的选择。现在由于网络平台，尤其是直播带货存在，使厂家可以直接面对消费者，这极大地压缩了传统中间商的生存空间，但是直播带货上的小哥哥小姐姐他们本身也成了中间商，他们一次带多种货，只不过这种中间商的赚钱渠道更多元化了。我们不难发现：当你链接更多的人，你所具备的能量也会越大，自然发现财富的机会也就越多。

具备链接思维的时候，你才会看到一个更广阔的世界。当你看到更多资源的时候，意味着你也会看到更多的机会。这就是链接为何是一种财富，你能链接更多的人，你就可能兑现更多的财富，共享发展的概念。

所以，链接本身就是一种财富，如果没有在链接中受益，说明链接的资源不够多，不能筛选出有效资源。

【万事万物皆有灵】

地产名人陈劲松说：资源不是你拥有什么，而是你能链接什么。

链接即拥有。

万物皆有灵，我们链接什么，就容易爱上什么。

对乒乓球深度链接的人，成为乒乓球冠军；对演讲深度链接的人，成为一个演说家；对植物深度链接的人，成为一个插花大师或者一个园艺大师。你深度链接什么，你就热爱什么，你的热爱和喜欢，终将成为你的职业，终将成就你的事业，终将成就你的一切。

有的人链接小动物，成了兽医，成了海豚训练师，他可以和动物沟通交流！有的人研究植物，他就成为植物专家，他可以听懂植物的语言，别人养不活的植物，他可以养得生机勃勃。万事万物都有灵性，精美的石头会唱歌，铁树也会开花。

所以，你链接什么，就会收获什么；你想要拥有什么，就去深度链接。

【历史人物的情绪解码】

霍去病的超强链接

一、霍去病的传奇

霍去病短暂的一生就是一个传奇。

十八岁的霍去病初出茅庐率八百飞骑千里击杀，两次功冠全军，被封为冠军侯。十九岁两次率军出击，俘获单于，斩杀匈奴王，夺取匈奴祭天金人，使匈奴闻之胆寒。二十一岁率骑兵大破匈奴军，祭姑衍山，封狼居胥。霍去病之后再无霍去病，霍去病惊天神功再也无法复制。

二、超强链接

这是霍去病超强链接的结果。他的军事天才不是天生使然，而是来自汉武帝和卫青的链接。卫青是他的舅舅，从小耳濡目染舅舅征战匈奴的沙场故事，使他熟悉沙漠风情，了解匈奴骑射习性。汉武帝是他的姨父，而且是很宠爱他的皇帝，他从小就耳濡目染汉武帝的作战方略，使他征伐匈奴有战略的理解和韬略。18岁的霍去病初出茅庐就是一个既有战术修养又有战略高度的天才。

三、有效链接来自同频共振

链接是通道，可以通往智慧，通向天才，成就一番伟业。

链接是财富，可以通往创造，通向发展，成就一个美好的世界。

万物皆有灵，每一个链接，都是心的连接，链接什么，就拥有什么。

【小结】

1. 评判、指责、挑剔和试探，都是制造链接阻碍的原材料。
2. 放下评判，纯粹的快乐就出现了，你和世界万事万物的链接，就在那一刻发生了。

【思考】

1. 你是否有超强链接的经验？
2. 它给你带来什么感悟？

第七章 和谐统一

沉迷于对物质的偏爱，或者一味追求空灵，这样活着都是不完整的。

真正的觉醒，是达到内外统一性，精神与物质、立身与行道兼顾，本性与人格完美融合，活跃在这个世上，也允许自己不属于这个世界，只属于自己。

当我们爱惜自己的精神信仰，又能够存在于世间助人为乐，当我们诚实面对自己的真实需要，又能够细腻温柔地对待他人，当我们懂得保持分寸，又能够破除彼此的疆界感，保持和谐的关系，那么你就是一个真正觉醒的人。

第一节　觉醒是你意识到自己完美独特

觉醒的过程，就是渐渐看清了那条回归本质的路。

情绪特点：
想要了解痛苦和快乐的来源，如何才能解脱痛苦？开悟又是怎么回事？提出这些问题就是觉醒的开始。

情绪真相：
价值交脑，快乐交心；普通的修行靠静心，高级的修行靠开心，开心即开悟。
如果你想开悟，做一个人间清醒，三个观点是你开悟的通道。

【痛苦和快乐都能让你觉醒】

觉醒是什么？就是活明白，是觉察和人间清醒。

当我们听见美妙歌声后，当我们看见美丽景色后，能够看见自己的内在反应，看见自己的评估、判断、比较，这就是觉察。

当我们能够看见自己是如何被过去的经验局限，这也是觉察。

看见自己说的话对别人产生身体和精神上的伤害或加持，这更是觉察。

用心听别人说的每句话而不厌倦，对每个事物都能够欣赏，那么我们就变得敏锐。

这就是觉察，是对生命所有活动的觉醒，醒悟之后，你会发现不可思议的生命之美。

你会觉知到我们原本就是和平与鲜活的，觉察到过度的需求会带来伤痛，明白你本来就很完美，你就觉醒了，就活明白了。

当你明白快乐的来源是你本来就快乐，你就觉醒了。

修行未必在深山，红尘亦是修罗场，不管你修什么，只要你不快乐，都是跑偏的。

而驱赶黑暗最好的办法，就是让阳光照进来。

小云给我打电话求助，哭得稀里哗啦。她说妈妈和后爸坐了五个小时车来看她和满月的宝宝，话不投机，她和妈妈吵起来，感觉特别伤心。我问她："最伤心的是哪个点？"她说："我与爸爸妈妈一直都很疏离，他们只顾着自己的工作，一见面就吵架，对我们姐妹，就像是空气，如今还要来管我，说我这样不行那样不好，难道我自己的宝宝我不心疼吗？我才不会像他们那样没心肺，从不关心我的感受。"

听完哭诉我明白了是怎么回事，只和她说了一句话："如果你妈妈不爱你，就不会千里迢迢来看你，如果你妈妈不关心你，就不会每个细节都嘱咐你。过去的爸爸妈妈，是因为没有处理好自己内心的伤痛和情绪，你可不要学习他们那一段错误的经历，要为自己和宝宝创造时刻感受爱的氛围。"

每个当下的思维，以营造快乐为出发点，你的生活，将充满快乐，一个拥有快乐能量的人，是觉醒的，快乐的觉醒就是对身边人最大的爱。

当你明白痛苦是因为求而不得，你就觉醒了。

这世上，从来不缺带伤的人。

一个男孩小时候被邻居家的狗咬伤，想讨个公道反被羞辱，从那天以后，他就精练跆拳道，就为了有天强大起来打败那只狗。他慢慢长大，那只狗也渐渐老去，有一天，他终于能打败那只狗了。看着那只趴在地上奄奄一息的老狗，他发现自己并不是很开心。

他把那些本可以无忧无虑开心玩耍的时间，都拿来跟一只狗较劲。尽管他打败了狗，但是那也只是因为狗老了，而他的跆拳道也并没有很厉害，他觉得他把自己那几年的价值定义在一条狗身上，执拗地和狗较劲，却丢却了自己更多的价值。

其实人生就是这样，每个人都不可能走得顺风顺水，总会遇到一些羁绊，很多人被这一绊就花了半生，甚至一生的时间。

所有的痛苦，都来自得不到和失去，当你意识到不失去自己你就永远不会失去，当你意识到这个世界很丰盛，你不需要拥有世界，世界本就是你的，你在世界就在，你就活明白了。

我对老师说："你可活得真滋润，居然拥有这么大一个山庄，每天都能享受悠然自得的山林生活。"她说："你也来呗，你也可以有和我一样的体验，如果你愿意，祖国大好河山都是你的，你随时都可以享用。"

人有两次生命的诞生，一次是你的肉体出生，一次是你的灵魂觉醒。

当你觉醒时，你将不再寻找爱，而是成为爱，创造爱。当你觉醒时，你才开始真实地、真正地活着。

只要意识苏醒，灵魂就开始复苏。

【意识到自己本来就完美独特，你就觉醒了】

上帝关上了门，必然打开一扇窗。每个人都拥有自己独特的美，有自己的闪光点，也有还未意识到的独特优势。有人对色彩辨析敏锐，有人热衷文学创作，有人钻研古典文化，这些都是他们的独特之处。要学会认识自己，挖掘自己的独特潜能。

王羲之自幼喜爱书法，常常忘乎所以，废寝忘食，几十年如一日坚持不懈地钻研。这是王羲之给人最深刻的印象，也是他最独特之处。毫无疑问，他在书法造诣上极具天赋，远超常人。

每个人都是独特的，总有自己的特长，不必轻易地否定自己，更不必自卑。

江华是个手艺人，从小苦学，传承了家族几代先辈的技艺，可是最近半年，他拒绝再碰那些工具，想要改行。家人找到我，想让我开导他。

他说做手艺太枯燥了。"我想要熠熠生辉的日子，我的小学同学，年前拿了个国家体育项目的冠军，一下子拿到几十万奖金，我这么默默无闻，什么时候是个头？"

他看见了同学的荣光，却没有看见同学日复一日的艰苦训练，而他自己，是一项国家非遗艺术的传承人，他的技艺，放眼世界，除了他的父辈，已经几乎无人能及，他几乎已经是世界冠军。

后来在一次世界博览会上，他的作品获得了金奖，而所有人看见的，也都是他的荣光。

我就是我，颜色不一样的烟火。每个人都是独特的，都有无法替代的价值。学会相信自己，认可自己，当你意识到自己的独特，你就觉醒了。

有些人并不清晰自己，原因是头脑里装了太多的道理以及应该不应该。我们需要内省和觉察内心的每个当下，不逃避、不回避，清晰看到自己内在的恐惧、依赖、斗争和迷茫，勇敢面对自己，只有清理这些混乱，才能清晰看到生活的方向，就像擦干净玻璃，才能清晰看到对面的阳台。

所以，相信自己是独一无二的，每个人都具有独特的美。

所有成功人士都是因为平衡玩得好，而他们的秘诀只有一个，把握每个无止境的当下，每一分每一秒，做自己最快乐最愿意的事，在觉醒层面，那里没有别人，只有自己。

觉醒的过程，就是渐渐看清了那条回归自己的路，只有做回真正的独一无二的自己，内心才会感受到无比快乐。

【历史人物的情绪解码】

从孔子到张载的觉醒

一、觉醒的传承

1. 孔子的"知天命"

子曰:"五十而知天命。""天命",就是天的命令。"知天命者,知己为天所命,非虚生也。"意思是说圣人知道自己身负使命,他们不敢懈怠。所以孔子五十之后,仍然"发愤忘食","乐以忘忧"。

2. 孟子的"知天事天"

孟子对天命进一步阐述:"尽其心者,知其性也。知其性,则知天矣。存其心,养其性,所以事天也。夭寿不贰,修身以俟之,所以立命也。"他提出尽心知性则知天,存心养性以事天,精一修身而立命。意思是充分运用心灵思考能知道人的本性就知道天命;保持心灵思考,涵养本性,就是对待天命的方法;专注修身就是安身立命的方法。

3. 张载的"横渠四句"

张载则提出他著名的"横渠四句":"为天地立心,为生民立命,为往圣继绝学,为万世开太平。"意思是天地无心,以仁德为心;民吾同胞,性体全德以立命;承续先圣,彰显天道;民胞物与,全体归仁,天下大同。

二、觉醒就是找到自己

从孔子的"天命",到孟子的"知天事天",最后到张载的"横渠四句",都是自我的寻找,自我的觉醒。

人生本无意义,先哲们自我定位,赋予生命意义。天命就是觉醒,就是找到自我,找到生命的意义。

真正的觉醒是自我的觉醒,是觉知身负使命而不敢懈怠,尽心存心,以彰天道,人生充满使命,人生充满意义。

三、用丰盛去影响世界

觉醒是洞察生命的慧眼,看见自己,找到自己,去爱自己,去丰盛自己。

觉醒是开启人生的按钮,本源的我身负使命,开悟的我要完成使命,要为往圣继绝学,为万世开太平。

觉醒是天人合一的溶剂,民胞物与,用自我的丰盛去丰盛整个世界。

【小结】

1.意识觉醒根源在每个自我，意识觉醒可以让我们跳出事件本身，站在更高的维度看问题，从而把个体的痛苦从情绪中抽离出来。

2.意识觉醒可以帮助我们审视相互间的问题，相互支持找到解决问题的出路，并有意识地通过解决问题的方法，预防再次发生类似的问题。

3.觉醒可以使我们提前审视，看到自己和别人处在什么样的互动模式里，提前防范，走出旧有模式，创造新的互动方式，让关系处在和谐自在的新模式中。

4.通过不断觉察和醒悟，培养觉醒的渴望度，塑造新的觉醒视角，冲出痛苦的固有模式，修正错误的关系互动的思维观念，让各种关系处在和美的喜悦中。

【思考】

1.给你最亲密关系的互动模式做一个精准描述。

2.从中你发现了什么？

第二节　只要有依赖，你就不自由

做魔鬼还是做神仙，我们是有权利选择的。

情绪特点：

感觉自己束手束脚，内心难以自在安详；想摆脱束缚，自由自在遨游于天地之间，想要干什么就干什么多洒脱啊！这是一种追求自由奔放的心理，容易放下烦忧。

情绪真相：

生命诚可贵，爱情价更高，若为自由故，两者皆可抛。

如果你也想成为一个自由洒脱的人，三个观点可以帮助你。

【你有多自律，就有多自由】

自由的表面理解是自由自在、无忧无虑，自由所对应的词叫约束，最严厉的束缚就是牢笼，但是除了监狱，思想的禁锢更可怕，人生有很多的自我限制需要打破。

事实上，年龄无法限制你，有限的时间，你可以拓展无限的可能。

法国著名风景画家柯乐在七十岁时还说："主让我再活十年，我想要学画画。"

中国的孔子在七十岁时也说过类似的话："假我数年，五十以学《易》，能够无大过矣。"加拿大前最高法院院长威廉爵士在九十岁高龄时告诉别人："时间的群山那一边，还藏着许多最好的东西，等待我去学习。"

当你知道自己想要什么时，时间和年龄无法限制你的自由。

头脑无法限制你，你的想象可以创造无边无际。

没有任何人可以控制你的自由，困住你的是你的头脑和思想，局限就在你的头脑中，你不快乐也一定是被自己某个思路阻碍。

自由，不是为所欲为，而是解除思想束缚后的自在。

情绪无法控制你，你可以在任何一个转念间获得无上的喜悦。

生活是多面的，快乐与否都是你的自由选择，每天盯着让你开心的，用接纳允许去喜悦面对，你就会一直开怀，死盯着那些让你不爽的，用抗拒评判去痛苦面对，那是你自讨苦吃。

别人无法控制你，只有你自己知道要什么不要什么。

想要什么就努力去争取，不想要什么懂得拒绝，用灵魂的觉知做导向的人生值得嘉许。

自由的国度没有人能够掌控你，只有你自己，每个瞬间都是你自己的意念在创造。

如果你愿意自我束缚，没有人可以救你；如果你愿意敞开，一瞬间你将获得解脱。

自由是权利，是自我选择权，是自我负责的体现和勇气，是我们自己为自由加了一些理由，从而上了一把禁锢的锁。

你有多自律，就有多自由。

比如说我们在街上走，我们可以想怎么走就怎么走，但是你不能随地吐痰；比如说我们谈恋爱处对象，可以喜欢谁就跟谁谈，但是你不能同时和两个人谈恋爱；穿衣服，你想穿什么款式都可以，但是有一个场合着装的要求和讲究需要遵循，你不能在开会的时候穿比基尼穿泳装吧，所以它还是有规范的。

所以，当你对规则和规律了解得越多，认真度越高，你就越自由。当社会的道德和法律你都能够了然于心，并觉得那都不是约束，你就会应付自如，那你就是自由的。

当你了解你自己、了解服装、了解场合的着装规律，你就可以想怎么穿怎么穿，你就可以驾驭所有的衣服，你就可以实现真正的着装自由。

最终当你的灵魂自由通透后，一切都是工具，一切都可以为你所用，当你真正灵魂绽放，所有的形体礼仪气质、服装，这些都是道具，包括你自己的身体，它都是来为你所用的，都是来为你的快乐服务的。

如果我们把努力学习、懂得更多的规则和规范，叫作自律的话，那你学得越多，你就越自由，你可以驾驭和掌控的东西就会越来越多，越来越高级。

【只要有依赖，你就不自由】

自由是自己的，没人能把你的自由捆住，除了你自己。

我们之所以会不自由，是因为来自他人教授的知识，那些知识都在告诉我们应该如何做，但是很多内容违背我们的本心。

很多人会抱怨说："我的父母限制了我，我要什么家里就不给什么，总是限制我，感觉像在牢笼里，我要摆脱家里的束缚。"实际上没有，没有任何人可以限制你，任何人对你身体的限制都是无效的，都是短暂的，哪怕法律判你坐牢，只要有个期限都能够恢复自由。

曼德拉坐了几十年的牢，在里面攻读了伦敦大学的硕士学位，还利用晚上的宝贵时间掌握了阿非利卡语和经济学，还写了几十万字的回忆录。

所以当一个人灵魂自由的时候，就算是真的坐牢，他也是自由的。

所以，身体的限制是无效的，真正限制你的是你的思想，是你自己画地为牢，把自己关在自己的小世界里面出不来，看不见更广阔的天空。你把自己的思想关在牢笼里，无法与世界发生链接，无法与外界美好的人和事物发生链接。所以，自由是自己创造的，没有人可以拿走，除非你创造了拿给别人的机会。

就像看到一件喜欢的新衣服，但是你考虑到太时髦了，担心被人评论就没有买，这就是你将自由交给了别人的眼光。

有时候自由是被剥夺的，有时候自由是被自己丢失的，不但丢了自由，还觉得委屈。

金梅说，父亲节给父亲打了个问候电话，结果是母亲接的电话，母亲的一通诉苦，以及对父亲的控诉，让金梅瞬间情绪低落，内心无比狂躁，硬生生忍住没有爆发，直接切断了电话。

金梅将自己的情绪交给了母亲，直接让自己失去了穿梭自如的权利和自由。

将每件事都独立，喜欢就不要担心被批评，不喜欢也不要害怕权威，怎么简单怎么来，怎么快乐怎么来，让灵魂更朴素，如此，你会更自由。

生命是自己的画板，为什么要依赖着色？——现代诗人汪国真我们每天都会被依赖掌控。

一旦有依赖，就意味着我们不再像之前那样坚强和勇往直前了，会增加精神上的负担。

一位朋友原来是很优秀的职业女性，结婚后回归家庭感觉很轻松，后来觉得经济不独立了，买东西就不敢大手大脚，再后来宝宝大了，对家庭的依赖也越来越重，她感觉身上好像只有妈妈和妻子两个角色了，没有了自己非常痛苦。

所以说，只要存在依赖性，就必然会减少选择，也必然会有难过和受伤。一旦你觉得需要别人，离不开别人，你便成了一个脆弱的人。

所以，发现有依赖，你就要成长。

有一句话很震撼：在这个世界上，不要太依赖别人，因为即便是你自己的影子，也会在黑暗的时候离开你。有句老话也说，靠山山会倒，靠水水会枯，一切的依赖都只是暂时的，最终还是要靠自己。

不要怕试错，错了才知道怎么做才是对的。

【像孩子一样纯粹快乐不依赖】

我们时常感到生活没有乐趣，所以需要各种搞笑段子，各种游戏各种短视频，但是孩子的快乐大多来自他们对于生活乐趣的发现。比如说孩子捡到一块很漂亮的石头就会很开心，摘到一朵很漂亮的花会喜悦地送给妈妈，踩着自己的影子可以咯咯地笑，孩子是自由的天使，对于他们，生活中的任何一点小细节都可能成为他们的乐趣来源。

每个小孩子在零到六岁的时候都是好奇心非常旺盛的时候，这个时间段里，他们会拿起各种物品，放在嘴里尝一尝舔一舔，这个时候的他们，还没有受到规则的束缚，他们的自由纯粹是受到好奇心的驱使。

从孩子身上，我们或许能够感觉到，其实不快乐是我们自己创造的。很多人都会有一个经验，就是经常梦见小时候做过的特别快乐的事，梦里的快乐和小时候的一模一样，那种感觉终生难忘。那我们是不是也能够尝试着和童年一样，在生活琐碎之外，能够抛下我们总是在想的各种问题，痛痛快快地享受生活呢？如果是这样，生活对于我们来说，会不会更舒服也会更快乐一点？

将每件事独立，更容易自由发挥，而不被过去和经验牵绊。

成人有过多的概念、经验用来对比，选择对比是失去自由的原因之一。

孩子的快乐，就是为了让我们觉醒，像孩子那样快乐，我们也可以做到。

【历史人物的情绪解码】

庄子的逍遥游

一、自由的庄子

1. 安之若命

庄子在《人间世》说:"自事其心者,哀乐不易施乎前,知其不可奈何而安之若命,德之至也。"意思是说,一个注重自我修养的人,悲哀和欢乐都不容易使他受到影响,知道世事艰难的人,无可奈何却又能安于处境、顺应自然,这就是一种拥有至高德行的人。

按自然法则来行事,是一种至高的德行,也是一种超然的自在。"安之若命"不是对命运的妥协,而是对生命的尊重。

2. 外化而内不化

庄子在《人间世》虚拟了一段颜渊与孔子的对话,大意如下。颜渊问孔子说:"我曾听老师说过,不要有所送,也不要有所迎。请问怎样才能使精神出入自如。"孔子说:"古之人外化而内不化,今之人内化而外不化。"意思就是说:古时候的人,随外物变化而内心保持不变;现在的人,内心多变而不能随外物变化。

庄子认为真正的处世高手是"外化而内不化"。"外化"就是指随着外物变化而变化;"内不化"就是指有自己的思想和价值观,能够保持寂然不动的超然态度。

3. 逍遥游

庄子把人生自由的最高境界叫作逍遥游,"乘天地之正,御六气之辩,游于无穷"。在天地之间"逍遥游心",聊以慰藉人生苦短,拯救心灵于困苦之中,在平凡生命的深处洞见心性的自由光芒。

二、持一不变

自由是"烦扰着几乎整个人类"的问题,自由也烦扰着庄子。庄子渴望自由自在,心怀"扶摇而上九万里"的豪情,梦想"逍遥游心"。可是他知道:鲲鹏展翅,海运则能徙;列子御风而行,犹有所待。自由有代价,有束缚,有前提,有无可奈何。所以庄子安之若命。安之若命中有无可奈何,更有尊重和热爱。就像罗曼·罗兰说的,看透了人生的真相之后,还依然热爱生活,这就是英雄主义。

自由有其无可奈何处,庄子应之以"外化而内不化"。外化,外随物而化,随物赋形,与时俱进。内不化,内持一而不变。这个"一"就是"至人无己,神人无功,圣人无名"。无己就是物我两忘,无功就是放下功名的束缚,无名就是不盲目追求名誉地位。无己、无功、无名,是真正放下自我,进入精神的纯一,是真正地拥有自己的思想和价值观。真正的自由,无己、无功、无名,逍遥游心,物我两忘,无所依凭而游于无穷。

三、逍遥游心

内不化是高度的自律,破除执念,去除自我中心,扬弃为功名束缚的小我,不以物喜,不以己悲,而臻至与天地精神往来的境界。外化就是随时而化,随物而化,达到"致广大而尽精微,极高明而道中庸"。孔庄互融,儒道相通,自由之道就是外化而内不化,就是君子之道。

你有多自律,就有多自由。

【小结】

1. 当关系中矛盾发生时,你可以自由选择不同的回应方式,可以是烦躁的,或是平静的,也可以是温和的、慈悲的,甚至是感恩的,而感恩给了你重新面对的机会,让你可以用新的回应做新的发展,从而在关系中创造修复的喜悦。

2. 这个自由,你是否善用呢?如果你还不觉醒,还是觉得没有这个自由,那就是你被习惯思维禁锢了自己的自由。

3. 不快乐是人生大病,不自由是人生大困,知识是有限的理解和掌握,智慧是无限的领悟和觉醒。

【思考】

1. 在你的亲密关系中,有不自由的卡顿吗?
2. 原因在哪里?

第三节　宁静是因为清晰

打坐不是静心,专注才是;纯粹并非什么都不想,而是专一于每个当下。

情绪特点:
内心嘈杂,波澜起伏;有时还会感觉寂寞,想做到荣辱不惊太难。这是在追求静心的状态。

情绪真相：

范仲淹说：不以物喜，不以己悲。

如果你也想达到心如止水、荣辱不惊的宁静状态，一起来体会以下三个观点。

【宁静是因为立场坚定】

宁静，不只是平静，而是笃定，它是一种立场坚定的态度。

不快乐是人生大病，不平静是人生大困，宁静是需要勇气的。

很多人在生活中不能静下来，每天声色犬马、疲于奔命。等到好不容易静下来，却害怕被这个世界遗忘了，赶紧拿起手机刷通讯录找人。好像要跟人聊几句才有安全感；要发朋友圈，要每天显示我在工作，才有安全感。其实，这些都是因为你没有真正静下来，你没有静下心感受自己的灵魂、自己的内在，说明你还在红尘里到处奔忙，你无法享受独处。

独处是一种深度的自由，你可以充分地享受你独特的思想。与自己为伴，不用忙着和别人在一起，不用去迁就和依赖他人，做自己最好的镜子，深深看见特别的自己。

无法独处，就必须接受来自多方的干扰、评判和抵触。节制交往，享受自己，让自己成为宁静，成为爱，成为分享爱的存在。

当然，享受和自己在一起，就需要进入自己的内在宁静中心。

当别人评判你，你就很受伤，当有人贬低你，你就很愤怒，于是，你就会因为过于在意别人，而离开你的宁静中心。

对别人而言，你不够好，也只是代表别人的观点而已，与你无关，也说明他不懂你。

你可能会说：那件事不发生的话，我就会比较静，那个人不出现的话，我会很宁静。其实，那都是来考验你的，看你是否自始至终都站位在自己意志力的中心。

意志力中心，就是相信自己的信念和立场。当你清晰自己的站位，知道自己要什么，更知道自己不要什么，你的意图、意志和立场就会非常坚定，其他人对你的影响，就是零，保持宁静，就会轻而易举。

说个案例：为了排一个节目去参加一次友谊交流会，业余演员们利用休息时间，排练得很辛苦，临到演出那几天，还在为前后左右的协调、跳得好不好而烦恼，领队甚至想把一位动作有些僵硬的伙伴换下场，搞得大家人心浮动。而负责人说的一句话，治愈了大家，他说："我们参加的是友谊交流，不是比赛，那么说明这次的主旨就是友谊,那我们应该如何将友谊第一的精神融会贯通到节目的任何一个细节呢?"

始终立场坚定,是宁静的核心。

【静下来,才能看见爱】

我们从小被教导要为了胜利去争取,为了成功去奋斗,于是我们就不断去创造竞争的机会,让自己持续活在逃离失败、追逐成功的忙碌中。

"成为强者"并不是人生最重要的选择,宁愿牺牲幸福也不愿臣服示弱也不是最好的状态。

南怀瑾先生说:"人的生命常常忘记了静,反而尽量用动态去消耗自己。"他认为只有理解了"静"的道理,才能让思想情绪完全静下来,才能沉淀出智慧。

没有不开心,就是开心。

如果我们一直忙于追求成就的刺激,我们就会因为轻松而感觉有犯罪感,谴责自己懒惰,其实没有获得工作的成就,我们也会有另一种收获,我们可以获得轻松和愉悦。

不要以为没有开心的事,就是不开心,平静才是生命最好的状态。

没有不好的事发生,就是完美。

生活里没有不开心的事,已值得开心和庆祝。能得到是惊喜,没得到是常态。

放松是人最美的感受之一,有无数人没有享受过日出的壮美和日落的恬静,享受过树木的成长、花开的芬芳、鸟儿的啼叫,你不需要一定要做出什么壮举来证明你的存在,你只要和大自然链接,就会觉知到前所未有的美好体验。

心如止水鉴常明,见尽人间万物清。——唐代哲学家刘禹锡

如果我们不想伤害自己最亲近的人,最好的方法是让自己的心宁静下来。如果我们总是充满各种烦恼和痛苦,直接受到伤害的人是我们最爱的人。

我们常常因为心中的各种烦恼而无声地相互伤害,双方都伤痕累累。

宁静的心如虚空般宽阔能包容一切,如大海般能清洗一切。如果我们都处于此宁静的状态,我们将能带给身边人祥和、安全、愉悦和健康。

一颗宁静祥和的心,是不伤害他人乃至利益他人的最基本的条件。

内在宁静,才能更好地去爱,当我们宁静通透时,才能更好地看见和听见自己和亲人真正的需求与渴望,才能赋予他们爱与关怀。

为了事业,李俊没日没夜工作在第一线,直到医生发现他妻子得了子宫癌需要手术,他才放下工作,在医院陪伴了两个月,他和妻子,都感觉这两个月是两个人迄今为止最幸福的时光。当他来咨询我未来的日子何去何从时,我只问他:"抛开

社会角色和他人期待，你自己最想要什么？"

出院后，李俊把公司转让，和妻子一起在郊区办了一个花卉苗圃，一起享受悠闲的园林生活。

【宁静是因为专注】

静下来，不是什么也不想，而是专注于你欢喜的。

一个专注绣花的女子，一个专注手工的匠人，一个玩泥巴的孩童，所有静的状态，都是放下杂念的艺术，去体验专心致志的心悦诚服。

宁静是放开、放下、臣服于当下。

关键是让心安住在感觉里，而非思考和回忆中，这就是觉知，是远离痛苦活在喜悦中的生命觉醒。

我们学习的知识中，有很多很多道理告诉我们静能生慧，为什么我们很多时候做不到呢？

那是因为负面情绪在作怪！很多时候，是负能量淹没了理智。

如果我们能够做到总是让理智战胜负能，那就不会再做生活中的猴子，总是让人看笑话。

在这个节点上，能够看到自己的情绪是非常重要的，唯有静心才能看到。

有这么一则故事：父亲丢了一块表，他责怪妻子没有收拾好，又怀疑被孩子玩耍弄丢了，一边抱怨一边四处寻找，可就是找不到。等他出门后，儿子悄悄进屋，不一会儿就找到了。父亲很好奇，儿子则回答：我就安静地坐着，听到秒针发出的声音，顺着那个方向一看，表就找到了。

一个人只有内心安静，才能冷静思考，正确判断，平和处事，坦然地面对人生的各种挑战。

让我们学习情绪的管理，远离负面情绪，以更健康的状态去影响世界，专注于平和喜悦，永不妥协。

【历史人物的情绪解码】

庄子的宁静

一、宁静的庄子

1. 心斋

《庄子·人间世》有一段颜回和老师孔子的对话。回曰："敢问心斋。"仲尼曰:"若一志。无听之以耳而听之以心,无听之以心而听之以气。听止于耳,心止于符。气也者,虚而待物者也。唯道集虚。虚者,心斋也。"

颜回问什么是心斋,孔子回答说要专心一志!不要用耳朵听,要用心听,还要用气去听。气就是虚其心的无形待物的冲虚精神状态。虚其心则至道集于怀,齐观万物,达到忘我之境,就是所谓的心斋。

2. 坐忘

《庄子·大宗师》解释什么叫"坐忘":"堕肢体,黜聪明,离形去知,同于大通,此谓坐忘。"

意思是:忘却自己的形体,抛弃自己的耳目(耳谓聪,目谓明,此即人与外界之联系),摆脱形体和智能的束缚,与大道融通为一,这就叫坐忘。坐者,止动也。忘者,息念也。

3. 朝彻

《庄子·大宗师》提出一个概念"朝彻":"参日,而后能外天下;已外天下矣,吾又守之七日,而后能外物;已外物矣,吾又守之九日,而后能外生;已外生矣,而后能朝彻。"

意思是:外(超越)天下,而后外(超越)物,即不受物累,而后外(超越)生死,连自身的生死也外(超越)之,外(超越)生死后能朝彻。朝彻就是心境清明洞彻之谓。

二、宁静三境

庄子提出心斋、坐忘、朝彻三个概念,这是宁静的三个境界。这三者都与心相关,舍其体而求其心,舍其外而求其内。

"心斋"舍其耳而用其心、气,因为耳朵只能分辨物理的声音,心思能理解声音的意义,而气之冲虚不盈,物我两忘,进入心斋,达到心境虚静纯一。这是宁静的第一境界。

"坐忘"则离形去知,摒除杂念进入虚静纯一,同于大通,与大道融通为一。这是宁静的第二境界。

"朝彻"是外(超越)天下,外物而至外生死,乃至外古今,朝彻是一种超越,超越时空,超越万物。朝彻是洞明,如晨光彻耀天地,贯通黑暗,朝彻是顿悟,如黎明耀日,突然间悟达妙道。这是宁静的第三境界。

三、回到最有力量的宁静

宁静以致远,宁静不是为了宁静本身,它有致远的力量。宁静不仅仅是物我两忘，它还要同于大道，光耀天地。

宁静以致善。宁静是同于大通，是朝彻见独，明见智慧，止于至善。

宁静是自舍其体而求其心，舍其外而求其内。宁静是回归自我，精一纯一，看见自我，不断成长。

【小结】

1. 宁静不是伟大，它是生命本来的样子，不需要制造。

2. 不聚焦情绪，回到自己的中心，宁静是因为明确，不清晰才会被诱惑，不在别人身上找安慰，在自我成长中找更高的目标。

3. 越宁静，越靠近至善，放慢速度，就能够连接最高智慧。不断挑战未知世界，清晰知道自己需要做更有意义的事，那就会回到最有力量的宁静。

【思考】

当你心烦意乱时，检查一下是不是有什么还没有清晰。

第四节　无数个当下，就是一生

此刻的你就是最好的，因为，你已经享受其中。

情绪特点：

总是沉浸于过去，放不下；不敢放眼未来，会觉得很渺茫；看着眼前，也觉得不够理想。这个状态，唯独缺了品味当下。

情绪真相：

改变每一个瞬间的感受，就是改变一生。

如果你想把握未来，先来体会当下这三个忠告。

【念头是当下的心】

当下，不是刚才，也不是等一会儿，就是现在、立刻、马上，就在此时此刻。

当下是佛经里最小的时间单位，一秒钟有 60 个刹那，一刹那有 60 个当下，所以一秒钟有 3600 个当下。

当下就是永恒，因为人能够活着和感觉到的只有当下，一个接着一个，串连成一生。

当下，就是此刻的觉知，通过对自己每个念头如实的关照，你看清了创造自己的来龙去脉。

当下是一种实践的力量，每个当下的经验，让你清晰地了解我们是谁，要去哪里，我们背负的是什么，拥有的是什么。

有学员问我，什么是当下，我回答他："你刚才问我问题的时候，就是那个当下，现在，那个当下已经过去了。"他说："明白了老师，那我再问一个问题。"我说："你要问的问题，对当下来说，就是未来，就是等一会儿，等你开始问了，这个未来的问题就来到当下，然后，等你问完了，这个问题又成了过去。"

当下就是一个过程，一个让未来成为过去的管道，一个一夫当关万夫莫开的关卡，一个可以在此时此刻就决定未来的命脉，把握好这个关口，就是把握好未来。

在每个当下全然地放下，放下传统的成见，放下根深蒂固的观念，放下对自我的纠结。

用全然安静、平衡的心，来体验当下发生的每个念头每件事。

去觉知分分秒秒的喜悦，或者不快乐，以及对它们习惯性的反应。

没有任何人可以让别人开悟，每个人都需要在每个当下自己去觉知。

我们能做到的，就是不论发生什么事，都安住于平衡的状态，安静、放松且保持警觉。

念头生生灭灭，念头越多苦恼就越多，那我们的生命能量消耗就越多，我们身体的能量有限，一夜白头就是这么来的。

每一个念头的正确管理，都会影响一生。

通常我们并没有清楚地意识到自己当下的每个状态，我们习惯于胡思乱想，这会干扰我们的专心，驱散我们的精力，杂念太多会使我们浮躁，我们会变得越来越难以安定下来。

当我们身边的人急躁时，我们也会被带入浮躁；而如果我们身边有人保持沉静，我们也会变得更加的平静。所以，保持安静，也是对社会和谐的贡献。

每个当下的焦虑，就好像用水壶烧水，因为着急，所以每分钟都去揭开盖子看一看，结果，水则需要更长的时间才能烧开，如果能够安住当下焦急的心，不打开盖子，那水就会更快烧开。

意念，不是语言，也不是文字，它是一种心的驱使，一种即将发生的讯号，走路停下来，是因为你的意念想着要停下来，转身，是你先产生了一个想转身的念头，这都不是人在行动，是一个一个念头在行动，你睁开眼睛是因为意念做了一个决定，你张开嘴巴咬苹果是因为一个想吃苹果的念头，在每个当下，去觉知到自己的每个意念很重要。

当心充满阳光时，所有从念头到行动的过程，都变得很清晰，这个阳光，就是觉醒之光，就是正念，而遮住阳光的是各种成见，就像杯子里装满了污水，那就失去明了，只有倒掉脏水，才能清晰可见，又像玻璃上笼罩了雾气，只有擦去迷雾，才能清晰看到窗外。

所以，觉知念头，就是觉知情绪、认知和欲望，清晰看到是怎么来的，又是怎么走的。

【有执着就有痛苦】

车行万里，只看车前二百米。

人生是一场自驾旅程，你的旅途无论有多远，开车的时候也只是盯着车前的几米，才能看清路况是好是坏，是不是可以安全通过。人生就是这样，未来的路很难看清，只有当下的路才是清晰的。

每个当下，清晰看到自我卡壳、自我受限、自我封闭、自我对抗并对他人拒绝和抵抗的内心，就是觉醒的开始。

臣服于每个当下时刻，就像迷雾中闪亮的车灯，着急那些雾，不如为车前十米的闪亮而欢呼，因为，无数个十米，将组成我们整个欢呼的旅程。

好奇和觉察，是当下思维。哀伤，是过去或未来思维。

如今让自己活在当下，实在是大难题，很难做到，但不是做不到。让自己真实地活在当下的每个热情中，活在快乐感受里，这对我们的幸福很关键。

记得《伊索寓言》有这么一则故事：一个农家挤奶姑娘头顶着一桶牛奶，从田野里走回农庄。她忽然想入非非："这桶牛奶卖得的钱，至少可以买回三百个鸡蛋。除去意外损失，这些鸡蛋可以孵出二百五十只小鸡。拿这些小鸡到市场去卖，这样我便有足够的钱买一条漂亮的新裙子了。圣诞节晚宴上，我穿上漂亮迷人的新裙子，年轻的小伙子们都会向我求婚，而我要摇摇头拒绝他们。"想到这里，她真的摇起头来，于是头顶的牛奶倒翻在地上，她的美妙幻想也随之消失了。

沉迷过去得抑郁，恐惧未来得焦虑。

该吃饭的时候吃饭，该睡觉的时候睡觉，该挤牛奶时就挤牛奶。

佛陀在菩提树下四十九天开悟了，他说："奇怪了，天下大众本来都是佛，只因妄想而不能获得智慧。"妄想什么了？妄想过去和未来。

觉醒的人最明白，只有当下状态，才是生命最完美的体现和享受。

有人设计了一个捉猴子的陷阱，把椰子挖空，然后用绳子固定在树上，在椰子里面放一些食物，洞口刚好是猴子能够空着手伸进去，而无法握着拳头伸出来。猴子闻香而来，手伸进椰子去抓食物，却发现拳头拿不出来了。

紧握的拳头怎么也伸不出洞口。

当猎人来了，猴子惊慌失措，但就是逃不掉，让猴子成为俘虏的，是它不肯放开的手，那是它心中对食物的贪恋。

内心的执念和欲望，使我们一直被束缚，我们唯一要做的，就是打开手，放下执着，逍遥自在。

情绪管理的境界，就是用平静的心去体验事物，而不是执着于根深蒂固的思想和概念。

【不恋过往，不惧未来】

抑郁是因为活在过去的阴影中，焦虑是因为活在未来的期待里。

无论谁都有焦虑和抑郁的时候，而"面对""接纳"，就是最好的解药。

问题因"面对"而无所遁形，能量因"面对"而勇敢生发，喜悦因"面对"而代替恐惧。

面对，就是直面当下。

未来看不清，过去的不必看，再伟大的目标，都是无数个当下堆砌而成。

过去心不可得，未来心不可得，一切真实的存在只在当下！人生真正的修行就是利用每一个真实的当下去超越自己有限的认知！如果要创造美好的未来就要用一个又一个美好的当下去叠加！

你的一生，都是当下每个念头创造的，过好当下，就是过好未来。

过去，就是当下已经过去。未来，就是还没有到来的当下。

人生由无数个当下组成，每个当下，为自己想要的美好，做一点点调整，人生就会获得你想要的那个样子。

感受当下的临在，可以有效地管理压力调控情绪。

当我们越来越关注念头和感觉，而不再继续执着于过去和未来，我们会进入一种安静平衡、全然体验当下正在发生的事、专注而喜悦的状态。

在一切事物、一切心境、一切情况中培养专注状态，每一刻，都让自己全心全意地生活。

【历史人物的情绪解码】

着意当下的孔子

一、专注的孔子

1. 孔子学礼

子入太庙，每事问。或曰："孰谓鄹人之子知礼乎？入太庙，每事问。"子闻之，曰："是礼也。"

孔子到了太庙，每件事都要问。有人（嘲讽）说："谁说此人懂得礼呀，他到了太庙里，什么事都要问别人。"孔子听到此话后说："这就是礼呀！"

2. 孔子学乐

子在齐闻《韶》，三月不知肉味。曰："不图为乐之至于斯也！"

孔子（向淡子学乐）在齐国听到《韶》这种乐曲后，很长时间内即使吃肉也感觉不到肉的滋味，他感叹道："没想到音乐欣赏竟然能达到这样的境界！"

3. 孔子学琴

孔子向师襄子学琴，学了十天仍没有学习新曲子，师襄子对他说："可以增加学习内容了。"孔子说："我已经熟悉乐曲的形式，但还没有掌握方法。"过了一段时间，师襄子说："你已经会弹奏的技巧了，可以增加学习内容了。"孔子说："我还没有领会曲子的意境。"过了一段时间，师襄子说："你已经领会了曲子的意境，可以增加学习内容了。"孔子说："我还不了解作者。"又过了一段时间，孔子神情俨然，时而神情庄重穆然，若有所思，时而怡然高望，志意深远。孔子说："我知道他是谁了：那人皮肤深黑，体形颀长，眼光明亮远大，像个统治四方诸侯的王者，若不是周文王还有谁能撰作这首乐曲呢？"师襄子听到后，赶紧起身拜了两拜，回答道："老琴师传授此曲时就是这样说的，这支曲子叫作《文王操》啊！"

二、每一个当下有我在、情在

孔子好学，他说："十室之邑，必有忠信如丘者焉，不如丘之好学也。"

孔子学礼，不为他人嘲讽所阻，对知识充满好奇，学在当下，知之为知之，不知为不知，只有自己的体验和感悟，是礼也。孔子学乐，乐在当下，感悟美好，沉醉其中，喜悦恒久。孔子学琴，沉溺当下，全情投入，细心体察，体悟意蕴，探求意义。

孔子的每一个当下都是我在，每一个当下都是情在。

三、把握每一个当下

当下稍纵即逝，"此中有真意，欲辨已忘言"，一有感悟，它已倏然远逝。每一个当下都值得珍惜。

当下是自我的体验，自我的感知；当下是一颗渴望心、好奇心、探索心。对每个当下好奇，对当下的世界充满好奇，让每一个当下充满魅力。

当下是喜悦、美好的链接，是"我见青山多妩媚，料青山见我应如是"的心有灵犀的相通，是"醉后不知天在水，满船清梦压星河"的相融相连。

当下是感受的链接，意义的链接。每一个当下都值得沉溺，值得挖掘，要让每一个当下拥有最大的价值，恒久的喜悦。

【小结】
1. 执着于过去是无谓的，哪怕是刚才，也已经是过去式。
2. 傻瓜才活在过去，聪明的人都在设计未来，而智慧的人把握每个当下。
3. 将自己从过去的体验中提出来，跳到当下的发生中，在平静中消融过去的受苦，当你看清这个人生陷阱，痛苦就已经转化成喜悦。

【思考】
感受一下，此刻当下，你活在过去、未来，还是当下？

第五节　要么源于丰盛，要么源于匮乏

一眼望去，总是会看见自己的最佳利益。

情绪特点：
总觉得缺少什么，内心匮乏；即使物质相当富有，还是不满足。如果无所适从整天恍惚的话，那是缺什么呢？那是缺少精神的富足。

情绪真相：
贫穷的人不匮乏，是因为他的精神世界很富足；富裕的人不富足，是因为他的思想很匮乏。

如果你想做一个身心灵富足的人，以下三个观点营造的世界，建议你渗润其中。

【源于快乐的，才能走向丰盛】

生活只有在平淡无味的人看来才是空虚而平淡无味的。——车尔尼雪夫斯基

丰盛，不是指你拥有多少金钱、物质、财富，而是一种美好意识的存在状态。就是觉得现在已经很好，将来会更好。

匮乏就是觉得什么都不够多，不够好。

一切状态都源于两个点，要么源于丰盛，要么源于匮乏。

如果是源于丰盛，就会越来越欢喜；如果是源于匮乏，就会越来越累、越来越受伤，离我们的心越来越远。

只有丰盛的意识才能创造出丰盛的世界。当你对一切感恩时，生命的丰盛自然来到。如果我们迷恋丰盛，渴求富足，或者企图抓住财富，这其实就是匮乏意识。试图去得到丰盛，说明你认为自己还不够丰盛，这只能为你带来更多的匮乏和空虚。

当内心有强大的丰盛意识，你觉得自己就是富足本身，这时候，你就会吸引丰盛，就像你非常自信自己的学识，一定会吸引更多人来请教你。

自卑和匮乏是对自己最大的误解。

无视自己的拥有，觉得那些都不值得一提；轻视自己的优点，觉得那些都稀松平常；无所谓别人对你的好，感觉那只不过是你应该得到的，误会就这样产生了，你的独一无二被你贬得一文不值。就这样你成了一个匮乏的人。

只要不是源于快乐的，你就会有匮乏感。

无论怎么修行，只要不快乐，就是跑偏。不快乐说明不是出于真心想要，会越修越远，当你越来越快乐，给出去爱，才不会匮乏。

我们会看到很多人在追求的路上变得面目全非，变得自己也不认识自己，有很多人不择手段，不顾一切地去到了那个位置，猛然发现这不是自己想要的，结果错过了很多。

如果你的理想是买个大房子，买个豪华车，为了实现这些目标，会采用各种手段和途径去达成，这个过程会有对比心、妒忌心、烦恼心和抱怨心，这就类似心在腐败。

而一家人，快快乐乐住在一起。虽然也需要一个舒适的房子，但如果整个过程始终以快乐为导向，就会持续不断发生爱的流动，这就是丰盛的一家人。

【精神的成长，是富足的根基】

"太棒了！这样的事情竟然发生在我的身上，又给了我一次成长的机会。"这是犹太商人李维·斯最喜欢说的一句话，他是一个130年国际牛仔裤品牌的创始人。

犹太人能够在没有自己国家和领土的情况下，成为世界上最智慧的民族，以全球0.25%的人口概率，获得了全球22%的诺贝尔奖项，这和他们坚韧不拔的精神是息息相关的。当他们遇到意想不到的麻烦，会耸肩摇头说："本来就是这样的。"然后进一步努力克服中最喜欢说："一切都会好起来的。"简简单单两句话，形象地反映了犹太人丰盛的精神世界。

平常心对待一切，从自己的优势和爱好出发，用自己最喜欢的方式推进，简单相信自己，在任何时候都可以由心而发，你的丰盛自然而然会被世界看见。

当我们不再花时间追求物质的档次，而是提升自己的内涵，寻找自己的初心，慢慢地，我们会更加忠于自己的内心，尊重自己的独特性，活出更高雅的姿态。

纯粹的爱，是丰盛的源头。

出于保护自己的目的，许多人几乎将精力和时间，都花在财富、地位等欲望上，却很少有时间和精力去琢磨爱的问题。因为觉得爱太累容易受伤，因为接受被爱会被束缚，这两种情况，都是自我意识在作怪。纯粹地感受美好、靠近美好、推动美好，纯粹地去爱，就像帮助一只流浪狗，或者对一个失误的人宽宏大量，扶正路边一棵歪倒的树苗，看满天星星的闪耀。对善良和美好的敏感，会让你的爱充满活力，活出简简单单的富足。

电影《德雷尔一家》，爸爸去世了，妈妈带着四个孩子，来到生活成本很低的小岛定居，虽然说生活艰辛，摩擦不断，但是妈妈路易斯始终乐观，将生活过成一首小诗。

天气炎热，路易斯发动孩子们将餐桌搬进海里，享受了一顿浪漫又清凉的晚餐。

没有钱买鲜花，她经常到附近的田野里采一束野花放在餐桌营造氛围。

生活费不够，路易斯就经常去乡间采野菜，做出美味的蘑菇汤，让邻居小伙伴们羡慕不已。

精神富足会让一个人始终对生活保持高品质的追求，这种高品质无须昂贵的物质，即使经济困窘，也会保持格调。

因为心怀美好，所以内心富足，路易斯让孩子们的生活充满了情趣，让他们拥有了披荆斩棘的勇气，获得了战胜困难的尚方宝剑，这成了他们人生路上最大的财富。

【让丰盛成为常态】

虽然我们走遍世界去寻找美，其实美就存在于我们内心，不必寻找。——爱默生

看见一朵美丽的花，我们会有很多的念头发生。

这么美丽的花，我是应该采回去？还是应该挖回去种？

如此美丽的花，应该拍出视频发朋友圈让大家共同享受。

能看见如此美丽的花，我是多么幸福啊！

你有什么样的想法，就会有什么样的行动，就会创造与别人不同的模式。所以，有什么念头，就有什么结果。

一个爱的念头，会发动积极的行为、语言、表情和能量，打开正面的感觉和情绪开关；一个抱怨的想法，会引发一系列的怨恨和消极的行为、语言和表情，直到将恶劣的情绪带入生活，为你创造负面的能量场。

如果你经常和消极匮乏的人在一起，你就会变得悲观，容易低沉和疲惫。

如果和一个纯粹快乐的人在一起，他会清理你的气场，和你一起创建丰盛富足的能量场。

荷拉德说：上帝给每只鸟都赐予了充足丰盛的食物，但他绝不会把食物投进鸟巢，送到每只鸟的嘴边。

一切都要靠你自己去选择。

关注拥有的，而非失去的；关注健康的，而非担心生病；关注拥有的钱而非没有达到的数据；关注他人给予的爱而非所谓的伤害。

余生每一天，让我们敞开自己，让世界看见独特的你，用无数个富足的念头，创造丰盛的世界。

【历史人物的情绪解码】

浩然丰盛的孟子

一、浩然正气

1. 浩然之气

孟子曰："吾善养吾浩然之气"，"其为气也，至大至刚，以直养而无害，则塞于天地之间。其为气也，配义与道；无是，馁也。是集义所生者，非义袭而取之

也。行有不慊于心，则馁矣。必有事焉而勿正，心勿忘，勿助长也。"

意思是说，浩然正气最伟大，最刚强。用正直去培养它就会充盈于天地之间。它必须与义和道相匹配，才会充满力量。它是义在内心持续不断积累所产生的，不能有一丝的阻断和停止。

2. 舍我其谁

孟子曰："五百年必有王者兴，其间必有名世者。由周而来，七百有余岁矣。以其数，则过矣；以其时考之，则可矣。夫天未欲平治天下也；如欲平治天下，当今之世，舍我其谁也？"

意思是说，历史上每五百年就会有一位圣贤君主兴起，其中必定还有名望很高的辅佐者，使天下太平，从时势来考察，现在正应该是时候了。要使天下太平，在当今这个世界上，除了我还有谁呢？

3. 虽千万人吾往矣

孟子曰："吾尝闻大勇于夫子矣。自反而不缩，虽褐宽博，吾不惴焉；自反而缩，虽千万人，吾往矣。"

意思是说，什么是大勇？大勇是反省自己觉得理亏，那么即使对普通百姓，我也感到害怕。大勇是反省自己觉得理直，纵然面对千万人，我也勇往直前。

二、丰盛是勇气，是担当

丰盛就是拥有充斥天地的浩然正气。浩然正气，基于义，基于道，配义与道；它基于内心，基于日积月累，永不止息，集义所生。它如浩浩黄河、滔滔长江，川流不息，汹涌澎湃，日夜奔涌。

丰盛就是拥有舍我其谁的勇气。世事混沌，纲常颠倒，荆棘丛生中胸中有平治天下的决心，大厦将倾时心中汹涌舍我其谁的勇气。

丰盛就是拥有一往无前的担当。天下纷争，诸侯争霸，战火纷飞，浑身豪气，有一份大勇，一份"虽千万人，吾往矣"的担当。

三、丰盛是精神的成长

丰盛不是外在的拥有，是内心的充盈；不是物质的丰富，是精神的成长。

丰盛源于道义，因为道义，所以内心充盈。

丰盛源于勇气，因为勇气，所以一往无前。

丰盛源于担当，因为担当，所以精神不朽。

【小结】

1. 你自认为有的，都是给别人看的；而你无的，才是你自己的。

2. 你每天都会收到很多很多的礼物，即使是一个灾难，只要你有足够的信心，耐心地拆开惨不忍睹的包装，也会享受到它蕴含的丰盛和美好，而当你为这个礼物感恩时，你就是那个丰盛。

【思考】

1. 你最无力和无奈的状态是什么时候？

2. 是因为什么才匮乏？

第六节　慈悲是关照每一份喜悦

天下无忧，人间喜悦。

情绪特点：

看见别人过得好会妒忌，看见别人悲伤也会伤感，如何才能离苦得乐呢？这是滋生了慈悲的情怀。

情绪真相：

慈悲是让人产生喜悦的美德，它能让人与人之间更和谐。

如果你也想做一个善良仁慈的人，那我们一起来感受关于慈悲的三个观点。

【慈爱不仅仅爱你喜欢的人】

慈是给予快乐，是指带给他人利益与喜悦；悲是拔除痛苦，指感同身受，努力去扫除他人心中的痛苦和让其悲伤的因素。

慈悲不仅是一种精神，更是一种心理调适与情感和谐的力量，它让我们更加懂得关心别人的需求，让我们懂得善待他人，能够从更宽广的角度，去感受别人的快乐和苦难。

慈悲是以一颗诚挚之心，给所有人和动物奉献快乐与快乐之因素，将人从苦难之因中解脱出来。

有人问禅师：慈悲与普通的喜欢有什么不同？

禅师回答：一个孩子站在花前，被花的美丽迷醉，不由自主摘下花朵，这就是喜欢。另一个孩子满头大汗给花浇水，又担心花儿被烈日晒干，就站在花前为它挡太阳，这就是慈悲。

喜欢是私心的满足和获得，慈悲是付出的同时让自己活在喜悦中。

链接《尚书·大禹谟》里的一句话：惟德动天，无远弗届。意思是，只有修德能够感动上天，修德的福报是无量无穷的。

作为情绪管理指导师，有一颗助人为乐、自利利他的心很重要，这就是慈悲的境界，也是自身修炼的最高境界。

那修炼自己，到底要如何才能提升境界呢？我们可以参考佛教的四无量心，将慈、悲、喜、舍之心落地到生活中，次第精进。

首先是修慈爱之心，我们都希望自己快乐无边，所以希望自己也能够帮助到别人快乐，所谓人性本善，这是所有人性中的至善，每个人都有这个愿望。

可是，想要大家助人快乐不难，如果面对自己的冤家、自己讨厌的不喜欢的人，甚至曾经对自己有过伤害的人，这就有点难了，是不是可以平等慈爱，这是对我们的考验。

在别人需要我们帮助的时候，内心会不会在衡量：帮助他会不会给我带来麻烦？有什么好处呢？会不会影响到我？这样的衡量就是对我们的考验。在不知不觉中，我们的助人之心就有了很多条件。

老吾老以及人之老，幼吾幼以及人之幼。真正的慈爱，就像母亲爱任何孩子，没有条件。

当我们能够放下恩怨，独立每件事，让过去的恩怨因果不再循环，其实是最大的慈悲。

慈爱之心可以体现在任何场景。

也许是对一个不够自信的人竖起大拇指，让他陡增信心；也许是在快递小哥搞错信件局促不安时，拍拍他的肩膀说没事慢慢查；也许是一个人东张西望时你问他是否走错了路。慈悲的人总是能善解人意，给别人带来释怀的同时，也会给自己带来喜乐。

慈爱之心威力无比，它能融化人世间一切恩怨，平等安抚每颗受伤的心。

【随喜赞叹是无分别心】

痛苦分身体的和内心的两部分，精神上的痛苦尤其折磨人，而且让人难以读懂。但凡有怜悯心的人，都具备感同身受的能力，懂得可恨之人必有可怜之处，能够同情和理解人生无奈事十有八九。

修悲悯之心，就是悲天悯人，是一种源于同情又高于同情的情怀，更是一种帮助他人止息和转化痛苦、减轻忧伤的意愿和能力。

小圆是个热爱跳舞的姑娘，一场意外却让她失去了双腿，她心灰意冷，浑浑噩噩，父母也整日以泪洗面。她的老师耐心启发她："人生的价值不仅仅是跳舞，即使你不能在舞台上旋转，你也可以让你的学生在舞台上熠熠生辉。"经过这位老师的谆谆引导，小圆在教导学生的过程中又找回了人生的意义。老师用慈悲怜悯心将女孩从痛苦的深渊解救出来，拍去了她身上的尘灰，给予了她温暖和快乐，用圆圆父母的话说，李老师就是活菩萨。

愿更多的人因我们的慈悲而享有蔚蓝的天空，享有温暖的阳光，享有喜悦与平安！

随喜之心，就是美好的放大镜。

当我们看见别人取得好成绩，或者做了好事，是真心欢喜赞叹呢？还是觉得别人在作秀，认为是名不副实呢？又或者会升起酸酸的嫉妒之心呢？后两种情况，都会给自己带来痛苦。

修随喜赞叹心，就是在为这个世界放大喜乐，看见每一个闪光点就点赞，看见每一个小进步就推崇，看见每一个小改变都欣喜，这都是随喜。你会发现，当你的身边有这样的人，你会时刻活在美好的感觉里，因为他让你看见了无数的美好场景。

修平等之心，就是无分别心。

对待亲人和冤家，对待喜爱和厌恶，对待逆境和顺境，都能够以平常心对待，告诉自己，这都是生命的体验，都是成长的必经之路，都是对你修行喜悦的考验，是你走向圆满的功课。当你带着这样的认知面对生活，你的慈悲和庄严就出现了。

修慈悲欢喜心，就是修菩萨心，在调整自己的心性时，也给自己积了福报。认识到自己的嗔恨心和妒忌心，就积极修炼慈爱之心；性情冷漠、人际关系差的就多修悲悯之心和赞叹心；情关难过、贪图享受的，要修平等心。由浅入深，从慈悲开始，从身边人开始，直到将随喜赞叹送给曾经结怨和伤害过你的人，你的功德就圆满了。

【对自己慈悲，才更懂得慈悲】

我们修行慈悲喜舍无量四心，需要没有分别心，其中有一个对象是绝对不能忽略的，那就是自己。

慈悲要先懂得爱自己，慈悲是信任自己卓越的心智和无限的潜能。

照应和理解自己，体谅和包容自己，欣赏和赞叹自己，对自己慈爱，让自己离苦得乐，这是你在这个世界上最重要的事。

如果只对别人慈悲、理解、包容，而忽略了自己的情绪和感受，结果只会让自己忧伤，为了照顾别人而委屈了自己，让自己失去了喜悦，那你还拿什么照顾和影响世界？如果不爱自己，还能够对世界温柔以待，那一定是假的，因为你永远也给不出你没有的。

慈悲为本，常乐为宗。

所以我们要把慈悲为怀当作自己的做人根本，把快乐欢喜当作常态的目标。

人世间最大的情绪痛苦，就是偏执之苦，我们穷极一生的修炼，就是为了超越情绪和偏执。

人世间最美的情绪感受，就是喜悦之乐，我们一生至高无上的追求，就是内心的宁静与平和。

所以学修路上，我们要培养慈悲的目标和方向，长养善根，扩大心量。光有慈悲还不够，还要有智慧引导，做到慈慧双修。没有智慧做引领，则会盲目、随意，会流于表面，重于形式，就像有一种人，经常拜佛烧香，回家却虐待老人，有些人教书育人，私下里却伤风败俗。

慈悲，是更高层次的善良，是德行的表现。慈悲时，还要懂得顺着善性帮助他人解脱，遇到有的劣根性，要能够善巧方便地转化，使其转换观念，改变认知。

【历史人物的情绪解码】

永远慈悲的孔子

一、孔子之哭

1. 哭西狩获麟

《公羊传》记载："春，西狩获麟。麟者仁兽也，有王者则至，无王者则不至。有以告者，曰：'有麇而角者。'孔子曰：'孰为来哉！孰为来哉！'反袂拭面，涕沾袍。"

意思是说，鲁哀公狩获到麒麟，有人告知孔子，孔子见到麒麟泪沾衣袍而泣："为什么要来呀！为什么要来呀！"感伤它来得不是时候而遭害。

2. 哭颜渊之死

颜渊死，子哭之恸，从者曰："子恸矣！"曰："有恸乎？非夫人之为恸而谁为？"

颜渊死了，孔子哭得极其悲痛。跟随孔子的人说："您悲痛太过了！"孔子说："有悲痛太过了吗？不为这样的人悲痛还为谁悲痛呢？"

颜回的死像是在孔子的心上扎了一把尖刀。"吾道之穷欤。"他仰天长叹，"噫！天丧予！天丧予！"

3. 曳杖歌哭

《史记·孔子世家》说，孔子病，子贡请见。孔子方负杖逍遥于门，曰："赐，汝来何其晚也？"孔子因叹，歌曰："太山坏乎！梁柱摧乎！哲人萎乎！"因以涕下。后七日卒。孔子年七十三。

孔子病重，子贡来了，孔子说，你怎么来得这么晚啊。孔子拖着拐杖一边唱一边哭：泰山崩了，梁柱摧了，哲人逝了。

二、慈悲是慈爱和悲悯

麒麟是瑞兽，它预示美好，这个礼崩乐坏的时代它却出现了；它代表吉祥，却被杀死了。孔子的无限感伤，是因为它来得不是时候又遭受了不该有的命运。悲乎！

那个"夫子步亦步，夫子趋亦趋，夫子驰亦驰"的颜回，那个"用之则行，舍之则藏，唯我与尔有是夫"的颜回，那个他喜不自禁、托付自己理想的颜回，那个信誓旦旦告诉孔子"子在，回何敢死"的颜回，竟然先行而去，白发人送黑发人。颜回是他如此喜欢欣赏的弟子：他品格出众"不迁怒，不贰过"，他才华超群"闻一知十"。孔子木铎天下，之所以能知不可为而为之，是因为他有三千弟子，可是最优秀的那个先他而去，岂不恸乎！

孔子曳杖而歌，歌而涕下。歌曰："太山坏乎！梁柱摧乎！哲人萎乎！"所歌着意的不是自己的生死，是天下的众生。泣曰："赐，汝来何其晚也？"泣泪中有抱怨，歌哭中也有幸运，子贡终于来了。他要把未来交给最看重的弟子：敬泰山，启梁柱，用哲人。曳杖歌哭，哀哉！

三、慈悲是要给世界美好

恸哭是因为慈悲，慈悲才会恸哭。

孔子看到这个世界的纷乱苦难，他无限慈悲，他悲悯这个世界，慈爱芸芸众生，给众生一个修行的通道，修炼每个个体的"内圣外王"，最后通向天下大同的现实世界之美好。对这个世界悲悯，是因为爱这个世界，想给这个世界喜悦快乐。他努力了，却做不到，也看不到，但用慈悲的恸哭让他的弟子们去延续他的努力。

【小结】

1. 慈悲让快乐的人更快乐，让受苦的人变得快乐；慈悲是照应自己，过自己的喜悦生活。

2. 慈悲是信任自己卓越的心智和无限的潜能，慈悲是影响他人走向更亮的光。

【思考】
1. 你感觉最快乐是什么时候？为什么快乐？
2. 你感觉最痛苦是什么时候？为什么痛苦？

第七节　和合是人间至善

当智商与情商统一，至善出现了。

情绪特点：
我们有时很清醒，有时很迷糊；有时很自私，有时很伟大；有时很善良，有时很邪恶。我们需要身心合一。

情绪真相：
王阳明说：破山中贼易，破心中贼难。
如果你也想放下心中情欲和私心，融合性善本心，做美美与共的和谐天使，以下三个观点，一起共享。

【和合是人间常态】
中华传统文化中的和谐意识，也是我们要落实到生活中的情绪管理的核心意识，传统文化的天人合一是指我们的身心合一，是我们和自然的关系，是身心灵和谐统一。

中庸之道，讲的是我们人与人之间、人与社会之间、人与世界之间的和谐关系，本书《情绪的真相》，也一再强调对待事物和人际关系要把握一个度，尽量避免对立和冲突，提倡"贵和""持中"的和谐意识。这样的意识觉醒，有利于我们处理各种社会矛盾，化解各种人际关系的复杂心理冲突和困扰。

和合文化告诉我们，冲突是一时之变，而能够调和才是万世常态。

以和为贵、以德服人、以礼相待，是解决国界、宗教、种族、主权、经济利益等分歧，乃至家庭、财产、感情等问题的匡正，是我们中华文化与其他各民族文化最大的差别。

《尚书·大禹谟》里有一句至理名言：人心惟危，道心惟微；惟精惟一，允执厥中。

人心是指情感和主观意识，道心是指仁义、真理和客观意识。

人心是主观的，是自私危险的，道心是微妙的，是客观的。唯有站在一个高度看全局，在利他与利己中找到一个平衡点、中心点，始终如一地保持这个观点，使人心和道心、感性和理性和合，执中而行，才能让自己立于问心无愧的不败之地。

同事小C车子抛锚，想问小A借自行车去买个零件抢修，结果小A直接拒绝，理由是自己不习惯把物品借给别人用来用去，感觉很麻烦，小C无奈只好跑步去买了。后来又有一次，小A的小组领导住院，大家凑份子去医院探望，小A说："医院那种地方我不喜欢去，除非是亲人我才会去看望，我不参加，你们去吧。"

后来，公司重组，大家相互拆借资金入股搭建新部门，只有小A落单，无人问津。

发乎于情，止乎于礼，感性理性合理平衡，是人生智慧。做人感性，把对方感受放在第一位；做事理性，以结果为导向，条理清晰，步骤分明。将更多的理性客观融入感性生活，这是一个修炼的过程。

最怕的，就是做人过于讲道理，生搬硬套伤感情；办事时又过于感性，攀扯不清拖泥带水。

当我们的理智越强大，道行就越深，内心就会更强大；而我们私心越重的时候，业力越深，容易显示人性的险恶，造成各种猜疑和信任危机。

人的情欲和私心，很容易让我们陷入情绪困境难以自拔，用客观之心和理义之道，演绎人间真性情，才能呈现世间和谐状态。

【知道不做到，等于不知道】

庄子说：以道驭术术必成，离道之术术必衰。

道就是战略，术就是战术。道是内功，术是技术。情绪管理指导师的道在助人自助的心法，术在咨询解牌的技能。一切法万变不离其宗，万变是术，是方法，宗才是道。

唐僧西天取经，困难重重，但是有坚定的信念和普度众生的慈悲，道法自然成。孙悟空法力无边，但是他若是只为花果山的猴子，那他充其量就是一个猴子王，后来他臣服于唐僧，被唐僧的毅力、诚心、善心和慈悲所折服，所以愿意做小伏低，潜心跟进，终于修成正果。

古人说：高人用道，中人用术，低人用力。

做人的境界是道，做事的技巧是术，道讲的是人活着的意义是什么，术是人为了好好活着采取的方法。

先领悟正"道"，再研习正"术"，当我们领悟了本质原理，又精修方法和技巧，自然能够达到道术合一、内外兼修、内圣外王的境界。

这就是王阳明说的知行合一。

人生在世，如果不知道学习，就如同没有出生一样。学习了又不能领会其中的道理，就如同没有学一样。领会了其中的道理而又不能践行，就如同没有领会道理一样。

实践出真知，知道不做到，等于不知道。

真理都在我们自己的心里，但我们必须去做事，才能领悟道，只有在实践中去体会，才能有恍然大悟的觉醒。

道理与实践相结合，思想与行为、理论与实践相统一，在实践中不断修身进取，反思自己，才能达到德才兼备、言行一致、表里如一的境界。

大道至简，知易行难。

学到了还要去做到，真的不容易，所以，一旦认定有意义的事，就要不厌其烦、决不放弃。

王阳明数年两次落榜，看到同窗们很沮丧，他就说了一句流芳百世的话："世人以落第为耻，我以落第动心为耻。"表达了他坚定的信念和永不放弃的决心。

没做好没关系，可以继续努力，可怕的是遇到困难就放弃了，那才是最大的失败。

很多人，有聪明的头脑，渊博的知识，雄辩的口才，却一辈子一事无成，就败在知道而不做到。

知行不一、知错不改、言不由衷，在清朝善人王凤仪看来，都是恶人的行径。他说：世上有三大恶人，讲道不行道、知错不改过，是第一等恶人；吃点亏就难过，占了便宜就高兴的，是第二大恶人；非分之事明知不可为而为之，非法的事明知不可做却偷偷做，这是第三等恶人。可见在大善人心里，说到做不到、知错不能改，比知法犯法还要不堪。

【各美其美，美美与共】

《春秋左氏传》里晏婴说：若以水济水，谁能食之？若琴瑟专一，谁能听之？

水是宝贵的，但如果整天只喝全世界最好的水，谁会觉得好喝呢？琴和瑟都是好乐器，但如果音乐会只有琴或者只有瑟，谁会听得下去呢？

这句话想要表达的意思是：如果食物只有单一的味道，那一定会失去美食的意义，美味的食物，必须借助多种调料，各种不同的食材，并经过厨师的精心配制，才能获得人们爱吃的美味。音乐也是如此，如果只是单一的音符持续延绵，那肯定很难听，各种乐器和音调的组合，包括清浊、高低、快慢、刚柔和停顿，各种变化和组合，才能形成美妙的乐曲。

万事万物讲究调和，无论是食物还是音乐，丰富多彩、搭配协调才是美。

比如书法也是一样，所有人都去学习王羲之，都写得一模一样，那书法就没有发展的可能了。

花园里的花，都是一个颜色，就单调了。世界上的东西，如果长得一个样，那叫一个枯燥。世界的本身，就是丰富多彩的。

人的世界，因为观念不同，所以对待事物的处理方式也各有不同。

《论语》说：君子和而不同，小人同而不和。这句话里的"和"与"同"，几千年来给了我们人际关系的很多思考。

智慧的人在人际交往中，可以和他周围的人保持和谐融洽的关系，但他在具体问题的看法上，会有自己独立的思考，从来不会人云亦云，盲目附和；而迷茫的人，没有自己独立的见解，一心只想像别人一样，盲目崇拜与迎合，但内心深处却不抱有和谐友善的态度。

不同，是常态，全然接纳是慈悲、是消融，是终极解决。

人们对一些问题抱有不同的看法和态度，是很正常的，良好的关系，应该善于交换意见、沟通思想、获得共识，即使暂时统一不了思想也不会伤了和气，可以经过时间的检验来证明谁的建议更正确。因此，真正有智慧的人，并不会盲目要求时时处处都保持一致，更不会为了所谓的和谐而隐瞒自己的观点，也能够容忍对方有自己独立的见解，这样的关系，才算得上是赤诚相见、肝胆相照。

相信普罗大众的人际关系，也能够各美其美，美人之美，美美与共，天下大同。

【历史人物的情绪解码】

三不朽的王阳明

一、王阳明的合一

1. 知行合一

王阳明的学生徐爱没有完全理解知行合一，先生曰："知是行的主意，行是知的功夫；知是行之始，行是知之成。"知行合一是王阳明悟道后提出的第一个心学概念。表层的含义是认识和实践互相补充，互相促进。还有一层含义，知是良知，行是为善去恶，知行合一就是为善去恶。

2. 致良知

王阳明在晚年提出了心学的核心概念"致良知"。"无善无恶心之体，有善有恶意之动，知善知恶是良知，为善去恶是格物。"他认为"良知"，既是道德意识，也指最高本体。良知人人具有，个个自足，是一种不假外力的内在力量。"吾教人致良知，在格物上用功，却是有根本的学问。""致良知是学问大头脑，是圣人教人第一义。""致知二字真是千古圣传之秘，见到这里，百世以俟圣人而不惑。"王阳明认为，"致知"就是致吾心内在的良知。

3. 此心光明

公元 1529 年 1 月 9 日船到江西青龙港，病中的王阳明奄奄一息，学生周积躬身侍立，泣不成声："先生，有何遗言？"王阳明微微一笑："此心光明，夫复何言！"

二、三不朽

王阳明被称为千古第一人。在王阳明的故居里有一副楹联，上面写道：立德立功立言真三不朽，明理明知明教乃万人师。他是真正做到合一的一等人。

王阳明的知行合一是阳明心学的认识论，知中有行，行中有知，知即是行，行即是知。知行合一是心智走向成熟的标志，是心灵修行的精髓。

致良知是心学的实践论，良知是认识，致是践行。致良知就是将良知推广扩充到事事物物，是在实际行动中实现良知，知行合一。"致良知"是王阳明心学的本体论与修养论直接统一的表现，是心智成熟的标志，是修行圆满的必经之路。

此心光明是合一的最高境界，是知行合一与致良知融合统一的具体表现，是践行知行合一身心合一达到天人合一的具体表达。

三、合一就是浑然一体

合一就是和谐、融合，就是浑然一体。

人与自然的合一：敬畏自然，尊重自然，只有和天地融合，人才能昂然向前。

人与自己的合一：真诚的最高境界是自我的真诚，内心纯一，身心合一。只有身心灵的融合，人才能光明前行。

人与未来的合一：合一是爱，看见自己，看见世界；合一是智慧，立足当下，看见未来。只有爱和智慧的融合，人才能不朽。

【小结】

1.真正的觉醒，是达到内外统一性，物质与精神、立身与行道兼顾，本性与人格完美融合，活跃在这个世上，也允许自己不属于这个世界，只属于自己。

2.在自私与利他之间，在传统与创新之间，在伦理道德与个性独立之间去酌情圆融。在社会体制的框架下想要保持自由意志，就要在不放弃自己原则的基础上，在两者之间找到平衡点，懂得去融洽和自洽。

【思考】

1.你内心最大的冲突是什么？

2.你会如何调和它？